2009年全国职业院校技能大赛网络综合布线技术赛项指定设备

2010年全国职业院校技能大赛网络综合布线技术赛项指定设备

2018年全国职业院校技能大赛网络布线赛项指定设备

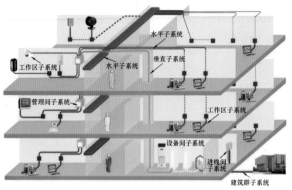

水平子系统
垂直子系统
工作区子系统
水平子系统
管理间子系统
工作区子系统
设备间子系统
进线间子系统
建筑群子系统

图1-1 综合布线系统工程各个子系统示意图

图1-2 综合布线系统工程实际应用展示

图1-4 数实融合综合布线实训装置

图3-27b 壁挂式网络机柜

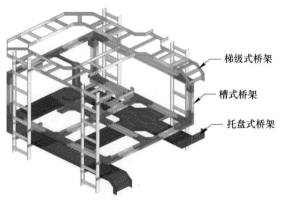

梯级式桥架
槽式桥架
托盘式桥架

图3-32 桥架展示系统

图3-1 综合布线电缆展示柜

图3-6 综合布线光缆展示柜

图3-28 综合布线配件展示柜

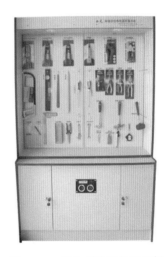

图3-37a 综合布线工具展示柜

图6-21 IT工程技术实训平台

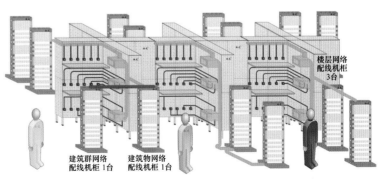

图6-27 部分永久链路水平布线路径立体图

图7-16 全光网配线
端接实训装置

图9-5a 网络工程防雷
展示与实训装置

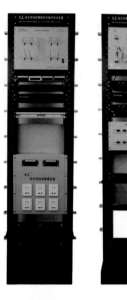

图12-7a和d 西元综合布线故障
检测与维护实训装置正面/背面

图11-12 西元光纤熔接机

图11-13 西元光纤工具箱

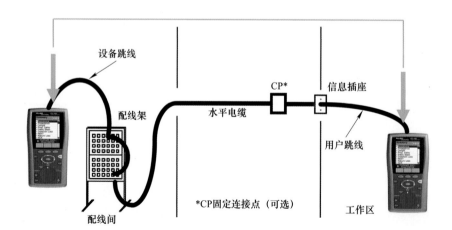

图12-6 信道测试模型

"十四五"职业教育国家规划教材 （修订版）

计算机网络技术专业职业教育新课改教程

全国职业院校计算机技能大赛推荐教材

1+X职业技能等级证书（综合布线系统安装与维护）书证融通系列教材

网络综合布线系统工程技术实训教程

第 5 版

主　编　王公儒

副主编　于　琴　杨　阳

参　编　李隘优　杨怡滨　尹　岗

　　　　王　涛

机械工业出版社

本书是"十四五"职业教育国家规划教材的修订版，以工程设计、安装施工和运维管理专业技术技能为重点，依据GB 50311《综合布线系统工程设计规范》和GB/T 50312《综合布线系统工程验收规范》等国家标准编写。内容按照典型工作任务和工程项目流程以及编者多年从事大型工程项目的实际经验精心安排，突出项目设计和岗位技能训练，同时列举了大量的工程实例和典型工作任务，提供了大量的设计图和工程经验，层次清晰，图文并茂，操作实用性强。作为专门的实训教程，每章安排有大量的实训项目。本次修订增加了配套习题、互动练习以及新技术、新产品的相关内容，并重新绘制了与新技术和新产品配套的实训原理图、端接路由图等。

本书是综合布线技术师资培训班和技能大赛教练员培训班指定教材，也是高职高专院校网络技术等专业教学实训的教材，还可作为综合布线、智能建筑、智能家居、安全技术防范行业工程设计、施工和管理等专业技术人员的参考书。

本书配有微课视频，可扫描书中二维码观看。本书还配有教师授课用电子课件等资源，可联系编辑（010-88379194）索取或登录机械工业出版社教育服务网（www.cmpedu.com）注册后免费下载。

图书在版编目（CIP）数据

网络综合布线系统工程技术实训教程/王公儒主编.
—5版. —北京：机械工业出版社，2024.7（2025.1重印）
"十四五"职业教育国家规划教材：修订版
ISBN 978-7-111-75753-5

Ⅰ. ①网… Ⅱ. ①王… Ⅲ. ①计算机网络—布线—职业教育—教材 Ⅳ. ①TP393.03

中国国家版本馆CIP数据核字（2024）第092682号

机械工业出版社（北京市百万庄大街22号　邮政编码100037）
策划编辑：李绍坤　　　　　　　　责任编辑：李绍坤　张星瑶
责任校对：肖　琳　薄萌钰　韩雪清　封面设计：鞠　杨
责任印制：邓　博
北京盛通印刷股份有限公司印刷
2025年1月第5版第2次印刷
184mm×260mm·17.5印张·2插页·406千字
标准书号：ISBN 978-7-111-75753-5
定价：57.00元

电话服务　　　　　　　　　网络服务
客服电话：010-88361066　　机　工　官　网：www.cmpbook.com
　　　　　010-88379833　　机　工　官　博：weibo.com/cmp1952
　　　　　010-68326294　　金　书　网：www.golden-book.com
封底无防伪标均为盗版　　机工教育服务网：www.cmpedu.com

关于"十四五"职业教育
国家规划教材的出版说明

为贯彻落实《中共中央关于认真学习宣传贯彻党的二十大精神的决定》《习近平新时代中国特色社会主义思想进课程教材指南》《职业院校教材管理办法》等文件精神，机械工业出版社与教材编写团队一道，认真执行思政内容进教材、进课堂、进头脑要求，尊重教育规律，遵循学科特点，对教材内容进行了更新，着力落实以下要求：

1. 提升教材铸魂育人功能，培育、践行社会主义核心价值观，教育引导学生树立共产主义远大理想和中国特色社会主义共同理想，坚定"四个自信"，厚植爱国主义情怀，把爱国情、强国志、报国行自觉融入建设社会主义现代化强国、实现中华民族伟大复兴的奋斗之中。同时，弘扬中华优秀传统文化，深入开展宪法法治教育。

2. 注重科学思维方法训练和科学伦理教育，培养学生探索未知、追求真理、勇攀科学高峰的责任感和使命感；强化学生工程伦理教育，培养学生精益求精的大国工匠精神，激发学生科技报国的家国情怀和使命担当。加快构建中国特色哲学社会科学学科体系、学术体系、话语体系。帮助学生了解相关专业和行业领域的国家战略、法律法规和相关政策，引导学生深入社会实践、关注现实问题，培育学生经世济民、诚信服务、德法兼修的职业素养。

3. 教育引导学生深刻理解并自觉实践各行业的职业精神、职业规范，增强职业责任感，培养遵纪守法、爱岗敬业、无私奉献、诚实守信、公道办事、开拓创新的职业品格和行为习惯。

在此基础上，及时更新教材知识内容，体现产业发展的新技术、新工艺、新规范、新标准。加强教材数字化建设，丰富配套资源，形成可听、可视、可练、可互动的融媒体教材。

教材建设需要各方的共同努力，也欢迎相关教材使用院校的师生及时反馈意见和建议，我们将认真组织力量进行研究，在后续重印及再版时吸纳改进，不断推动高质量教材出版。

机械工业出版社

前言

本书为"十四五"职业教育国家规划教材的修订版。本书自2009年出版以来,深受广大读者喜爱,累计印刷50余次,销量超过35万册,2010年被评为高职高专计算机类专业优秀教材,2022年入选国家级技工教育和职业培训教材,中国通信学会普及与教育工作委员会推介为"2022年信息通信科普教育精品"。本次第5版根据现行高等职业教育相关专业教学标准、专业教学实训条件建设标准和多所学校的人才培养方案等规定修订改版,内容更新追求时代适应性,突出行业最新技术,体现岗课赛证与综合育人等,包括新增或更新了劳模故事等德育内容以及新技术、新标准、新工艺、新设备和新工具等内容,增加了配套习题、互动练习,重新设计部分实训原理图与链路路由图等。

本书以工程设计、安装施工和运维管理专业技能为重点,依据GB 50311《综合布线系统工程设计规范》和GB/T 50312《综合布线系统工程验收规范》等国家标准编写,内容按照典型工作任务和工程项目流程以及编者多年从事大型工程项目的实际经验精心安排,突出项目设计和岗位技能训练,同时列举了大量的工程实例和典型工作任务,提供了大量的设计图和工程经验,层次清晰,图文并茂,操作实用性强。

全书共15章。第1～3章主要介绍了网络综合布线系统工程技术、常用标准、常用器材和工具;第4章主要介绍综合布线配线端接工程技术;第5～10章主要介绍了各个子系统工程技术;第11章为光纤熔接工程技术;第12～15章为综合布线系统工程测试、概预算、招投标和管理。在每个章节中首先介绍了基本概念,突出工程技术和技能实训,每个实训都给出了详细的实训目的、实训要求、实训课时、实训步骤、实训报告、实训相关知识等内容,同时也给出了大量工程实际经验和施工技术。

本书采取校企合作方式组建编写队伍,由西安开元电子实业有限公司与全国多所院校教学一线专业课教师合作编写。本书由王公儒任主编,于琴、杨阳任副主编,参加编写的还有李隰优、杨怡滨、尹岗和王涛。其中,王公儒(西安开元电子实业有限公司)负责全书内容规划和统稿,并且编写了第2、8、9、14、15章,杨阳(天津电子信息职业技术学院)修订了第1章,于琴(西安开元电子实业有限公司)编写了第3、4、13章,李隰优(闽西职业技术学院)编写了第5、7章,杨怡滨(广东省轻工业技师学院)修订了第6章,王涛(西安开元电子实业有限公司)修订了第10、11章,尹岗(福禄克公司)修订了第12章。

感谢广大一线教师多年来持续使用本书,给予了宝贵的修订建议;感谢机械工业出版社为本书配套的部分视频的制作提供支持;感谢西元劳模创新工作室提供新产品和新技能资料;感谢西元职工书屋提供标准规范等资料;感谢西安开元电子实业有限公司技术部冯义平、刘美琪、赵禅媛、孙凯强、赵欣、严梦涛等工程师对本书的审核与校对、编写剧本和制作视频、设计VR课件、制作PPT课件等工作。

本书配套视频可扫描相应二维码观看，教师还可登录机械工业出版社教育服务网（www.cmpedu.com）下载电子课件。更多视频和教材等实时更新资料，请访问西安开元电子实业有限公司官网（http://www.s369.com/jxzy），单击网站首页"教学资源"栏目选择下载。本书配套VR课件，请按照文前使用说明下载和使用。

本教材配套有《综合布线实训指导书 第3版》，详细介绍了27个实训项目的操作步骤，方便教学和实训操作，掌握基本岗位技能。教材征订信息如下：

《综合布线实训指导书 第3版》，王公儒主编。

ISBN 978-7-111-75975-1。

由于综合布线技术是一门快速发展的交叉学科，编者力求科学和突出关键岗位技能，但仍不免有欠妥之处，恳请广大读者指正，在后续修订时持续完善，满足教学实训需要。

编　　者

VR教学实训资源简介和使用方法

　　新技术催生新教法，本书主编人王公儒团队创新性地开发了《网络综合布线系统工程技术实训教程》（第5版）VR教学实训资源，能够快速切换教学场景，提高教学效率，寓教于乐，精准教学，快速掌握专业技能。采用VR+AR技术手段和三维建模，将教材内容做成数字化资源，通过VR+AR教学模型，展示建筑结构与综合布线技术技能，可局部放大、任意角度旋转，均为彩色场景，看得见知识点，能够重复学习，理实结合，轻松教，快乐学。

　　VR教学实训资源丰富，源于教材优于教材。配套VR资源免费提供，包括教材目录（PPT）、实训项目、典型案例、习题与答案、高清彩色照片、实训指导视频等。增值VR资源需要付费购买，包括工程师授课、工程师讲标准、工程师讲设计、工程师讲案例、劳模传技能、互动练习、问卷星题库等。

1. VR教学实训资源内容如图1所示，一级目录导航图如图2所示

图1　VR教学实训资源内容导航截图

图2　VR教学实训资源一级目录导航截图

2. VR资源二级目录导航图

图3所示为VR教学实训资源中，"实训操作指导视频"二级目录导航截图。

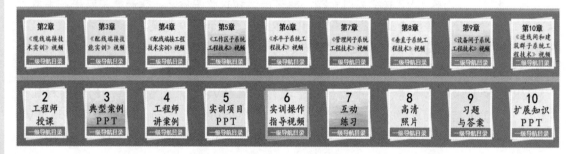

图3　VR教学实训资源中"实训操作指导视频"二级导航目录截图

3. VR资源三级目录导航图

图4所示为"第4章　综合布线配线端接工程技术"三级目录导航截图。

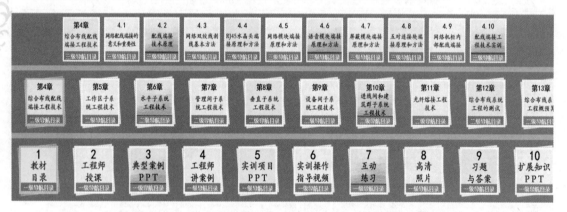

图4　"第4章　综合布线配线端接工程技术"三级目录导航截图

4. VR资源使用方法

将本VR教学实训资源存入计算机硬盘或插入U盘（移动硬盘），插入配套加密狗，进入VR资源界面，选择和单击模块按钮就可以使用。下面举例说明使用方法。

1）单击左侧教材封面的红色跳动"导航图"按钮，进入图1所示的VR教学实训资源导航图，可以看到该VR资源的全部一、二级目录。

2）单击左下角"目录"按钮，显示如图4所示的一、二、三级目录。滑动鼠标滚轮，目录左右移动，查看全部目录。再次单击"目录"按钮，全部目录隐藏。

3）根据教学进度需要，选择并单击一级、二级或三级目录，出现该目录全部教学场景。例1：单击"4工程师讲案例"按钮，将出现全部典型案例按钮，如图5所示。例2：单击"6实训操作指导视频"按钮，将出现15个章节对应的实训指导视频，如图3所示。滑动鼠标滚轮，目录左右移动，查看全部目录。

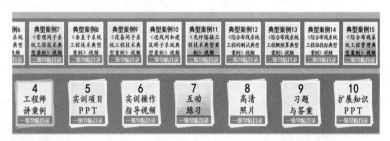

图5　VR教学实训资源中"工程师讲案例"视频目录截图

4）该VR资源一级目录有12个，二级目录按照单元展开，三级目录按照章节展开。

二维码索引

微课视频

视频名称	二维码	页码	视频名称	二维码	页码
《百炼成"刚"》——劳模纪刚的先进事迹		10	综合布线工具展示柜		47
电缆跳线制作		23、60	综合布线工具箱		47
网络模块端接方法		25、49、61	110 型通信跳线架端接方法		48、51、53、134
综合布线电缆展示柜		26	语音模块端接方法		62
大对数电缆和语音配线架的端接方法		31、49、55	6 类屏蔽配线架和卡装式免打模块端接方法		63、71、127
电缆速度竞赛		39	电缆跳线制作与模块端接		67
综合布线配件展示柜		42	屏蔽跳线制作		71

互动练习和习题

网络综合布线系统工程技术实训教程 第 5 版

目　录

网络综合布线系统工程技术实训教程　第5版

目　录

网络综合布线系统工程技术实训教程 第5版

第1章
网络综合布线系统工程技术 ■■■■■■■■■■■■

　　网络综合布线是一项综合性较强的工程技术，它涉及许多理论和技术问题，是一个多学科交叉的新领域，也是计算机技术、通信技术、控制技术与建筑技术紧密结合的产物。现在，人们生活在信息化时代，生活已经离不开计算机网络系统了。无论是政府机关还是企事业单位都离不开现代化的办公及信息传输系统，而这些系统是由网络综合布线系统来支持的。

　　➢ **知识目标**　了解网络综合布线技术发展与应用知识，掌握GB 50311《综合布线系统工程设计规范》各个子系统的定义和基本构成，掌握综合布线系统的基本概念、设计要求等专业知识。

　　➢ **能力目标**　熟悉综合布线系统工程各个子系统的设计要点和注意事项，通过实训项目掌握机柜等设备的安装方法和设备散热等工程经验。

　　➢ **素质目标**　通过扫码观看视频《百炼成"刚"》——劳模纪刚的先进事迹，培养"细微中显卓越，执着中见匠心"的职业习惯和工匠精神。

1.1　网络综合布线技术的发展

　　综合布线是20世纪90年代初传入我国的，随着我国政府大力加强基础设施的建设，市场需求在不断扩大，庞大的市场需求促进了该产业的快速发展。特别是2007年4月6日颁布，2016年修订的GB 50311《综合布线系统工程设计规范》和GB/T 50312《综合布线系统工程验收规范》，对综合布线系统工程的设计、施工、验收、管理等提出了具体要求和规定，促进了综合布线系统在我国的应用和发展。

　　物联网技术是世界信息产业的第三次浪潮。国际电联曾预测，未来世界是无所不在的物联网世界，到2030年将有100万亿传感器为地球上的70多亿人口提供服务。

1.2　综合布线系统的基本概念

　　综合布线系统是指用数据和通信电缆、光缆、各种软电缆及有关连接硬件构成的通用布线系统，它是能支持语音、数据、影像和其他信息技术的标准应用系统。

　　综合布线系统是建筑物或建筑群内的传输网络系统，它能使语音和数据通信设备、交换设备和其他信息管理系统彼此相连接，包括建筑物到外部网络的连接点与工作区的语音或数据终端之间的所有电缆及相关联的布线部件。

　　综合布线是集成网络系统的基础，它能够满足数据、语音及图像等的传输要求，是计算机网络和通信系统的支撑环境。同时，作为开放系统，综合布线也为其他系统的接入提供了有力的保障。

综合布线系统与智能大厦的发展紧密相关，是智能大厦的实现基础。智能大厦具有舒适性、安全性、方便性、经济性和先进性等特点。智能大厦一般包括中央计算机控制系统、楼宇控制系统、办公自动化系统、通信自动化系统、消防自动化系统、安保自动化系统等。

综合布线系统是生活小区智能化的基础。信息化社会唤起了人们对智能家居的要求，业主们开始考虑在舒适的家中了解各种信息，并且非常关注在家办公、在家炒股、互动电视、住宅自控等。

在智能建筑与智慧社区的工程设计中，一般将综合布线系统分为基本型、增强型和综合型3种常用形式，它们都能支持语音/数据等系统，能随着工程的需要转向更高功能的布线系统，主要区别在于支持语音和数据服务所采用的方式，以及在移动和重新布局时实施线路管理的灵活性。

基本型综合布线系统大多数能支持语音/数据，其特点是一种富有价格竞争力的综合布线方案，能支持所有语音和数据的应用，应用于语音、语音/数据或高速数据，便于技术人员管理，能支持多种计算机系统数据的传输。

增强型综合布线系统不仅具有增强功能，还可提供发展余地。它支持语音和数据应用，并可按需要利用端子板进行管理，特点是每个工作区有2个信息插座，不但机动灵活，而且功能齐全，任何一个信息插座都可提供语音和高速数据应用，可统一色标，可按需要利用端子板进行管理，是一个能为多个数据应用部门提供服务的经济有效的综合布线方案。

综合型综合布线系统的主要特点是引入光缆，适用于规模较大的智能大楼，其余特点与基本型或增强型相同。

1.3 综合布线系统工程的各个子系统

GB 50311《综合布线系统工程设计规范》规定，在综合布线系统工程设计中，宜按照下列7个部分进行：工作区子系统、配线子系统、干线子系统、建筑群子系统、设备间子系统、进线间子系统和管理间子系统。

根据近年来我国综合布线工程应用实际，在本标准中新增加了进线间的规定，能够满足不同运营商接入的需要，同时针对日常应用和管理需要，特别提出了综合布线系统工程的管理问题。

为了教学和实训需要，同时兼顾以前教材中综合布线按照6个子系统划分的习惯，将综合布线系统按照以下7个子系统介绍：工作区子系统、水平子系统、垂直子系统、管理间子系统、设备间子系统、建筑群子系统、进线间子系统。图1-1为综合布线系统工程各个子系统示意图。综合布线系统的管理单独列为一章介绍。

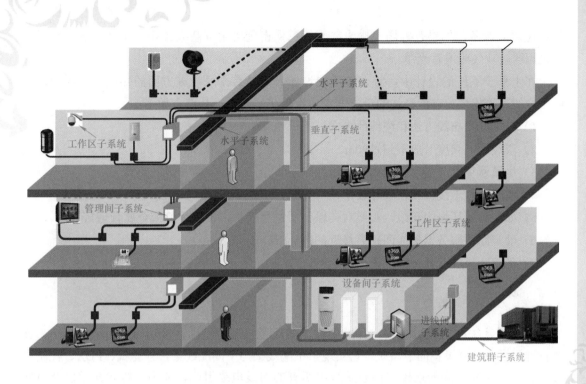

图1-1 综合布线系统工程各个子系统示意图（见彩图）

1.3.1 工作区子系统

工作区子系统又称为服务区子系统，它是由跳线与信息插座所连接的设备组成。其中信息插座包括墙面型、地面型和桌面型等，常用的终端设备包括计算机、电话机、传真机、报警探头、摄像机、监视器、各种传感器件和音响设备等。

在工作区子系统的设计方面，必须要注意以下几点：

1）从RJ-45信息插座到计算机等终端设备间的连线宜用双绞线，且长度不要超过5m。

2）RJ-45信息插座宜首先考虑安装在墙壁上或不易被触碰到的地方。

3）RJ-45信息插座与电源插座等应尽量保持20cm以上的距离。

4）对于墙面型信息插座和电源插座，其底边距离地面一般应为30cm。

1.3.2 水平子系统

水平子系统在GB 50311国家标准中属于配线子系统的一部分，以往资料中也称水平干线子系统。配线子系统应由工作区信息插座模块、模块到楼层管理间连接缆线（水平子系统）、配线架和跳线等组成。水平子系统实现工作区信息插座和管理间子系统的连接，包括工作区与楼层管理间之间的所有电缆。一般采用星形结构，它与垂直子系统的区别是水平干线子系统总是在一个楼层上，仅与信息插座和楼层管理间子系统连接。

在综合布线系统中，水平子系统通常由4对UTP（非屏蔽双绞线）组成，能支持大多数现代化通信设备，如果有磁场干扰或需要信息保密则可用屏蔽双绞线，在高带宽应用时，宜采用屏蔽双绞线或者光缆。

在水平子系统的设计中，综合布线的设计必须具有介质设施方面的知识，能够向用户或用户的决策提供完善而经济的设计方案。水平子系统的设计要点如下：

1）确定介质布线方法和缆线的走向。

2）双绞线的长度一般不超过90m。

3）尽量避免水平线路长距离与供电线路平行走线，应保持一定的距离。

4）缆线必须走线槽或在天花板吊顶内布线，尽量不走地面线槽。

5）如在特定环境中布线，则要对传输介质进行保护，使用线槽或金属管道等。

6）确定距离服务器接线间距离最近的I/O位置。

7）确定距离服务器接线间距离最远的I/O位置。

1.3.3 垂直子系统

垂直子系统在GB 50311国家标准中称为干线子系统，提供建筑物的干线电缆，负责连接管理间子系统到设备间子系统。它实现了主配线架与中间配线架，计算机、PBX、控制中心与各管理子系统间的连接。该子系统由所有的布线电缆组成，或由导线和光缆以及将此光缆连接到其他地方的相关支撑硬件组合而成。干线传输电缆的设计必须既满足当前的需要，又适合今后的发展，具有高性能和高可靠性，支持高速数据传输。

在确定垂直子系统所需要的电缆总对数之前，必须确定电缆中语音和数据信号的共享原则。对于基本型，每个工作区可选定2根双绞线；对于增强型，每个工作区可选定3根双绞线；对于综合型，每个工作区可在基本型或增强型的基础上增设光缆系统。

传输介质包括一幢多层建筑物的楼层之间垂直布线的内部电缆或主要单元（如计算机房或设备间）和其他干线接线间的电缆。

为了与建筑群的其他建筑物进行通信，垂直子系统将中继线交叉连接点和网络接口连接起来。网络接口通常放在设备相邻的房间。

垂直子系统布线走向应选择干线缆线最短、最安全和最经济的路由。垂直子系统在系统设计施工时，就预留了一定数量的缆线做冗余信道，这一点对于综合布线系统的可扩展性和可靠性来说是十分重要的。干线子系统的设计要点如下：

1）垂直子系统一般选用光缆，以提高传输速率。

2）垂直子系统应为星形拓扑结构。

3）垂直子系统干线光缆的拐弯处不要用直角拐弯，而应该有相当的弧度，以避免光缆受损，干线电缆和光缆布线的交接不应该超过两次，从楼层配线到建筑群配线架之间只应有一个配线架。

4）线路不允许有转接点。

5）为了防止语音传输对数据传输的干扰，语音主电缆和数据主电缆应分开。

6）垂直主干线电缆要防止遭到破坏，确定每层楼的干线要求和防雷电设施。

7）满足整幢大楼的干线要求和防雷击设施。

1.3.4 管理间子系统

管理间子系统也称为电信间或者配线间，一般设置在每个楼层的中间位置。对于综合布线系统设计而言，管理间主要安装楼层配线设备，是专门安装楼层机柜、配线架、交换机的楼层管理间。管理间子系统也是连接垂直子系统和水平子系统的设备。当楼层信息点很多时，可以设置多个管理间。

管理间子系统应采用定点管理，场所的结构取决于工作区、综合布线系统规模和选用的硬件。在交接区应有良好的标记系统，如建筑物名称、建筑物楼层位置、区号、起始点和功能等标志。管理间的配线设备应采用色标区别各类用途的配线区。

管理间子系统的布线设计要点如下：

1）配线架的配线对数由所管理的信息点数决定。

2）进出线路以及跳线应采用色标或者标签等进行明确标识。

3）配线架一般由光纤配线架（盒）和电缆配线架组成。

4）供电、接地、通风良好、机械承重合适，保持合理的温度、湿度和光照度。

5）有交换机、路由器的地方需要配有专用的稳压电源。

6）采取防尘、防静电、防火和防雷击等措施。

1.3.5 设备间子系统

设备间在实际应用中一般称为网络中心或者机房，是在每栋建筑物适当地点进行网络管理和信息交换的场地。其位置和大小应该根据系统分布、规模以及设备的数量来具体确定，通常由电缆、连接器和相关支撑硬件组成，通过缆线把各种公用系统设备互连起来。其主要设备有计算机网络设备、服务器、防火墙、路由器、程控交换机、楼宇自控设备主机等，它们可以放在一起，也可以分别放置。

在较大型的综合布线中，也可以把与综合布线密切相关的硬件设备集中放在设备间，其他计算机设备、程控交换机、楼宇自控设备主机等可以分别设置单独机房，这些单独的机房应该紧靠综合布线系统设备间。

设备间子系统在设计方面要注意的要点如下：

1）设备间的位置和大小应根据建筑物的结构、布线规模和管理方式及应用系统设备的数量综合考虑。

2）设备间要有足够的空间。

3）设备间要有良好的工作环境：温度应保持在0～27℃，相对湿度应保持在60%～80%，亮度适宜。

4）设备间内所有进出线装置或设备应采用色表或色标区分各种用途。

5）设备间具有防静电、防尘、防火和防雷击措施。

1.3.6 进线间子系统

进线间是建筑物外部通信和信息管线的入口部位，并可作为入口设施和建筑群配线设备的安装场地。GB 50311中要求在建筑物前期系统设计中要有进线间，满足多家运营商业务需要，避免一家运营商自建进线间后独占该建筑物的宽带接入业务。进线间一般通过地埋管线进入建筑物内部，宜在土建阶段实施。

建筑群主干电缆和光缆、公用网和专用网电缆、光缆及天线馈线等室外缆线进入建筑物时，应在进线间转换成室内电缆、光缆，并在缆线的终端处由多家电信业务经营者设置入口设施，入口设施中的配线设备应按引入的电、光缆容量配置。

电信业务经营者在进线间设置安装的入口配线设备应与BD或CD之间敷设相应的连接电缆、光缆，实现路由互通。缆线类型与容量应与配线设备一致。

在进线间缆线入口处的管孔数量应满足建筑物之间、外部接入业务及多家电信业务经营者缆线接入的需求，并应留有2～4孔的余量。

1.3.7　建筑群子系统

建筑群子系统也称为楼宇子系统，主要实现建筑物之间的通信连接，一般采用光缆并配置相应设备，它支持楼宇之间通信所需的硬件，包括缆线、端接设备和电气保护装置。设计时应考虑布线系统周围的环境，确定楼间传输介质和路由，并使线路长度符合相关网络标准规定。

中华人民共和国住房和城乡建设部公告第1292号明确规定，GB 50311《综合布线系统工程设计规范》国家标准第8.0.10条为强制性条文，必须严格执行。第8.0.10条具体内容为"当电缆从建筑物外面进入建筑物时，应选用适配的信号线路浪涌保护器"。配置浪涌保护器的主要目的是防止雷电通过室外线路进入建筑物内部设备间击穿或者损坏网络系统设备。

在建筑群子系统的室外缆线敷设方式中，一般有管道、直埋、架空和隧道4种情况。具体情况应根据现场的环境来决定。表1-1是建筑群子系统缆线敷设方式比较。

表1-1　建筑群子系统缆线敷设方式比较

方式	优点	缺点
管道	提供比较好的保护；敷设容易；扩充、更换方便；美观	初期投资高
直埋	有一定保护；初期投资低；美观	扩充、更换不方便
架空	成本低、施工快	安全可靠性低；不美观；除非有安装条件和路径，一般不采用
隧道	保持建筑物的外貌，如有隧道，则成本最低且安全	热量或泄漏的热气会损坏电缆

1.4　综合布线系统的实际应用

1.4.1　综合布线系统工程实际应用

在实际的综合布线系统工程应用中，各个子系统有时会叠加在一起。例如，位于大楼一层的管理间也常常合并到大楼的一层的网络设备间中，进线间子系统也经常设置在大楼一层的网络设备间中。

水平子系统不一定全部水平布线，实际上水平子系统是指从信息点到楼层管理间机柜之间的路由和布线系统，如图1-2所示。按照GB 50311中的系统设计规定，也允许个别管理间FD配线架直接到CD配线架，而不经过BD配线架，如图1-3所示，这样能够节约工程造价。这就要求设计人员必须熟悉综合布线工程各个子系统，灵活应用，在设计中降低工程造价。

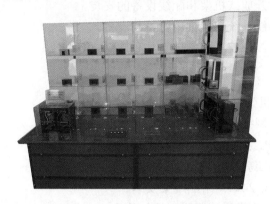

图1-2 综合布线系统工程实际应用展示（见彩图）

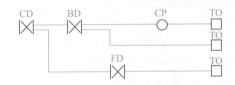

图1-3 综合布线子系统构成图

1.4.2 综合布线系统图决定网络拓扑图

在实际计算机网络系统工程设计和安装中，一般是综合布线系统图直接决定网络拓扑图，因为网络系统必须依靠综合布线系统才能实现。而综合布线系统图一般在园区和建筑物土建阶段进行设计，早于网络系统的规划与设计，因此在综合布线系统图规划和设计中，必须首先明确用户需求，然后按照用户需求规划和设计网络拓扑图，最后设计综合布线系统图和各个子系统。

关于网络拓扑图的基本概念、结构、绘图方法，以及规划设计与实训项目，请参考本书配套的《综合布线实训指导书 第3版》，实训单元1网络拓扑图的规划与设计实例。该书由王公儒主编，机械工业出版社出版，封面和书号见本书封底。

1.5 网络设备安装技术实训

实训项目 标准U机架式设备安装实训

【典型工作任务】

在综合布线系统工程施工中需要安装配线设备，首先要学会如何安装19英寸○标准U○

○ 1英寸（in）=25.4mm，后同。

○ 1U=44.45mm，后同。

机架式设备，包括19英寸开放式机架、跳线架、配线架等配线设备。

【岗位技能要求】

1）掌握标准19英寸开放式机架和配线设备的安装。

2）认识网络综合布线系统工程常用器材和设备。

3）掌握网络综合布线系统工程常用工具和操作技巧。

【实训任务】

1）设计标准U网络机架设备安装施工图。

2）完成开放式标准网络机架的安装。

3）完成1台19英寸5U综合布线测试装置安装。

4）完成1台19英寸5U综合布线端接训练装置安装。

5）完成1个19英寸1U 24口网络配线架安装。

6）完成1个19英寸1U 6类屏蔽网络配线架的安装。

7）完成1个19英寸1U语音配线架的安装。

8）完成1个19英寸1U 110型通信跳线架安装。

9）完成1个19英寸1U电源分配单元的安装。

10）完成2个19英寸1U直通式网络配线架的安装。

11）完成3个19英寸1U收纳式理线架的安装。

12）完成3个19英寸1U直通式理线架的安装。

13）完成1个19英寸U形扎线杆的安装。

14）完成1个19英寸L形扎线杆的安装。

15）完成2个19英寸1U毛刷理线架的安装。

16）完成1个19英寸1U鱼骨理线槽的安装。

17）完成1个19英寸绑线条的安装。

18）完成1个19英寸1U理线盲板的安装。

【评判标准】

1）要求网络机架安装牢固。

2）要求网络设备安装位置正确，预留空间合适。

3）要求安装的网络设备左右整齐和平直。

【实训器材和工具】

1）开放式网络机架底座1个、立柱2个、顶帽1个、电源分配单元和配套螺钉。

2）综合布线测试装置，1台。

3）综合布线端接训练装置，1台。

4）24口网络配线架，1个。

5）6类屏蔽网络配线架，1个。

6）语音配线架，1个。

7）110型通信跳线架，1个。

8）1U电源分配单元，1个。

9）直通式网络配线架，2个。

10）收纳式理线架，3个。

11）直通式理线架，3个。

12）U形扎线杆，1个。

13）L形扎线杆，1个。

14）毛刷理线架，2个。

15）鱼骨理线槽，1个。

16）绑线条，1个。

17）理线盲板，1个。

【实训步骤】

1）设计机架施工安装图。参考图1-4数实融合综合布线实训装置的结构，用Visio软件设计机架设备安装位置图。

2）准备器材和工具。把设备开箱，按照装箱单检查数量和规格。

3）安装机架。按照开放式机架的安装图把底座、立柱、顶帽、电源分配单元等进行装配，保证立柱安装垂直、牢固。

4）安装设备。按照设计图安装全部设备，保证每台设备位置正确，左右整齐和平直。

5）检查和通电。设备安装完毕后，按照施工图仔细检查，确认全部符合施工图后接通电源测试。

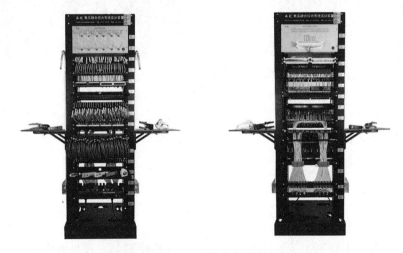

图1-4　数实融合综合布线实训装置（见彩图）

【实训报告】

1）完成网络机架设备的安装施工图设计。

2）总结网络设备的安装流程和要点。

3）写出标准U机架和1U设备的规格和安装孔尺寸。

1.6 工程经验

设备的散热

交换机、服务器等设备安装空间的周围不要太拥挤，以利于散热。

1.7 《百炼成"刚"》——劳模纪刚的先进事迹

细微中显卓越，执着中见匠心

2020年荣获"西安市劳动模范"称号的纪刚技师用18年的时间书写了匠心与执着。

2004年，中专毕业的纪刚被西安开元电子实业有限公司录取，从学徒工做起的他开始不断地学习和钻研，不懂就问，反复练习，业余时间就去图书馆、书店"充电"，反复琢磨消化师傅教授的知识，每天坚持写工作日志，记录并核算自己在工作当中的不足……18年的时间，纪刚从一名学徒成长为国家专利发明人，拥有国家发明专利4项、实用新型专利12项，精通16种光纤测试技术、200多种光纤故障设置和排查技术。先后被授予"雁塔区优秀共产党员""雁塔区优秀宣讲员""雁塔工匠""雁塔区劳动模范"等荣誉称号。

技能改变了命运，也把不可能变成了可能。他说："我只是一个普通的技术工人，能在自己的岗位上做好一颗螺丝钉，心里很踏实。"

由中共西安市雁塔区委和西安市雁塔区人民政府出品，"以细微中显卓越，执着中见匠心"为主题的《百炼成"刚"》微视频，介绍了西安市劳动模范纪刚技师的先进事迹。该视频在全国总工会与中央网信办联合主办的2020年"网聚职工正能量 争做中国好网民"主题活动中，获得优秀作品奖。可扫描二维码进行观看。

扫码看视频

互动练习和习题

请扫描二维码，下载第1章互动练习和习题，并按照教师安排按时完成。

互动练习　　　　　习题

第 2 章
网络综合布线系统工程常用标准 ■■■■■■■■■

　　熟悉和了解网络综合布线系统现行标准对于系统设计、项目实施、验收和维护是非常重要的，因此，本章对有关综合布线行业标准的发展历史、变更和最新标准作了比较详细的介绍，重点介绍了2016年8月26日颁布的中华人民共和国国家标准GB 50311《综合布线系统工程设计规范》。

　　▷ 知识目标　了解综合布线系统现行标准组织和主要国际标准名称，熟悉相关中国标准，重点掌握GB 50311《综合布线系统工程设计规范》的名词术语、符号与缩略词和系统设计，以及办公室和工业级布线系统等知识。

　　▷ 能力目标　熟悉综合布线系统构成、分级与组成、缆线长度划分、系统应用等，掌握办公室布线系统、工业级布线系统等设计规范，掌握大对数电缆线序工程经验。

　　▷ 素质目标　通过2个技能训练项目，体验技能就是标准规范、标准就是工程图纸的语法，掌握典型工作任务的技能要求和操作规范。

2.1　综合布线系统现行标准体系和组织机构

　　随着综合布线系统技术的不断发展，与之相关的国内和国际标准也更加规范化、标准化和开放化。国际标准化组织和国内标准化组织都在努力制定更新的标准以满足技术和市场的需求，标准的完善也使市场更加规范化。

　　我国综合布线系统标准的主管部门为工业和信息化部，批准部门为住房和城乡建设部，具体由中国工程建设标准化协会信息通信专业委员会综合布线工作组负责编制。

　　以下为与综合布线相关的国际标准组织与机构：

BICSI 国际建筑行业咨询服务 Building Industry Consulting Service International

CCITT 国际电报和电话协商委员会 Consultative Committee of International Telegraph and Telephone

EIA 电子工业协会 Electronic Industries Association

ICEA 绝缘电缆工程师协会 Insulated Cable Engineers Association

IEC 国际电工委员会 International Electro technical Commission

ISO 国际标准化组织 International Organization for Standardization

ITU-TSS 国际电信联盟——电信标准化分部 International Telecommunications Union——Telecommunications Standardization Section

　　这些组织都在不断努力制定更新的标准以满足技术和市场的需求。

2.2　综合布线系统主要国际标准

　　目前常用的综合布线国际标准有：

国际布线标准《ISO/IEC 11801：1995（E）信息技术——用户建筑物综合布线》

这个标准是由联合技术委员会ISO/IEC JTC1的SC 25/WG 3工作组在1995年制定并发布的，它把有关元器件和测试方法归入国际标准。目前该标准有三个版本：

①ISO/IEC 11801：1995

②ISO/IEC 11801：2000

③ISO/IEC 11801：2000＋

ISO/IEC 11801的修订稿ISO/IEC 11801：2000修正了对链路的定义。此外，该标准还规定了永久链路和通道的等效远端串扰ELFEXT、综合近端串扰、传输延迟。修订稿也提高了近端串扰等传统参数的指标。

另外，ISO/IEC推出第2版的ISO/IEC 11801规范ISO/IEC 11801：2000＋定义了6类、7类布线的标准，给布线技术带来革命性的影响。第2版的ISO/IEC 11801规范把5类D级的系统按照超5类重新定义，以确保所有的5类系统均可运行千兆位以太网。更为重要的是，6类和7类链路也在这一版的规范中定义。布线系统的电磁兼容性（EMC）问题也在新版的ISO/IEC 11801中考虑。

ISO/IEC 11801：Draft Amendment 2 to ISO/IEC 11801 ClassD（1995 FDAM2）

这个标准是国际标准化组织对应于TIA/EIA 568-A-1和TIA/EIA 568-A-5两个增编内容的规范，这个标准将成为下一个新的D级链路布线的标准内容。

各国或地区制定的标准侧重不同，美洲一些国家制定的标准没有提及电磁干扰方面的内容，国际布线标准提及一部分但不全面，而欧洲一些国家制定的标准很注重解决电磁干扰的问题。因此美洲一些国家制定的标准要求使用非屏蔽双绞线及相关连接器件，而欧洲一些国家制定的标准要求使用屏蔽双绞线及相关连接器件。

2.3 综合布线系统主要中国标准

2.3.1 中国综合布线系统的应用和标准制定

综合布线系统的技术、标准、产品的推广应用在我国已超过30年的时间了，从整个发展过程来看，综合布线系统对智能建筑的兴起与发展起到了积极的推动作用，综合布线系统作为建筑物的基础设施，为建筑物内的信息网络及各种机电设备系统信息的传递提供了传输通道，已成为智能建筑必备的一个重要组成部分。

我国综合布线系统的发展过程大致分为以下四个阶段：

1）第一个阶段为引入、消化吸收时期。1992～1995年由国际著名通信公司、计算机网络公司推出了结构化综合布线系统，并将结构化综合布线系统的理念、技术、产品带入中国。网络技术有10Mbit/s星形以太网、16Mbit/s令牌环网以及总线式的粗、细缆同轴网等，采用TIA/EIA 568标准。国内首批使用网络综合布线系统的单位有新华社、华能集团等。

在消化、吸收TIA/EIA 568布线标准的基础上，由中国工程建设标准化协会通信工程委员会起草了《建筑与建筑群综合布线系统设计规范》CECS 72:95，这标志着综合布线系统在我国正式开始规范化地应用于智能建筑。

这段时间内，国内有关电缆生产厂家也处在产品的研发阶段。同时这也是布线系统性能等级和标准的初级阶段，布线系统性能等级以3类（16MHz）产品为主。

2）第二个阶段为推广应用时期。1995～1997年开始广泛地推广应用和关注工程质量。网络技术更多地采用10/100Mbit/s以太网和100Mbit/s FDDI光纤网，基本上淘汰了总线型和环形网络。

中国工程建设标准化协会通信工程委员会起草并颁布了《建筑与建筑群综合布线系统工程设计规范》（修订本）CECS 72:97和《建筑与建筑群综合布线系统工程施工验收规范》CECS 89:97。这两个标准为我国布线工程的应用配套标准，为规范布线市场起到了积极的作用，许多行业标准和地方标准也相继颁布。

此时，国外标准不断推陈出新，标准以TIA/EIA 568A、ISO/IEC 11801、EN 50173等欧美及国际新标准为主。特别是ISO/IEC 11801：1995（E）的发布，使综合布线系统在抗干扰、防噪声、防污染、防火、防毒等方面的技术有了新的突破和发展。

布线系统性能等级和标准随着网络通信技术的发展也在不断完善和升级，此阶段布线系统性能等级以5类（100MHz）和多模光纤产品为主，并且对有关工程验收及测试仪表的选用给予了关注和重视。另外，由欧洲的标准所提出的屏蔽布线系统所具有的电磁兼容性（EMC）特征及它的应用场合在国内产生了很大的反响和探讨。

3）第三个阶段为快速发展期。1997～2000年，网络技术在10/100Mbit/s以太网的基础上提出1 000Mbit/s以太网的概念和标准。人们认识到综合布线系统是智能建筑的基础，与信息网络关系密切，主要侧重于电话、数据、图文、图像等多媒体综合网络传输的建设，综合布线工程的应用也从一个建筑物扩展至建筑群和住宅小区。综合布线系统性能等级和标准随着网络通信技术的发展在不断完善和升级，此阶段布线系统性能等级以超5类（100MHz）和光纤产品为主。

4）第四个阶段为高端综合布线系统应用发展。从2000年至今，随着计算机网络技术的发展和千兆以太网标准的出台，超5类、6类布线产品普遍应用，光纤产品也开始广泛应用。

中国综合布线国家标准在2007年4月6日正式颁布，2016年进行了修订，2016年8月26日颁布，2017年4月1日开始执行。分别为GB 50311《综合布线系统工程设计规范》和GB/T 50312《综合布线系统工程验收规范》。早在2008年也已开始制定综合布线技术白皮书，制定并发布了《综合布线系统管理与运行维护设计白皮书》《屏蔽布线系统的设计与施工技术白皮书》《万兆布线系统工程测试技术白皮书》。

国家及行业综合布线标准的制定，使中国综合布线走上标准化轨道，促进了综合布线在我国的应用和发展。

2.3.2 通用布缆标准

随着综合布线在各个领域的广泛应用，近年来我国住房与城乡建设部、全国信息技术标准化技术委员会通用布缆工作组，陆续编制和发布了多个相关标准。

2011年我国发布了CJ/T 376—2011《居住区数字系统评价标准》，该标准适用于为居住区提供智能化服务的相关数字系统的设计、验收和运行评价。

2012年我国国家标准化管理委员会发布了GB/T 29269—2012《信息技术 住宅通用布缆》，该标准主要满足信息和通用技术、广播和通信技术以及楼宇内的指令、控制和通信这3种应用的住宅通用布缆，并用于指导在新建及翻新建筑中的布缆的安装。

2017年我国国家标准化管理委员会发布了GB/T 34961.2—2017《信息技术 用户建筑群布缆的实现和操作 第2部分：规划和安装》，该标准规定了布缆、布缆基础设施（包括布缆、路径、空间、接地和联结）的规划、安装和运行的要求以支持通用布缆标准及相关文档。该标准修订版为GB/T 34961.2—2024，2024年3月15日发布，2024年10月1日实施。

2017年我国国家标准化管理委员会发布了GB/T 34961.3—2017《信息技术 用户建筑群布缆的实现和操作 第3部分：光纤布缆测试》，该标准规定了对依据ISO/IEC 11801、ISO/IEC 24764、ISO/IEC 24702和ISO/IEC 15018等建筑物布缆标准设计的光纤布缆系统进行测试的方法。

2018年我国国家标准化管理委员会发布了GB/T 34961.1—2018《信息技术 用户建筑群布缆的实现和操作 第1部分：管理》，该标准规定了一套基本的原则，旨在使拥有或负责管理电信基础设施的个人或组织能够利用本部分来开发一套适合他们需要的管理系统。本部分不推荐特定类型的管理系统。适用于建筑群布缆管理系统的开发。

2018年我国国家标准化管理委员会发布了GB/T 18233.5—2018《信息技术 用户建筑群通用布缆 第5部分：数据中心》，该标准规定了数据中心建筑群内机房和接入机房的通用布缆或者其他类型建筑物内数据中心的通用布缆，包括平衡布缆和光纤布缆。

2.3.3　综合布线其他相关标准

在网络综合布线工程设计中，不但要遵守综合布线相关标准，而且要结合电气防护及接地、防火等标准进行规划、设计。这里简单介绍一些接地和防火等标准。

1. 电气防护、机房及防雷接地标准

在综合布线时，需要考虑缆线的电气防护和接地，根据GB 50311《综合布线系统工程设计规范》第8条规定，综合布线应满足以下要求。

1）综合布线电缆与附近可能产生高电平电磁干扰的电动机、电力变压器、射频应用设备等电气设备之间应保持必要的间距。

2）综合布线系统缆线与配电箱的最小净距宜为1m，与变电室、电梯机房、空调机房之间的最小净距宜为2m。

3）室外墙上敷设的综合布线缆线及管线与其他管线的间距应符合表2-1的规定。当墙壁电缆敷设高度超过6m时，与避雷引下线的交叉间距应按下式计算：

$$S \geqslant 0.05L$$

式中　S——交叉间距（mm）；

　　　L——交叉处避雷引下线距地面的高度（mm）。

表2-1 综合布线缆线及管线与其他管线的间距

其他管线	平行净距/mm	垂直交叉净距/mm	其他管线	平行净距/mm	垂直交叉净距/mm
避雷引下线	1 000	300	热力管（不包封）	500	500
保护地线	50	20	热力管（包封）	300	300
给水管	150	20	煤气管	300	20
压缩空气管	150	20			

4）综合布线系统应根据环境条件选用相应的缆线和配线设备或采取防护措施，并应符合下列规定：

①当综合布线区域内存在的电磁干扰场强低于3V/m时，宜采用非屏蔽电缆和非屏蔽配线设备。

②当综合布线区域内存在的电磁干扰场强高于3V/m时，或用户对电磁兼容性有较高要求时，可采用屏蔽布线系统和光缆布线系统。

③当综合布线路由上存在干扰源，且不能满足最小净距要求时，宜采用金属管线进行屏蔽，或采用屏蔽布线系统及光缆布线系统。

5）在电信间、设备间及进线间应设置楼层或局部等电位接地端子板。

6）综合布线系统应采用共用接地的接地系统，如果单独设置接地体，则接地电阻不应大于4Ω。如果布线系统的接地系统中存在两个不同的接地体，则其接地电位差不应大于1Vr.m.s。

7）楼层安装的各个配线柜（架、箱）应采用适当截面的绝缘铜导线单独布线至就近的等电位接地装置，也可采用竖井内等电位接地铜排引到建筑物共用接地装置，铜导线的截面应符合设计要求。

8）缆线在雷电防护区交界处，屏蔽电缆屏蔽层的两端应做等电位连接并接地。

9）综合布线的电缆采用金属线槽或钢管敷设时，线槽或钢管应保持连续的电气连接，并应有不少于两点的良好接地。

10）当缆线从建筑物外面进入建筑物时，电缆和光缆的金属护套或金属构件应在入口处就近与等电位接地端子板连接。

机房及防雷接地标准还需要参照以下标准：

GB 50057—2019《建筑物防雷设计规范》

GB 50174—2017《数据中心设计规范》

GB/T 2887—2011《计算机场地通用规范》

GB/T 9361—2011《计算机场地安全要求》

IEC 1024-1《防雷保护装置规范》

IEC 1312-1《防止雷电波侵入保护规范》

J-STD-607-A《商业建筑电信接地和接线要求》

J-STD-607-A标准推出的目的在于帮助需要增加接地系统的技术安装人员，它完整地介绍了规划、设计、安装接地系统的方法，相关技术安装人员都可以参考此标准。

2．防火标准

缆线是布线系统防火的重点部件，GB 50311《综合布线系统工程设计规范》中第9条规定：

1）根据建筑物的防火等级和对材料的耐火要求，综合布线系统的缆线选用和布放方式及安装的场地应采取相应的措施。

2）综合布线工程设计选用的电缆、光缆应从建筑物的高度、面积、功能、重要性等方面加以综合考虑，选用相应等级的阻燃缆线。

对于阻燃缆线的应用分级，国际的相应标准中主要以缆线受火的燃烧程度及着火以后火焰在缆线上蔓延的距离、燃烧的时间、热量与烟雾的释放、释放气体的毒性等指标，并通过实验室模拟缆线燃烧的现场状况实测取得。

建筑物的缆线在不同的场合与安装敷设方式时，建议选用符合相应阻燃等级的缆线，并按以下几种情况分别列出：

1）在通风空间内（如吊顶内及高架地板下等）采用敞开方式敷设缆线时，可选用CMP级（光缆为OFNP或OFCP）或B1级。

2）在缆线竖井内的主干缆线采用敞开的方式敷设时，可选用CMR级或B2、C级。

3）在使用密封的金属管槽做防火保护的敷设条件下，缆线可选用CM级或D级。

此外，建筑物综合布线涉及的防火方面的设计标准还应依照国内相关标准：GB 50016—2014《建筑设计防火规范》、GB 50222—2017《建筑内部装修设计防火规范》。

3．智能建筑与智能小区相关标准与规范

在国内，综合布线的应用可以分为建筑物、建筑群和智能小区。许多布线项目就与智能大厦集成项目、网络集成项目和智能小区集成项目密切相关，因此集成人员还需要了解智能建筑及智能小区方面的最新标准与规范。目前工业和信息化部、住房和城乡建设部都在加快这方面标准的起草和制定工作，已经发布的标准与规范如下：

GB 50314—2015《智能建筑设计标准》

GB 50606—2010《智能建筑工程施工规范》

GB 50339—2013《智能建筑工程质量验收规范》

GB 50180—2018《城市居住区规划设计标准》

GB 50096—2011《住宅设计规范》

2.4 中国综合布线系统国家标准简介

虽然我国计算机信息系统和综合布线系统方面的标准起步稍晚，但现在已经在各行业中建立了比较完善的标准和规范。本节重点介绍2016年8月26日颁布的GB 50311《综合布线系统工程设计规范》中的第2条和第3条的主要内容，关于标准中提到的其他内容分别在以后的章节中详细介绍。

2.4.1 名词术语

在综合布线标准和相关书籍中，往往会用到许多术语，《综合布线系统工程设计规范》中的第2条中规范和介绍了一些常用的术语和符号，部分内容如下。

1）布线（Cabling）：能够支持电子信息设备相连的各种缆线、跳线、接插软线和连接器件组成的系统。

2）建筑群子系统（Campus Subsystem）：由配线设备、建筑物之间的干线缆线、设备缆线、跳线等组成的系统。

3）电信间（Telecommunications Room）：放置电信设备、缆线终端配线设备并进行缆线交接的一个空间。

4）信道（Channel）：连接两个应用设备的端到端的传输通道。

5）集合点（Consolidation Point，CP）：楼层配线设备与工作区信息点之间水平缆线路由中的连接点。

6）CP链路（CP Link）：楼层配线设备与集合点（CP）之间，包括两端的连接器件在内的永久性的链路。

7）链路（Link）：一个CP链路或是一个永久链路。

8）永久链路（Permanent Link）：信息点与楼层配线设备之间的传输线路。它不包括工作区缆线和连接楼层配线设备的设备缆线、跳线，但可以包括一个CP链路。

9）入口设施（Building Entrance Facility）：提供符合相关规范的机械与电气特性的连接器件，使得外部网络缆线引入建筑物内。

10）建筑群主干缆线（Campus Backbone Cable）：用于在建筑群内连接建筑群配线设备与建筑物配线设备的缆线。

11）建筑物主干缆线（Building Backbone Cable）：入口设施至建筑物配线设备，建筑物配线设备至楼层配线设备、建筑物内楼层配线设备之间相连接的缆线。

12）水平缆线（Horizontal Cable）：楼层配线设备到信息点之间的连接缆线。

13）光纤到用户单元通信设施（Fiber to the Subscriber Unit Communication Facilities）：光纤到用户单元工程中建筑规划用地红线内建筑群地下通信管道、建筑内管槽及通信光缆、光配线设备、用户单元信息配线箱及预留的设备间等设备安装空间。

14）CP缆线（CP Cable）：连接集合点（CP）至工作区信息点的缆线。

15）信息点（Telecommunications Outlet，TO）：缆线终接的信息插座模块。

16）线对（Pair）：由一个或多个金属导体绞对组成，指一个双绞线对。

17）信息配线箱（Information Distribution Box）：安装于用户单元区域内的完成信息互通与通信业务接入的配线箱体。

18）桥架（Cable Tray）：梯架、托盘及槽盒的统称。

2.4.2 符号和缩略词

在综合布线系统工程的设计、施工、验收和维护等日常工作中，工程技术人员大量应用许多符号和缩略词，因此掌握这些符号和缩略词对于识图和读懂技术文件非常重要。表2-2

为GB 50311对于符号和缩略词规定的部分内容。

表2-2　GB 50311对于符号和缩略词的规定

英文缩写	英文名称	中文名称或解释
ACR	Attenuation to Crosstalk Ratio	衰减串音比
BD	Building Distributor	建筑物配线设备
CD	Campus Distributor	建筑群配线设备
CP	Consolidation Point	集合点
dB	dB	电信传输单元: 分贝
d.c.	Direct Current	直流环路电阻
FD	Floor Distributor	楼层配线设备
FEXT	Far End Crosstalk Attenuation (Loss)	远端串音衰减(损耗)
IL	Insertion Loss	插入损耗
ISDN	Integrated Services Digital Network	综合业务数字网
OF	Optical Fibre	光纤
PS NEXT	Power Sum NEXT Attenuation (Loss)	近端串音功率和
PS AACR-F	Power Sum Attenuation to Alien Crosstalk Ratio at the Far-end	外部远端串音比功率和
PS AACR-F$_{avg}$	Average Power Sum Attenuation to Alien Crosstalk Ratio at the Far-end	外部远端串音比功率和平均值
PS ACR-F	Power Sum Attenuation to Crosstalk Ratio at the Far-end	衰减远端串音比功率和
PS ACR-N	Power Sum Attenuation to Crosstalk Ratio at the Near-end	衰减近端串音比功率和
PS ANEXT	Power Sum Alien Near-end Crosstalk (Loss)	外部近端串音功率和
PS ANEXT$_{avg}$	Average Power Sum Alien Near-end Crosstalk (Loss)	外部近端串音功率和平均值
RL	Return Loss	回波损耗
SC	Subscriber Connector (Optical Fibre Connector)	用户连接器件（光纤连接器件）
SFF	Small Form Factor Connector	小型光纤连接器件
TCL	Transverse Conversion Loss	横向转换损耗
TO	Telecommunications Outlet	信息点
TE	Terminal Equipment	终端设备
Vr.m.s	Vroot.mean.square	电压有效值

2.4.3　系统设计

1. 系统构成

1）综合布线系统（GCS）应是开放式网络拓扑结构，应能支持语音、数据、图像、多媒体业务等信息的传递。

2）参考GB 50311《综合布线系统工程设计规范》国家标准的规定，将建筑物综合布线系统分为以下7个子系统：工作区子系统、配线子系统（包含水平子系统）、干线子系统（也称垂直子系统）、设备间子系统、管理子系统、建筑群子系统、进线间子系统。

2. 系统分级与组成

1）综合布线系统应能满足所支持的数据系统的传输速率要求，并应选用相应等级的缆线和传输设备。综合布线电缆系统的分级与类别划分应符合表2-3的要求。

表2-3　电缆系统的分级与类别

系统分级	系统产品类别	支持最高带宽/Hz	支持应用器件	
			电缆	连接硬件
A	—	100k	—	—
B	—	1M	—	—
C	3类（大对数）	16M	3类	3类
D	5类（屏蔽和非屏蔽）	100M	5类	5类
E	6类（屏蔽和非屏蔽）	250M	6类	6类
E_A	6_A类（屏蔽和非屏蔽）	500M	6_A类	6_A类
F	7类（屏蔽）	600M	7类	7类
F_A	7_A类（屏蔽）	1 000M	7_A类	7_A类

注：5、6、6_A、7、7_A类布线系统应能支持向下兼容的应用。

2）光纤信道分为OF-300、OF-500和OF-2000这3个等级，各等级光纤信道应支持的应用长度分别不应小于300m、500m及2 000m。

综合布线系统应能满足所支持的电话、数据、电视系统的传输标准要求。

3）综合布线系统信道应由最长90m水平缆线、最长10m的跳线和设备缆线及最多4个连接器件组成，永久链路则由90m水平缆线及3个连接器件组成。

4）当工作区用户终端设备或某区域网络设备需直接与公用数据网进行互通时，宜将光缆从工作区直接布放至电信入口设施的光配线设备。

3．缆线长度划分

1）综合布线系统水平缆线与建筑物主干缆线及建筑群主干缆线之和所构成信道的总长度不应大于2 000m。

2）建筑物或建筑群配线设备之间（FD与BD、FD与CD、BD与BD、BD与CD之间）组成的信道出现4个连接器件时，主干缆线的长度不应小于15m。

3）配线子系统各缆线长度应符合图2-1所示的划分并应符合下列要求。

图2-1　配线子系统缆线划分

说明：

①配线子系统信道的最大长度不应大于100m。

②工作区设备缆线、电信间配线设备的跳线和设备缆线之和不应大于10m，当大于10m时，水平缆线长度（90m）应适当减少。

③楼层配线设备（FD）跳线、设备缆线及工作区设备缆线各自的长度不应大于5m。

4．系统应用

1）同一布线信道及链路的缆线和连接器件应保持系统等级与阻抗的一致性。

2）综合布线系统工程的产品类别及链路、信道等级确定应综合考虑建筑物的功能、应用网络、业务终端类型、业务的需求及发展、性能价格、现场安装条件等因素，应符合表2-4的要求。

表2-4　布线系统等级与类别的选用

业务种类		配线子系统		干线子系统		建筑群子系统	
		等级	类别	等级	类别	等级	类别
语音		D/E	5/6	C/D	3/5（大对数）	C	3（室外大对数）
数据	铜缆	D、E、E_A、F、F_A	5、6、6_A、7、7_A	E、E_A、F、F_A	6、6_A、7、7_A（4对）	—	—
	光纤	OF-300 OF-500 OF-2000	OM1、OM2、OM3、OM4多模光缆；OS1、OS2单模光缆及相应等级连接器件	OF-300 OF-500 OF-2000	OM1、OM2、OM3、OM4多模光缆；OS1、OS2单模光缆及相应等级连接器件	OF-300 OF-500 OF-2000	OS1/OS2单模光缆及相应等级连接器件
其他应用		可采用5/6/6_A类4对对绞电缆和OM1/OM2/OM3/OM4多模、OS1/OS2单模光缆及相应等级连接器件					

注：其他应用为建筑物中其他弱电子系统采用网络端口传送数字信息时的应用。

3）综合布线系统光纤信道应采用标称波长为850nm和1 300nm的多模光纤及标称波长为1 310nm和1 550nm的单模光纤。

4）单模和多模光缆的选用应符合网络的构成方式、业务的互通互联方式及光纤在网络中的应用传输距离。楼内宜采用多模光缆，建筑物之间宜采用多模或单模光缆，需直接与电信业务经营者相连时宜采用单模光缆。

5）为保证传输质量，配线设备连接的跳线宜选用产业化制造的电、光各类跳线，在电话应用时宜选用双芯对绞电缆。

6）工作区信息点为电端口时，应采用8位模块通用插座（RJ-45），光端口宜采用SC或LC光纤连接器件及适配器。

7）FD、BD、CD配线设备应采用8位模块通用插座或卡接式配线模块（多对、25对及回线型卡接模块）和光纤连接器件及光纤适配器（单工或双工的SC或LC光纤连接器件及适配器）。

8）CP（集合点）安装的连接器件应选用卡接式配线模块或8位模块通用插座或各类光纤连接器件和适配器。

5．屏蔽布线系统

1）综合布线区域内存在的电磁干扰场强高于3V/m时，宜采用屏蔽布线系统进行防护。

2）用户对电磁兼容性有较高的要求（电磁干扰和防信息泄漏）时，或对网络安全有保密需要时，宜采用屏蔽布线系统。

3）采用非屏蔽布线系统无法满足安装现场条件对缆线的间距要求时，宜采用屏蔽布线系统。

4）屏蔽布线系统采用的电缆、连接器件、跳线、设备电缆都应是屏蔽的，并应保持屏蔽层的连续性。

6. 开放型办公室布线系统

1）对于办公楼、综合楼等商用建筑物或公共区域大开间的场地，由于其使用对象数量的不确定性和流动性等因素，宜按开放办公室综合布线系统要求进行设计，并应符合下列规定：

①采用多用户信息插座（MUTO）时，每一个多用户插座宜能支持12个工作区所需的8位模块通用插座，并宜包括备用量。各段缆线长度可按表2-5选用，也可按下式计算。

$$C=（102-H）/（1+D）$$
$$W=C-T$$

式中　C——工作区设备电缆、电信间跳线及设备电缆的总长度；

H——水平电缆的长度，（$H+C$）≤100m；

T——电信间内跳线和设备电缆长度；

W——工作区设备电缆的长度；

D——调整系数。对于24号线规，D取为0.2；对于26号线规，D取为0.5。

表2-5　各段缆线长度限值

电缆总长度 H/m	24号线规（AWG）		26号线规（AWG）	
	W/m	C/m	W/m	C/m
90	5	10	4	8
85	9	14	7	11
80	13	18	11	15
75	17	22	14	18
70	22	27	17	21

②采用集合点（CP）时，集合点配线设备与FD之间水平缆线的长度应大于15m。集合点配线设备容量宜以满足12个工作区信息点需求设置。同一个水平电缆路由不允许超过一个集合点。

从集合点引出的CP光缆应终接于工作区的光纤连接器。

2）多用户信息插座和集合点的配线箱体应安装于墙体或柱子等建筑物固定的永久位置。

7. 工业级布线系统

1）工业级布线系统应能支持语音、数据、图像、视频、控制等信息的传递，并能应用于高温、潮湿、电磁干扰、撞击、振动、腐蚀气体、灰尘等恶劣环境中。

2）工业布线可应用于工业环境中具有良好环境条件的办公区、控制室和生产区之间的交界场所、生产区的信息点，工业级连接器件也可应用于室外环境中。

3）在工业设备较为集中的区域应设置现场配线设备。

4）工业级布线系统宜采用星形网络拓扑结构。

5）工业级配线设备应根据环境条件确定IP的防护等级。

2.5 缆线端接技术实训

2.5.1 实训项目1 跳线端接技能实训

【典型工作任务】

在网络系统工程前期安装调试和后期运维过程中，重点需要安装设备跳线和工作区跳线，实现网络交换机、路由器和终端与综合布线系统的连通。有研究表明，85%的网络系统故障发生在综合布线系统，因此掌握网络跳线制作与测试技能非常重要。

【岗位技能要求】

1）熟练掌握网络双绞线的剥皮方法和剥皮长度。

2）熟练掌握网线的色谱和线序。

3）熟练掌握RJ-45水晶头的快速端接技术。

4）熟练掌握跳线的测试方法。

5）熟悉网线和水晶头的机械结构和电气原理。

【实训任务】

制作网络跳线2根，并且跳线测试合格，具体要求如下：

1）使用超5类非屏蔽网线（Cat 5e UTP）和水晶头，完成超5类非屏蔽跳线制作。要求按照T568B—T568B线序，长度为500mm，如图2-2和图2-3所示。

2）使用6类非屏蔽双绞线（Cat 6 UTP）和水晶头，完成6类非屏蔽跳线制作。要求按照T568B—T568B线序，长度为600mm，如图2-4所示。

3）在西元网络配线实训装置上进行测试，跳线测试一次合格。

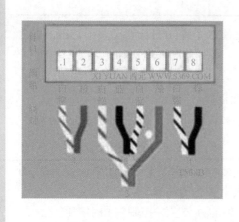

图2-2 T568B线序

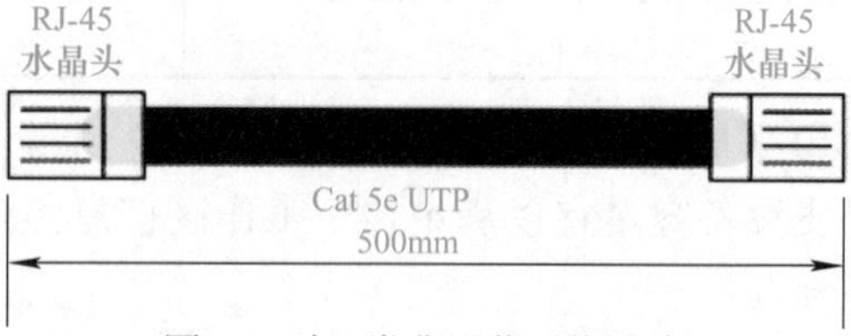

图2-3 超5类非屏蔽网络跳线

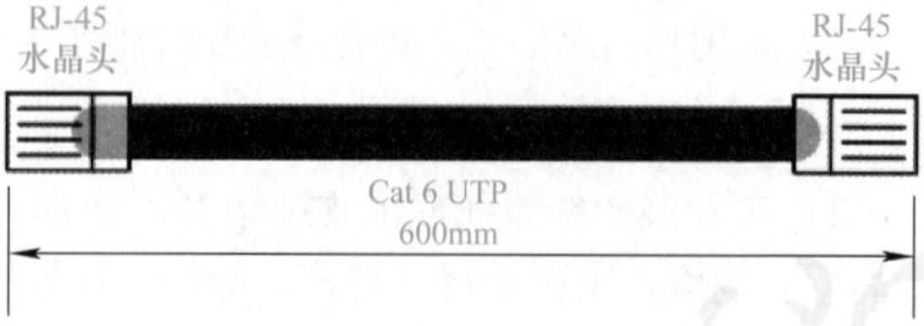

图2-4 6类非屏蔽网络跳线

【评判标准】

1）要求跳线制作长度误差控制在±5mm以内。

2）两端剪掉撕拉线。

3）压接护套到位，护套必须被水晶头的三角块压扁。

4）线序正确，跳线测试合格。

【实训器材和工具】

1）实训设备：数实融合综合布线实训装置（型号KYPXZ—01—55），或网络配线实训装置（型号KYPXZ—01—52）。

2）实训材料：超5类非屏蔽水晶头2个，6类非屏蔽水晶头2个，超5类非屏蔽网线1.5m。

3）实训工具：电缆剥线器1把，双用网线钳1把，剪刀1把，钢卷尺1个。

【实训步骤】

1）裁线。

2）剥除护套。

3）拆开4对双绞线。

4）理线。

5）插入水晶头。

6）压接。

7）制作另一端水晶头。重复上述步骤，完成另一端水晶头端接。

8）测试。

具体操作步骤详见《4.4 RJ-45水晶头端接原理和方法》。

扫描二维码观看《电缆跳线制作》视频，建议至少看3遍。

扫码看视频

【实训报告】

1）写出网络线8芯色谱和T568B端接线顺序。

2）写出RJ-45水晶头端接线的原理。

3）总结出网络跳线制作方法和注意事项。

2.5.2 实训项目2 电缆端接速度训练（XY786）

【典型工作任务】

在网络系统工程工作区信息插座模块的安装和系统连通中，模块端接工作量大，而且端接质量的好坏直接影响了网络系统的使用，因此掌握电缆端接技能非常重要。

【岗位技能要求】

1）熟练掌握网络双绞线的剥皮方法和剥皮长度。

2）熟练掌握网线的色谱和线序。

3）熟练掌握RJ-45水晶头的快速端接技术。

4）熟练掌握网络模块端接技术。

5）熟悉水晶头、网络模块的机械结构和电气原理。

【实训任务】

每人制作7根跳线，跳线长度为300mm，共计14次端接、112芯，并且测试合格，链路如图2-5所示。

图2-5　电缆链路速度竞赛（XY786材料盒）示意图

【评判标准】

1）要求跳线制作长度误差控制在±5mm以内。

2）两端剪掉撕拉线。

3）压接护套到位，护套必须被水晶头的三角块压扁。

4）网络模块压接方向正确，盖好防尘盖。

5）线序正确，跳线测试合格。

【实训器材和工具】

1）实训设备：数实融合综合布线实训装置（型号KYPXZ—01—55），或网络配线实训装置（型号KYPXZ—01—52）。

2）实训材料：每人1套XY786材料盒。

3）实训工具：剥线器1把，双用网线钳1把，打线刀1把，剪刀1把，钢卷尺1个。

【实训步骤】

1）制作4根网络跳线，具体制作方法详见2.5.1实训项目。

2）进行网络模块的端接，制作3根跳线（RJ-45模块—RJ-45模块），具体步骤如下。

①调整剥线器。调整剥线器刀片的进深，保证划破护套的60%～90%，避免损伤线芯，并且试剥两次，使用水口钳剪掉撕拉线。

②剥除护套。初学者剥除网线外护套的长度宜为30mm，并且沿轴线方向取下护套，不要严重折叠网线。

③分开线对。分开蓝橙绿棕4对线，按照网络模块色谱标识排列线对。

④压接线芯。按照网络模块色谱标识568B线序拆开线对，将线芯用手或者110打线刀压入对应线柱内。

提高材料利用率建议：初学者按照上述第①～第④步，反复练习至少5次，熟练掌握基本操作方法后再压接网络模块。

⑤压接防尘盖。将防尘盖扣在网络模块上，缺口向内，使用双手用力将防尘盖压到底。

⑥剪掉线头。使用水口钳，剪掉多余线端，线端长度应小于1mm。

⑦质量检查。检查压盖是否压到底、压盖方向是否正确、线序端接是否正确、测量跳线长度是否正确。

3）将第1）步所做的4根跳线（RJ-45水晶头—RJ-45水晶头）和第2）步所做的3根跳线（RJ-45模块—RJ-45模块）头尾相连插在一起，形成1个经过14次端接的电缆链路，进行通断测试，如图2-6所示。

网络综合布线系统工程技术实训教程　第5版

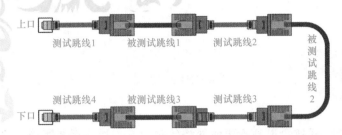
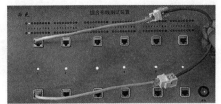

图2-6 链路测试示意图和照片

扫描二维码观看《网络模块端接方法》视频，建议至少看3遍。

扫码看视频

【实训报告】

1）写出网络模块端接步骤。

2）总结出网络模块端接注意事项。

2.6 工程经验

分清大对数电缆的线序

在缆线端接过程中，经常会遇到25对或者100对大对数缆线的端接问题，不容易分清，在这里为大家进行简单的参数介绍。以25对缆线为例，缆线有5个基本颜色，顺序为白、红、黑、黄、紫，每个基本颜色里面又包括5种颜色顺序，分别为蓝、橙、绿、棕、灰。即所有的线对1～25对的排序为白蓝、白橙、白绿、白棕、白灰……紫蓝、紫橙、紫绿、紫棕、紫灰。

100对缆线里面用蓝、橙、绿、棕4色的丝带分成4个25对分组，每个分组再按上面的方式相互缠绕，就可以区分出100条线对。这样就可以一一对应地打在110跳线架的端子上，只要在管理间和设备间都采用同一种打线顺序，然后做好缆线的标识工作，就可以方便地用来传输信号了。

互动练习和习题

请扫描二维码，下载第2章互动练习和习题，并按照教师安排按时完成。

互动练习

习题

第3章
网络综合布线系统工程常用器材和工具 ■■■■■

在网络综合布线系统工程施工中，可能会用到不同的网络传输介质、网络布线配件和布线工具等。本章将详细介绍网络综合布线系统工程中常用的器材和工具。

➤ 知识目标 熟悉网络传输介质和连接器件、管槽及配件、布线工具规格型号与技术参数。

➤ 能力目标 熟练掌握常用电缆、光缆、连接器件安装和工具使用方法，以及管槽及配件选用与安装方法，掌握规范打线工程经验。

➤ 素质目标 通过3个技能训练项目，培养"工具就是生产力""熟能生巧"的职业素养。通过劳模故事，弘扬"技能改变命运"理念和劳模精神。

3.1 网络传输介质和连接器件

在网络传输时，首先遇到的是通信线路和通道传输问题。目前，网络通信分为有线通信和无线通信两种。有线通信是利用电缆、光缆或电话线来充当传输介质的；无线通信是利用卫星、微波、红外线来充当传输介质的。目前，在通信线路上使用的传输介质有双绞线电缆、大对数电缆、光缆等。

3.1.1 双绞线电缆

这里以综合布线器材展示柜中的电缆展示柜为例详细介绍双绞线电缆的相关知识，如图3-1所示。扫描二维码可观看《综合布线电缆展示柜》视频。

扫码看视频

图3-1 综合布线电缆展示柜（见彩图）

双绞线（Twisted Pair，TP）是综合布线工程中最常用的一种传输介质。双绞线由两根具有绝缘保护层的铜导线组成。把两根具有绝缘保护层的铜导线按一定节距互相绞在一起，可降低信号干扰的程度，每一根导线在传输中辐射出来的电波会被另一根线上发出的电波抵消。

目前，双绞线可分为UTP（非屏蔽双绞线）和STP（屏蔽双绞线），屏蔽双绞线的外层由铝箔或铜网包裹着，它的价格相对要高一些。

网络综合布线使用的双绞线的种类如图3-2所示。

计算机网络工程使用4对非屏蔽双绞线导线，其物理结构如图3-3所示。

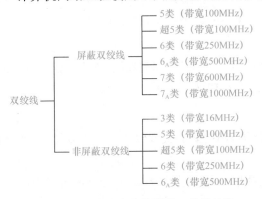

图3-2　网络综合布线使用的双绞线种类

图3-3　双绞线物理结构

1．非屏蔽双绞线电缆的优点

1）无屏蔽外套，直径小，节省所占用的空间。

2）质量小、易弯曲、易安装。

3）将串扰减至最小或消除。

4）具有阻燃性。

5）具有独立性和灵活性，适用于结构化综合布线。

2．双绞线的参数

对于双绞线，用户所关心的是衰减、近端串扰、特性阻抗、分布电容、直流电阻等。为了便于理解，首先解释以下几个名词。

1）衰减：衰减（Attenuation）是沿链路的信号损失度量。衰减随频率而变化，所以应测量在应用范围内的全部频率上的衰减。

2）近端串扰：近端串扰（NEXT）损耗是测量一条UTP链路中从一对线到另一对线的信号耦合。

串扰分近端串扰和远端串扰（FEXT）。近端串扰并不表示在近端点所产生的串扰值，它只是表示在近端点所测量到的串扰值。这个量值会随电缆长度的不同而变，电缆越长量值越小。同时发送端的信号也会衰减，对其他线对的串扰也相对变小。

3）直流环路电阻：直流环路电阻会消耗一部分信号并转变成热量，它是指一对导线电阻的和，ISO/IEC 11801标准规定不得大于19.2Ω，每对间的差异不能太大（小于0.1Ω），否则表示接触不良，必须检查连接点。

4）特性阻抗：与直流环路电阻不同，特性阻抗包括电阻及频率自1~100MHz的电感抗及电容抗，它与一对电线之间的距离及绝缘的电气性能有关。各种电缆有不同的特性阻抗，对双绞线电缆而言，有100Ω、120Ω及150Ω三种。

5）衰减串扰比（ACR）：在某些频率范围，串扰与衰减量的比例关系是反映电缆性能的另一个重要参数。ACR有时也以信噪比（SNR）表示，它由最差的衰减量与NEXT量值的差值计算。较大的ACR值表示对抗干扰的能力更强，系统要求至少大于10dB。

6）电缆特性：通信信道的品质是由它的电缆特性——信噪比SNR来描述的。SNR是在考虑到干扰信号的情况下，对数据信号强度的一个度量。如果SNR过低，将导致数据信号在被接收时，接收器不能分辨数据信号和噪声信号，最终引起数据错误。因此，为了使数据错误限制在一定范围内，必须定义一个最小的可接收的SNR。

3．双绞线的绞距

在双绞线电缆内，不同线对具有不同的绞距长度。一般地，4对双绞线绞距周期在38.1mm长度内，按逆时针方向扭绞，一对线对的扭绞长度在12.7mm以内。

4．网络双绞线的生产制造过程

目前，网络综合布线系统工程大量使用超5类和6类非屏蔽双绞线。这里以超5类非屏蔽双绞线为例，介绍双绞线制造过程。

一般制造流程为：铜棒拉丝→单芯覆盖绝缘层→两芯绞绕→4对绞绕→覆盖绝缘层→印刷标记→成卷。

首先将铜棒拉制成直径为0.50～0.55mm的铜导线，其次在铜导线外均匀覆盖塑料绝缘层，然后将两根导线按照一定的节距绞绕在一起，再将4对已经绞绕好的单绞线按照一定的节距进行第二次绞绕，最后在经过两次绞绕的4对双绞线外覆盖保护绝缘外套，如图3-4所示。

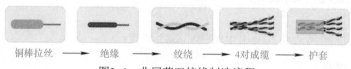

铜棒拉丝 → 绝缘 → 绞绕 → 4对成缆 → 护套

图3-4　非屏蔽双绞线制造流程

工厂专业化大规模生产超5类电缆时的工艺流程分为：绝缘、绞对、成缆、护套4项。

绝缘 ⇒ 绞对 ⇒ 成缆 ⇒ 护套

各个制造流程的技术要求如下。

（1）绝缘

绝缘检测项目、指标和测试方法见表3-1。

表3-1　绝缘检测项目、指标和测试方法

序号	检测项目	指标	测试方法
1	导体直径/mm	0.511	激光测径仪
2	绝缘外径/mm	0.92	激光测径仪
3	绝缘最大偏心/mm	≤0.020	激光测径仪
4	导体伸长率（%）	20～25	伸长试验仪
5	同轴电容/（pF/m）	228	电容测试仪
6	火花击穿数/个	≤2（DC 3500V）	火花记录器
7	颜色	孟塞尔色标	比色

在该阶段需要注意导体直径、绝缘外径、绝缘的偏心、导体及绝缘的伸长率、绝缘单线的同轴电容、火花击穿数、绝缘单线的颜色、单线装盘时的排线等各项指标，检验后符合要求的才能进入下一个工序，确保下一个工序能正常生产。

（2）绞对

电缆制造过程中，将绝缘线芯绞合成线组，除了保持回路传输参数稳定，增加电缆弯曲性能便于使用外，还可以减少电缆组间的电磁耦合，利用其交叉效应来减少线对/组间的串音。线对绞对的节距大小及节距的配合情况直接影响电缆的串音指标。可利用线组绞合节距的相互配合来减少组间的直接系统性耦合，以达到减少串音的目的。

绞对时应注意收、放线张力的控制。避免张力过大放线不均匀，拉伤线对，对线对的电气性能产生影响，同时也应避免张力过小导致放线线盘过于松动产生缠绕、打结的现象。

绞对检测项目、指标和测试方法见表3-2。

表3-2　绞对检测项目、指标和测试方法

序号	检测项目	指标	测试方法
1	节距	白蓝10mm；白橙15.6mm；白绿12.5mm；白棕18mm	直尺测量
2	绞向	Z向（右向）	目测
3	绞对线单根导线直流电阻	≤93Ω	电阻表
4	绞对前后电阻不平衡	≤2%	（大电阻值-小电阻值）/（大电阻值+小电阻值）×100%
5	耐高压	DC 2000V，3s	高压发生器

（3）成缆

4对数据电缆的成缆很简单，采用束绞或S-Z绞的工艺方式，以一定的成缆节距，减少线对间的串音等。

（4）护套

护套工序在生产中类似于绝缘工序，该工序把缆芯统一包一层保护外套，并在护套上喷印产品信息内容。护套可分为阻燃、非阻燃，也可分为室内、室外等。

护套检测项目、指标和测试方法见表3-3。

表3-3　护套检测项目、指标和测试方法

序号	检测项目	指标	测试方法
1	外观检测	光滑、圆整、无孔洞、无杂质	目测
2	最小护套厚度/mm	标称：0.6	游标卡尺
3	偏心/mm	≤0.20（在电缆同一截面上测量）	游标卡尺
4	电缆外径/mm	标称：5.4	纸带法
5	记米长度误差	≤0.5%	卷尺

在生产制造过程中，影响网络双绞线传输速率和距离的主要因素有：

1）铜棒材料质量。

2）铜棒拉丝制成线芯的直径、均匀度、同心度。

3）线芯覆盖绝缘层的厚度和均匀度、同心度。

4）两芯线绞绕节距和松紧度。

5）4对绞绕节距和松紧度。

6）生产过程中的张紧拉力。

7）生产过程中的卷轴曲率半径。

在工程施工过程中，影响网络双绞线传输速率和距离的主要因素有：

1）网络双绞线配线端接工程技术。

2）布线拉力。

3）布线曲率半径。

4）布线绑扎技术。

5）电磁干扰。

6）工作温度。

3.1.2　大对数电缆

1．大对数电缆的组成

大对数电缆是由25对具有绝缘保护层的铜导线组成的。它有3类25对大对数电缆、5类25对大对数电缆等，为用户提供更多的可用线对，并被设计为实现高速数据通信应用，传输速度为100bit/s。

导线色谱由白、红、黑、黄、紫和蓝、橙、绿、棕、灰编码组成，见表3-4。

表3-4　导线色谱排列

主色	白	红	黑	黄	紫
副色	蓝	橙	绿	棕	灰

5种主色和5种副色组成25种色谱，其色谱如下：

白蓝，白橙，白绿，白棕，白灰。

红蓝，红橙，红绿，红棕，红灰。

黑蓝，黑橙，黑绿，黑棕，黑灰。

黄蓝，黄橙，黄绿，黄棕，黄灰。

紫蓝，紫橙，紫绿，紫棕，紫灰。

50对电缆由2个25对组成，100对电缆由4个25对组成，依此类推。每组25对再用副色标识，例如，蓝、橙、绿、棕、灰。

2．大对数电缆品种

大对数电缆品种分为屏蔽大对数电缆和非屏蔽大对数电缆，如图3-5所示。

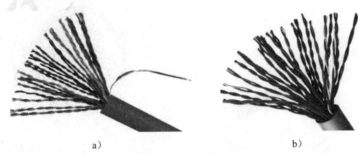

a)   b)

图3-5   大对数电缆

a）屏蔽大对数电缆   b）非屏蔽大对数电缆

扫描二维码观看《大对数电缆和语音配线架的端接方法》。

建议仔细认真观看，重要的视频请看3遍以上。

扫码看视频

3.1.3 　光缆的品种与性能

这里以综合布线器材展示柜中的光缆展示柜为例详细介绍光缆的相关知识，如图3-6所示。

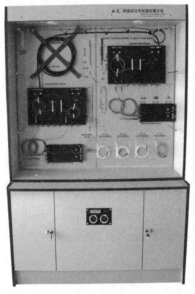

图3-6   综合布线光缆展示柜（见彩图）

1. 光缆

光导纤维是一种传输光束的细而柔韧的石英介质，简称光纤。光导纤维表面由涂层和多层保护材料组成，简称为光缆，如图3-7所示。本节介绍光缆的结构、光纤的种类、光纤通信系统、光缆的种类和机械性能。

光纤通常是由石英玻璃制成的横截面积很小的双层同心圆柱体，也称为纤芯，它的质地脆，易断裂，由于这一缺点，需要外加一个保护层。光缆结构如图3-8所示。

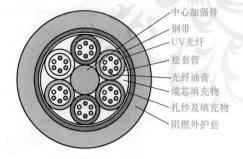

中心加强件
钢带
UV光纤
松套管
光纤油膏
缆芯填充物
扎纱及填充物
阻燃外护套

图3-7　光缆　　　　　　　　　　　图3-8　光缆结构

光缆是数据传输中最有效的一种传输介质，它有以下几个优点：

1）较宽的频带。

2）电磁绝缘性能好。光纤中传输的是光束，而光束是不受外界电磁干扰影响的，而且本身也不向外辐射信号，因此它适用于长距离的信息传输以及对安全要求高的场合。

3）衰减较少。

4）中继器的间隔距离较大，因此整个通道中继器的数目可以减少，这样可降低成本。而同轴电缆和双绞线在长距离使用中就需要连接中继器。

2．光纤的种类

光纤主要有两大类，即单模光纤和多模光纤。

（1）单模光纤

单模光纤的纤芯直径很小，在给定的工作波长上只能以单一模式传输，传输频带宽，传输容量大。光信号可以沿着光纤的轴向传播，因此光信号的损耗很少，离散也很少，传播的距离较远。单模光纤PMD规范建议芯径为8～10μm，包括包层直径为125μm。单模光纤在导入波长上分为1 310nm和1 550nm两种。

（2）多模光纤

多模光纤是在给定的工作波长上，能以多个模式同时传输的光纤。多模光纤的纤芯直径一般为50～200μm，而包层直径的变化范围为125～230μm，计算机网络用纤芯直径为62.5μm，包层为125μm，也就是通常所说的62.5μm。与单模光纤相比，多模光纤的传输性能要差。多模光纤在导入波长上分850nm和1 300nm两种。

（3）纤芯分类

1）按照纤芯直径可划分为以下几种：

①50μm/125μm缓变型多模光纤。

②62.5μm/125μm缓变增强型多模光纤。

③10μm/125μm缓变型单模光纤。

2）按照纤芯的折射率分布可分为以下几种：

①阶跃型光纤（Step Index Fiber，SIF）。

②梯度型光纤（Griended Index Fiber，GIF）。

③环形光纤（Ring Fiber）。

④W型光纤。

网络综合布线系统工程技术实训教程　第5版

3. 光纤通信系统简述

（1）光纤通信系统

光纤通信系统是以光波为载体、光导纤维为传输介质的通信方式，起主导作用的是光源、光纤、光发送机和光接收机。

1）光源：光源是光波产生的根源。

2）光纤：光纤是传输光波的介质。

3）光发送机：光发送机负责产生光束，将电信号转变成光信号，再把光信号导入光纤。

4）光接收机：光接收机负责接收从光纤上传输过来的光信号，并将它转变成电信号，经解码后再做相应处理。

（2）光纤通信系统的主要优点

1）传输频带宽、通信容量大，短距离传输时达几千兆的传输速率。

2）线路损耗低、传输距离远。

3）抗干扰能力强，应用范围广。

4）线径细、质量小。

5）抗化学腐蚀能力强。

6）光纤制造资源丰富。

（3）光端机

图3-9　光端机

光端机是光通信的一个主要设备，其外观如图3-9所示。主要分两大类：模拟信号光端机和数字信号光端机。

模拟信号光端机主要分为调频式光端机和调幅式光端机。由于调频式光端机比调幅式光端机的灵敏度高约16dB，所以市场上模拟信号光端机是以调频式FM光端机为主导的。光端机一般按方向分为发射机（T）、接收机（R）、收发机（X）。作为模拟信号的FM光端机，现行市场上主要有以下几种类型。

1）单模光端机/多模光端机。

光端机根据系统的传输模式可分为单模光端机和多模光端机。一般来说，单模光端机光信号传输可达几十千米的距离，模拟光端机有些型号可无中继地传输100km；而多模光端机光信号一般传输为2～5km。

2）数据/视频/音频光端机。

光端机根据传输信号又可分为数据光端机、视频光端机、音频光端机、视频/数据光端机、视频/音频光端机、视频/数据/音频光端机以及多路复用光端机，并且可作为10～100Mbit/s以太网（IP）数据传输功能。

3）独立式/插卡式/标准式光端机。

①独立式光端机可独立使用，但需要外接电源，主要应用于系统远程设备比较分散的场合。

②插卡式光端机中的模块可插入插卡式机箱中工作，每个插卡式机箱为19英寸机架，具有18个插槽。插卡式光端机主要应用在系统的控制中心，便于系统安装和维护。

③标准式光端机可独立使用，标准19英寸1U机箱，可安装在系统远程设备及控制中心19英寸机柜中。

在网络工程中，一般是62.5μm/125μm规格的多模光纤，有时用50μm/125μm规格的多模光纤。户外布线大于2km时可选用单模光纤。

4．光缆的种类和机械性能

（1）单芯互连光缆

主要应用范围包括：跳线、设备内部连接、通信柜配线面板、墙面信息插座出口到工作终端的连接和水平拉线直接端接。

它的主要性能及优点如下：

1）高性能的单模和多模光纤符合所有的工业标准。

2）900μm紧密缓冲"外衣"易于连接与剥除。

3）Aramid抗拉线增强组织提高对光纤的保护。

4）UL/CAS验证符合OFNR和OFNP的要求。

（2）双芯互连光缆

主要应用范围包括：交连跳线、水平走线、直接端接、光纤到桌面、通信柜配线面板和墙上出口到工作终端的连接。

双芯互连光缆除具备单芯互连光缆所有的主要性能优点之外，还具有光纤之间易于区分的优点。

（3）室外光缆4～12芯铠装型与全绝缘型

它的主要应用范围包括：

1）园区中楼宇之间的连接。

2）长距离网络。

3）主干线系统。

4）本地环路和支路网络。

5）严重潮湿、温度变化大的环境。

6）架空连接（和悬缆线一起使用）、地下管道或直埋。

它的主要性能及优点如下：

1）高性能的单模和多模光纤符合所有的工业标准。

2）900μm紧密缓冲"外衣"易于连接与剥除。

3）套管内具有独立彩色编码的光纤。

4）轻质的单通道结构节省了管内空间，管内灌注防水凝胶，以防止水渗入。

5）设计和测试均根据BellcoreGR-20-CORE标准。

6）扩展级别62.5/125符合ISO/IEC 11801标准。

7）抗拉线增强组织提高对光纤的保护。

8）聚乙烯"外衣"在紫外线或恶劣的室外环境中有保护作用。

9）低摩擦的"外皮"使之可轻松穿过管道，完全绝缘或铠装结构，撕剥线使剥离外表更方便。

室外光缆有4芯、6芯、8芯、12芯，又分铠装型和全绝缘型。

（4）室内/室外光缆（单管全绝缘型）

它的主要应用范围包括：

1）不需任何互连的情况下，由户外延伸入户内，缆线具有阻燃特性。

2）园区中楼宇之间的连接。

3）本地线路和支路网络。

4）严重潮湿、温度变化大的环境。

5）架空连接时。

6）地下管道或直埋。

7）悬吊缆/服务缆。

它的主要性能及优点包括：

1）高性能的单模和多模光纤符合所有的工业标准。

2）设计符合低毒、无烟的要求。

3）套管内具有独立TLA彩色编码的光纤。

4）轻质的单通道结构节省了管内空间，管内灌注防水凝胶，以防止水渗入；注胶芯完全由聚酯带包裹。

5）符合ISO/IEC 11801标准。

6）Aramid抗拉线增强组织提高对光纤的保护。

7）聚乙烯"外衣"在紫外线或恶劣的室外环境中有保护作用。

8）低摩擦的"外皮"使之可轻松穿过管道，完全绝缘或铠装结构，撕剥线使剥离外表更方便。

室内/室外光缆有4芯、6芯、8芯、12芯、24芯、32芯。

（5）松套管全介质无凝胶光缆

2013年WSC2013-TP02项目使用了48芯松套管全介质无凝胶光缆，也称为干式光缆，如图3-10所示。例如，48芯单模（OS2）光缆，专为室外和室内环境校园骨干网的架空和管道安装使用而设计，开缆简单和环保，并有中密度聚乙烯护套，坚固、耐用、易剥离。

（6）带状光缆

带状光缆里面的裸光纤是按照色谱颜色顺序排列成一排且固定的，成带状，利于检修和接续时快速正确识别，如图3-11所示。

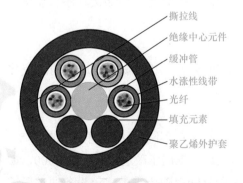

撕拉线
绝缘中心元件
缓冲管
水涨性线带
光纤
填充元素
聚乙烯外护套

图3-10　松套管全介质无凝胶光缆

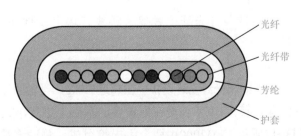

光纤
光纤带
芳纶
护套

图3-11　带状光缆

3.1.4 吹光纤铺设技术

近年来，随着数据通信网络的迅速发展，用户出于对传输带宽、安全性等方面的考虑，越来越多地采用了光纤。这里介绍一种全新的光纤布线方式——吹光纤布线。所谓"吹光纤"即预先在建筑群中铺设特制的管道，实际中需要采用光纤进行通信时，再将光纤通过压缩空气吹入管道。

1. 系统的组成

吹光纤系统由微管和微管组、吹光纤、附件和安装设备组成。

（1）微管和微管组

吹光纤的微管有两种规格：5mm和8mm（外径）管。所有微管外皮均采用阻燃、低烟、不含卤素的材料，在燃烧时不会产生有毒气体，符合国际标准的要求。

8mm管内径较粗，因此吹制距离较远。每一个微管组可由2根、4根或7根微管组成，并按应用环境分为室内及室外两类。

在进行楼内或楼间光纤布线时，可先将微管在所需线路上布置但不将光纤吹入，只有当实际真正需要光纤通信时，才将光纤吹入微管并进行端接。采用直径5mm微管，吹制距离在路由多弯曲的情况下超过300m，在直路中可超过500m。采用8mm微管，吹制距离在路由多弯曲的情况下超过600m，在直路中可超过1 000m，垂直安装高度（由下向上）超过300m。在室内环境中单微管的最小弯曲半径为25mm，可充分适应楼内布线环境的要求。微管路由的变更也非常简便，只需将要变更的微管切断，再用微管连接头进行拼接，即可方便地完成对路由的修改、封闭和增加。

（2）吹光纤

吹光纤有多模62.5/125、50/125和单模3类，每一根微管可最多容纳4根不同种类的光纤。由于光纤表面经过特别处理并且重量极轻，每芯每米0.23g，因而吹制的灵活性极强。在吹光纤安装时，对于最小弯曲半径25mm的弯度，在允许范围内最多可有300个90°弯曲。吹光纤表面采用特殊涂层，在压缩空气进入空管时光纤可借助空气动力悬浮在空管内向前飘行。另外，由于吹光纤的内层结构与普通光纤相同，因此光纤的端接程序和设备与普通光纤一样。

（3）附件

包括19英寸光纤配线架、跳线、墙上及地面光纤出线盒、用于微管间连接的陶瓷接头等。

（4）安装设备

早期的吹光纤安装设备全重超过130kg，设备的移动较为复杂，不易于吹光纤技术的推广。1996年，英国BICC公司在原设备的基础上进行了大量改进，推出了改进型设备IM2000，如图3-12所示。IM2000由两个手提箱组成，总净重量不到35kg，便于携带。该设备通过压缩空气将光纤吹入微管，吹制速度可达到40m/min。

网络综合布线系统工程技术实训教程 第5版

图3-12 吹光纤设备IM2000

2. 系统的性能特点及其优越性

吹光纤系统与传统光纤系统的区别主要在于其铺设方式，其本身的衰减等指标与普通光纤相同，同样可采用SC型接头端接，而且吹光纤系统的造价也与普通光纤系统相差无几，但采用吹光纤系统具有4大优势。

（1）分散投资成本

在吹光纤系统中，由于微管成本极低，所以设计时可以尽可能地敷设光纤微管，在以后的应用中用户可根据实际需要吹入光纤，从而分散投资成本，减轻用户负担。

（2）安装安全、灵活、方便

作为一个典型的传统光纤布线系统，在入楼处和楼层分配线架处均需做光纤接续，这样不仅增加了成本及路由光损耗，还会使安装变得复杂。另外，工程现场施工环境较为复杂，建筑施工人员很可能因误操作而导致光纤损坏，加大光损耗，甚至折断光纤。

在吹光纤系统安装时只需安装光纤外的微管，由楼外进入楼内和在楼层分配线架时只需用特制陶瓷接头将微管拼接即可，无需做任何端接。当所有微管连接好后，将光纤吹入即可。由于路由上采用的是微管的物理连接，因此，即使出现微管断裂，也只需简单地用另一段微管替换，对光纤不会造成任何损坏。

（3）便于网络升级换代

网络及网络设备的发展对于光纤本身也提出了越来越严格的要求，在千兆以太网规范中，由于差模延迟（DMD）等因素，多模光纤的支持距离已较原来的2km大大减少，越来越多的用户开始选择单模光纤作为网络主干。可以预见，随着网络技术的高速发展，光纤本身亦将不断发展。而吹光纤的另一特点就是它既可以吹入，也可以吹出，当将来网络升级需要更换光纤类型时，用户可以将原来的光纤吹出，再将所需类型的光纤吹入，从而充分保护用户投资的安全性。

（4）节省投资，避免浪费

采用吹光纤系统，在大楼建设时只需布放微管和部分光纤，随着用户的不断搬入，根据用户需要再将光纤吹入相应管道。当用户需要进行网络修改时，还可将光纤吹出，再吹入新的光纤。

3.1.5　水晶头

水晶头按照应用场合分为RJ-45水晶头和RJ-11水晶头两种，如图3-13和图3-14所示。RJ-45水晶头用于网络接口，RJ-11用于电话接口。

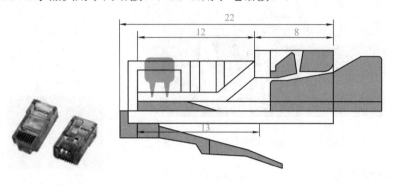

图3-13　RJ-45水晶头及结构图　　　　　　　图3-14　RJ-11水晶头

水晶头按照传输性能分为5类水晶头、超5类水晶头、6类水晶头、7类水晶头四种，如图3-15～图3-18所示。

图3-15　5类水晶头　　图3-16　超5类水晶头　　图3-17　6类水晶头　　图3-18　7类水晶头

水晶头按照抗干扰性分为非屏蔽水晶头和屏蔽水晶头两种，如图3-19和图3-20所示。

图3-19　非屏蔽水晶头　　　　　　　　图3-20　屏蔽水晶头

3.1.6　网络模块

网络模块是网络工程中经常使用的一种器材，分为6类网络模块、超5类网络模块等，且有屏蔽网络模块和非屏蔽网络模块之分。网络模块如图3-21所示。

网络模块满足T568A超5类传输标准，符合T568A和T568B线序，适用于设备间与工作区的通信插座连接。免工具型设计，便于准确快速地完成端接，扣锁式端接帽确保导线全部端接并防止滑动。芯针触点材料为50μm的镀金层，耐用性为1500次插拔。

打线柱外壳材料为聚碳酸酯，IDC打线柱夹子为磷青铜。适用于22AWG、24AWG及26AWG（0.64mm、0.5mm及0.4mm）电缆，耐用性为350次插拔。

在100MHz下测试传输性能：近端串扰为44.5dB、衰减为0.17dB、回波损耗为30.0dB，平均为46.3dB。

a)   b)   c)

图3-21　网络模块

a）非屏蔽模块　b）免打模块　c）屏蔽模块

扫描二维码观看《电缆速度竞赛》视频，建议至少看3遍。

扫码看视频

3.1.7　面板、底盒

1. 面板

常用面板分为单口面板和双口面板，面板型号尺寸要符合国标86型、120型的要求。

86型面板的宽度和长度均为86mm，通常采用高强度塑料材料制成，适合安装在墙面，具有防尘功能，如图3-22所示。

120型面板的宽度和长度均为120mm，通常采用铜等金属材料制成，适合安装在地面，具有防尘、防水功能，如图3-23所示。

图3-22　86型面板   图3-23　120型面板

应用于工作区的布线子系统；面板表面带嵌入式图标及标签位置，便于识别数据和语音端口；配有防尘滑门用以保护模块、遮蔽灰尘和污物。

2. 底盒

常用底盒分为明装底盒和暗装底盒，如图3-24所示。明装底盒通常采用高强度塑料材料制成，而暗装底盒有使用塑料材料制成的，也有使用金属材料制成的。

a)   b)

图3-24　底盒

a）明装底盒　b）暗装底盒

3.1.8　配线架

配线架是管理子系统中最重要的组件，是实现垂直子系统和水平子系统交叉连接的枢纽，一般放置在管理区和设备间的机柜中。配线架通常安装在机柜内。通过安装附件，配线架可以全线满足UTP、STP、同轴电缆、光纤、音视频的需要。

在网络工程中常用的配线架有双绞线配线架和光纤配线架。

双绞线配线架的作用是在管理子系统中将双绞线进行交叉连接，用在主配线间和各分配线间。双绞线配线架的型号很多，每个厂商都有自己的产品系列，并且对应3类、5类、超5类、6类和7类缆线分别有不同的规格和型号，在具体项目中，应参阅产品手册，根据实际情况进行配置。双绞线配线架如图3-25所示。

a)   b)   c)

图3-25　双绞线配线架

a）超5类24口配线架　b）超5类48口配线架　c）屏蔽配线架

用于端接传输数据电缆时，可采用19英寸RJ-45口网络配线架，此种配线架背面进线采用110端接方式，正面全部为RJ-45口，用于跳线配线，它主要分为24口、48口等，全部为19英寸机架/机柜式安装。

光纤配线架的作用是在管理子系统中将光缆进行连接，通常在主配线间和各分配线间进行。

3.1.9　直通式配线架

直通式配线架由直通模块和支架组成，直通模块前后均为RJ-45口，即插即用，无需在工程现场打线，因此也叫作免打式网络配线架，如图3-26所示。支架为钢板喷塑材质，支架后部设计有弹性理线锁，适合电缆快速放入、理线和固定。直通式配线架具有快速安装和更换跳线的优点，也适合使用工厂批量生产的跳线。

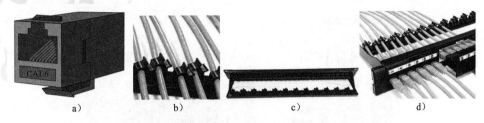

图3-26　直通式配线架

a）直通模块　b）弹性理线锁　c）支架　d）直通式配线架应用案例

3.1.10　机柜

机柜是安装设备和缆线交接的地方。机柜以U为单元区分（1U=44.45mm）。

标准的机柜为：设备安装孔距为19英寸，机柜宽度为600mm。一般情况下：服务器机柜的深度≥800mm，而网络机柜的深度≤800mm。具体规格见表3-5。

表3-5　网络机柜规格

产品名称	用户单元	规格型号/mm（宽×深×高）	产品名称	用户单元	规格型号/mm（宽×深×高）
普通墙柜系列	6U	530×400×300	普通网络机柜系列	18U	600×600×1 000
	8U	530×400×400		22U	600×600×1 200
	9U	530×400×450		27U	600×600×1 400
	12U	530×400×600		31U	600×600×1 600
普通服务器机柜系列（加深）	31U	600×800×1 600		36U	600×600×1 800
	36U	600×800×1 800		40U	600×600×2 000
	40U	600×800×2 000		45U	600×600×2 200

网络机柜可分为以下两种：

（1）常用服务器机柜

1）安装立柱尺寸为480mm（约19英寸）。内部安装设备的空间高度一般为1 850mm（约42U），如图3-27a所示。

2）采用冷轧钢板，表面静电喷塑工艺，耐腐蚀，保证可靠接地、防雷击。

3）走线简洁，前后及左右面板均可快速拆卸，方便各种设备的走线。

4）上部安装有2个散热风扇。下部安装有4个转动轱辘和4个固定地脚螺栓。

5）适用于安装各种机架式服务器。也可以安装普通服务器和交换机等标准设备。一般安装在网络机房或者楼层设备间中。

（2）壁挂式网络机柜

壁挂式网络机柜主要用于安装小型网络设备，采用全焊接式设计，牢固可靠。机柜背面有安装孔，可将机柜挂在墙上节省空间，如图3-27b所示。

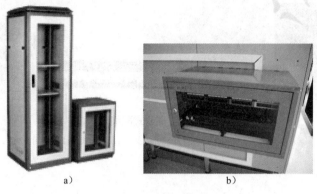

图3-27　网络机柜

a）常用服务器机柜　b）壁挂式网络机柜（见彩图）

小型壁挂式机柜，有体积小、节省机房空间等特点。广泛用于计算机数据网络、布线、音响系统、银行、金融、证券、地铁、机场工程等领域。

3.2　管槽及配件

综合布线系统中除了缆线外，槽管也是一个重要的组成部分，可以说PVC线槽、金属管、PVC穿线管是综合布线系统的基础性材料。这里以综合布线器材展示柜中的配件展示柜为例，详细介绍在综合布线系统中常用的管槽的相关知识，如图3-28所示。扫描二维码观看《综合布线配件展示柜》视频，重点学习配件展示柜内容。

扫码看视频

图3-28　综合布线配件展示柜（见彩图）

3.2.1　线槽

在综合布线工程施工中，线槽主要用于在墙面固定缆线，由PVC材料挤塑成型。常用线槽规格型号主要包括20系列、40系列、100系列等。常用规格主要包括20mm×10mm、25mm×12.5mm、30mm×16mm、39mm×18mm等，如图3-29所示。

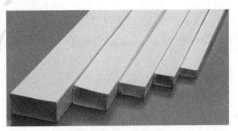

图3-29　PVC线槽

与PVC线槽配套的附件有阳角、阴角、转角、三通、直接、堵头等，如图3-30所示。

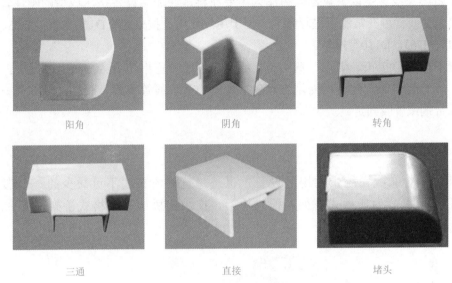

| 阳角 | 阴角 | 转角 |

| 三通 | 直接 | 堵头 |

图3-30　PVC线槽配件

3.2.2　线管

1．金属管

金属管是用于分支结构或暗埋的线路，它的规格也有多种，以外径mm为单位。金属管的外形如图3-31所示。

图3-31　金属管的外形

工程施工中常用的金属管有D16、D20、D25、D32、D40、D50、D63、D110等规格。

在金属管内穿线比线槽布线难度更大一些，在选择金属管时要注意管径选择大一点，一般管内填充物占30%左右，以便于穿线。金属管还有一种是软管（俗称蛇皮管），一般使用在弯曲的地方。

2. 塑料穿线管

塑料穿线管产品根据材料不同，常用PE和PVC阻燃穿线管。

PE阻燃穿线管是一种塑制半硬管，按外径有D16、D20、D25、D32这4种规格。外观为白色，具有强度高、耐腐蚀、挠性好、内壁光滑等优点，明、暗装穿线兼用。

PVC阻燃穿线管是以聚氯乙烯树脂为主要原料，经加工设备挤压成型的刚性管，小管径PVC阻燃穿线管可在常温下进行弯曲。便于用户使用，按外径有D16、D20、D25、D32、D40、D45、D63、D110等规格。

配套的附件有接头、螺圈、弯头、接线盒（按照预留出口分为一通、二通、三通和四通等）、开口管卡等。配套的专用工具包括弯管弹簧、线管剪等，管件连接部位一般使用专用的黏合剂或者胶固定。

3.2.3 桥架

桥架是综合布线系统中常用的设备，也是建筑物内布线不可缺少的一个部分。桥架按照形式可以分为托盘式桥架、槽式桥架、梯级式桥架、网格式桥架，如图3-32和图3-33所示。

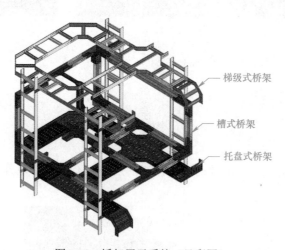

图3-32　桥架展示系统（见彩图）

图3-33　网格式桥架

在托盘式桥架中，主要有以下配件供组合：直通托盘式桥架、水平弯通、水平三通、水平四通、垂直凹弯通、垂直凸弯通和配套连接片，部分配件如图3-34所示。

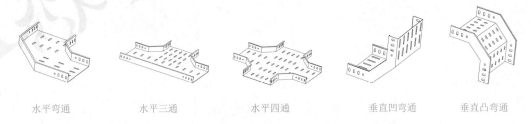

| 水平弯通 | 水平三通 | 水平四通 | 垂直凹弯通 | 垂直凸弯通 |

图3-34　托盘式桥架配件

在槽式桥架中，主要有以下配件供组合：直通槽式桥架、水平等径弯通、水平等径三通、水平等径四通、垂直等径上弯通、垂直等径下弯通、垂直等径右下弯通、垂直等径左上弯通、垂直等径左下弯通、上角垂直等径三通、下角垂直等径三通、下角垂直等径五通、水平变径三通和垂直变径上弯通及配套连接片，部分配件如图3-35所示。

| 水平等径弯通 | 水平等径三通 | 水平等径四通 | 水平变径三通 | 垂直等径上弯通 |

| 垂直等径下弯通 | 垂直等径右下弯通 | 垂直等径左上弯通 | 垂直等径左下弯通 |

| 上角垂直等径三通 | 下角垂直等径三通 | 下角垂直等径五通 | 垂直变径上弯通 |

图3-35　槽式桥架配件

在梯级式桥架中，主要有以下配件供组合：直通梯级桥架、水平弯通、水平三通、水平四通、垂直凹弯通、垂直凸弯通和配套连接片，部分配件如图3-36所示。

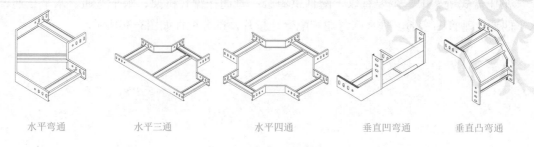

| 水平弯通 | 水平三通 | 水平四通 | 垂直凹弯通 | 垂直凸弯通 |

图3-36 梯级式桥架配件

3.2.4 缆线的槽、管铺设方法

槽的缆线敷设一般有3种方法。

1．采用电缆桥架或线槽和预埋钢管结合的方式

1）电缆桥架宜高出地面2.2m以上，桥架顶部距顶棚或其他障碍物不应小于0.3m，桥架宽度不宜小于0.1m，桥架内横断面的填充率不应超过50%。

2）在电缆桥架内缆线垂直敷设时，在缆线的上端应每间隔1.5m左右固定在桥架的支架上；水平敷设时，在缆线的首、尾、拐弯处每间隔2～3m处进行固定。

3）电缆线槽宜高出地面2.2m。在吊顶内设置时，槽盖开启面应保持80mm的垂直净空，线槽截面利用率不应超过50%。

4）水平布线时，布放在线槽内的缆线可以不绑扎，槽内缆线应顺直，尽量不交叉，缆线不应溢出线槽，在缆线进出线槽部位，拐弯处应绑扎固定。垂直线槽布放缆线应每间隔1.5m固定在缆线支架上。

5）在水平、垂直桥架和垂直线槽中敷设线时，应对缆线进行绑扎。绑扎间距不宜大于1.5m，间距应均匀，松紧适度。

设置缆线桥架和缆线槽支撑保护要求如下：

1）桥架水平敷设时，支撑间距一般为1～1.5m，垂直敷设时固定在建筑物体上的间距宜小于1.5m。

2）金属线槽敷设时，在下列情况下设置支架或吊架：线槽接头处；间距1～1.5m；离线槽两端口0.5m处；拐弯转角处。

3）塑料线槽槽底固定点间距一般为0.8～1m。

2．预埋暗管支撑保护方式

1）暗管宜采用金属管，预埋在墙体中间的暗管内径不宜超过50mm；楼板中的暗管内径宜为15～25mm。在直线布管30m处应设置暗箱等装置。

2）暗管的转弯角度应大于90°，在路径上每根暗管的转弯点不得多于两个，并不应有S弯出现。在弯曲布管时，在每间隔15m处应设置暗线箱等装置。

网络综合布线系统工程技术实训教程 第5版

3）暗管转弯的曲率半径不应小于该管外径的6倍，如暗管外径大于50mm，则不应小于10倍。

4）暗管管口应光滑，并加有绝缘套管，管口伸出部位应为25～50mm。

3．格形线槽和沟槽结合的保护方式

1）沟槽和格形线槽必须沟通。

2）沟槽盖板可开启，并与地面齐平，盖板和插座出口处应采取防水措施。

3）沟槽的宽度宜小于600mm。

4）铺设活动地板敷设缆线时，活动地板内净空不应小于150mm，活动地板内如果作为通风系统的风道使用，则地板内净高不应小于300mm。

5）采用公用立柱作为吊顶支撑时，可在立柱中布放缆线，立柱支撑点宜避开沟槽和线槽位置，支撑应牢固。

6）不同种类的缆线布线在金属槽内时，应同槽分隔（用金属板隔开）布放。金属线槽接地应符合设计要求。

垂直子系统缆线敷设支撑保护应符合下列要求：

① 缆线不得布放在电梯或管道竖井中。

② 干线通道间应沟通。

③ 竖井中缆线穿过每层楼板孔洞宜为矩形或圆形。矩形孔洞尺寸不宜小于300mm×100mm。

④ 圆形孔洞处应至少安装3根圆形钢管，管径不宜小于100mm。

7）在工作区的信息点位置和缆线敷设方式未定的情况下，或在工作区采用地毯下布放缆线时宜设置交接箱，每个交接箱的服务面积约为80cm²。

3.3　布线工具

在网络综合布线系统中，需要使用多种专业工具，下面以图3-37所示的综合布线器材展示柜和综合布线工具箱为例，详细介绍常用工具的相关知识。扫描二维码观看《综合布线工具展示柜》和《综合布线工具箱》视频，重点学习常用工具内容。

a）

b）

扫码看视频

扫码看视频

图3-37　综合布线工具展示柜和工具箱

a）综合布线工具展示柜（见彩图）　b）工具箱

1. 综合布线工具箱（见表3-6）

表3-6　综合布线工具箱

类　　别	产品技术规格	
产品型号	KYGJX-13	KYGJX-12
工具种类	27种	26种
外形尺寸	长530mm，宽315mm，高160mm	
产品图片	 	 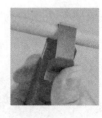

2. 工具介绍

1）双用网线钳。如图3-38所示，主要用于压接水晶头，同时具备剥线和剪线功能。双用网线钳的8个卡齿精准对接水晶头的8个刀片，刀口平整，压制契合度高，位置正确。在刀片外面安装有安全挡板，请勿拆除，防止刀片割伤手指。

2）电缆剥皮器。如图3-39所示，主要用于大对数电缆剥皮、剥除外护套等。

3）110打线刀。如图3-40所示，主要用于网络配线架模块和网络模块端接。使用时只需要简单地在手柄上推一下，就能将导线卡接在模块中，完成端接过程。打线时必须保证垂直，突然用力向下压，听到"咔嚓"声，配线架中的刀片会划破线芯的外包绝缘外套，与铜线芯接触。

 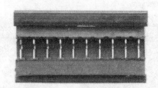 

图3-38　双用网线钳及使用方法　图3-39　电缆剥皮器及使用方法　图3-40　110打线刀及使用方法

4）5对打线刀。如图3-41所示，主要用于110型通信跳线架配套的5对卡接模块端接。扫描二维码观看《110型通信跳线架端接方法》视频，重点学习5对打线刀操作内容。

 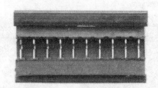 

扫码看视频

图3-41　5对打线刀及使用方法

5）电缆剥线器。如图3-42所示，主要用于剥取电缆或网线外皮。使用时首先用配套的内六角扳手调节刀片高度，切开护套外皮的60%～90%，不能全部切透，然后顺时针旋转1或2圈切断护套，最后用力拔出护套即可。扫描二维码观看《网络模块端接方法》视频，重点学习电缆剥线器的操作内容。

图3-42　电缆剥线器及操作方法　　　　　　　扫码看视频

6）多功能打线刀。如图3-43所示，设计有打线刀头、剪线刀、刀头回退装置，以及补打卡刀和拆线勾刀等，具有打线、剪线、拆线、补打等功能，适合语音配线架模块端接和维修。扫描二维码观看《大对数电缆和语音配线架的端接方法》视频，重点学习多功能打线刀操作内容。

图3-43　多功能打线刀及使用方法　　　　　　扫码看视频

7）管子割刀。如图3-44所示，也称为线管剪，主要用于割切PVC穿线管。使用时首先向外用力掰开刀柄，将刀口张开，然后将穿线管放入刀口内，最后压紧刀柄，使刀刃切入穿线管，同时旋转，割断穿线管，适合切断直径≤40mm的PVC穿线管。

8）多功能角度剪。如图3-45所示，主要用于裁剪任意角度PVC线槽。使用时根据需要的角度调整方向进行裁剪，能够快速制作各种拐弯。

9）锯弓和钢锯架。如图3-46所示，主要用于锯切PVC管槽。

图3-44　管子割刀及使用方法　　　图3-45　多功能角度剪及使用方法　　　图3-46　锯弓和钢锯架

3.4　配线端接技能实训

3.4.1　实训项目1　110型通信跳线架端接技能实训

【典型工作任务】

主要对应工程中模块端接技术，包括各类模块和110型通信跳线架的端接。

【岗位技能要求】

1）熟练掌握大对数电缆的剥皮方法和剥皮长度。

2）熟练掌握大对数电缆的色谱和线序。

3）熟练掌握110型通信跳线架端接技术和关键技能。

4）熟练掌握大对数链路的搭建和测试方法。

5）熟悉110型通信跳线架的机械结构和电气原理。

【实训任务】

按照图3-47进行110型通信跳线架模块的端接，可以包括6根双绞线端接或1根大对数电缆的端接，这里以1根大对数电缆的链路端接为主，介绍基本实训操作。

实训基本操作路由为：训练装置面板110型通信跳线架模块（上排）→训练装置面板110型通信跳线架模块（下排）。

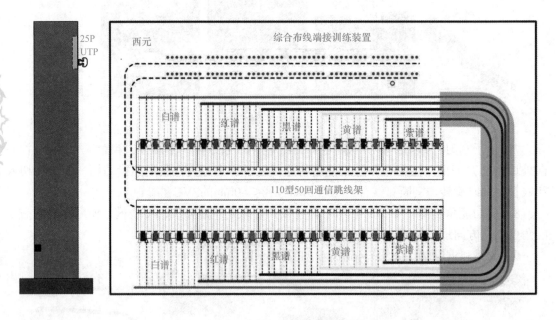

图3-47　110型通信跳线架模块端接路由

【评判标准】

1）大对数电缆分线正确。

2）语音模块端接正确。

3）110型通信跳线架安装正确。

4）链路线序正确，对应的指示灯顺序闪烁。

【实训器材和工具】

1）实训设备：数实融合综合布线实训装置（型号KYPXZ—01—55），或网络配线实训装置（型号KYPXZ—01—52）。

2）实训材料：25对大对数电缆1m。

3）实训工具：剥线器1把，剪刀1把，5对打线刀1把，钢卷尺1个。

【实训步骤】

1）打开数实融合综合布线实训装置上的"综合布线端接训练装置"电源开关。

2）端接110型通信跳线架上排，按照下面步骤端接25对大对数电缆。

①剥开25对大对数电缆的一端，剥开长度15cm，剪掉撕拉线和塑料包带。

②分线，按照25对大对数电缆色谱顺序分线，从左到右排列白谱区、红谱区、黑谱区、黄谱区和紫谱区。

③端接，将每个色谱按照蓝、橙、绿、棕、灰的线序逐一压入网络压接线实验仪110型跳线架上排5对卡接模块的卡槽内。

④用打线刀垂直插入打线槽，向下用力将线芯压到位，同时打断多余的线头，若线头未打断，可以进行二次打线。

3）端接110型通信跳线架下排，按照第2）步的方法，完成另一端缆线的端接。

4）测试，观察实验仪指示灯闪烁顺序，检查链路端接情况。

扫描二维码观看《110型通信跳线架端接方法》视频，建议至少看3遍。

【实训报告】

1）总结110型通信跳线架端接方法。

2）写出大对数电缆的色谱和线序。

扫码看视频

3.4.2　实训项目2　大对数电缆永久链路端接技能实训

【典型工作任务】

主要对应工程中配线子系统及其相关连接器件的连接安装施工技术，包括信息插座、集合点、网络配线设备之间的链路端接。

【岗位技能要求】

1）熟练掌握大对数电缆的剥皮方法和剥皮长度。

2）熟练掌握大对数电缆的色谱和线序。

3）熟练掌握110型通信跳线架端接技术和关键技能。

4）熟练掌握大对数电缆永久链路的搭建和测试方法。

5）熟悉110型通信跳线架的机械结构和电气原理。

【实训任务】

按照图3-48进行非屏蔽配线链路的端接，主要包括12根网络双绞线或2根25对大对数电缆进行实训操作。这里以25对大对数电缆端接进行介绍。

实训基本操作路由为：训练装置面板110型通信跳线架模块（下排）→110型通信跳线架模块（下排）下层→110型通信跳线架模块（下排）上层→训练装置面板110型通信跳线架模块（上排）。

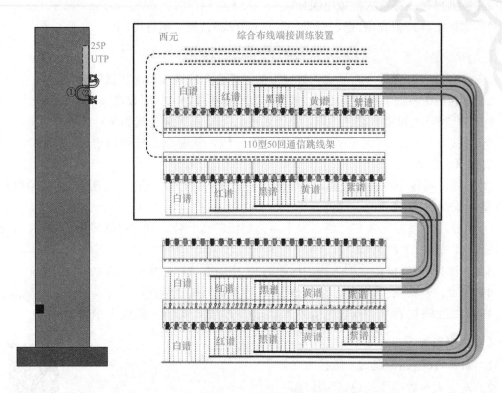

图3-48 大对数电缆永久链路端接路由及原理示意图

【评判标准】

1）大对数电缆分线正确。

2）语音模块端接正确。

3）110型通信跳线架安装正确。

4）永久链路的路由正确。

5）永久链路线序正确，对应的指示灯顺序闪烁。

【实训器材和工具】

1）实训设备：数实融合综合布线实训装置（型号KYPXZ—01—55），或网络配线实训装置（型号KYPXZ—01—52）。

2）实训材料：25对大对数电缆2m。

3）实训工具：剥线器1把，剪刀1把，5对打线刀1把，钢卷尺1个。

【实训步骤】

1）准备2根25对大对数电缆。

2）端接第1根大对数电缆（训练装置面板110型通信跳线架模块下排—110型通信跳线架下排模块下层）。

将第1根25对大对数电缆的一端按照3.4.1实训项目1第2）步的方法端接在训练装置面板的110型通信跳线架下排的5对卡接模块上。

另一端按照3.4.1实训项目1第2）步的方法端接在110型通信跳线架下排模块的下层。

3）端接第2根大对数电缆（110型通信跳线架下排模块上层—训练装置面板110型通信跳线架模块上排）。

将第2根25对大对数电缆的一端按照3.4.1实训项目1第2）步的方法端接在110型通信跳线架下排模块的上层。

另一端按照3.4.1实训项目1第2）步的方法端接在训练装置面板的110型通信跳线架上排的5对卡接模块上。

4）测试，观察训练装置指示灯闪烁顺序，检查链路端接情况。

扫描二维码观看《110型通信跳线架端接方法》视频，建议至少看3遍。

【实训报告】

1）总结110型通信跳线架端接方法。

2）写出大对数电缆的色谱和线序。

扫码看视频

3.4.3　实训项目3　25口RJ-45语音配线架端接技能实训

【典型工作任务】

主要对应工程中语音配线子系统安装施工技术，包括信息插座到网络配线设备之间的链路端接。

【岗位技能要求】

1）熟练掌握大对数电缆、非屏蔽网线的剥皮方法和剥皮长度。

2）熟练掌握大对数电缆、非屏蔽网线的色谱和线序。

3）熟练掌握鸭嘴跳线的制作步骤和关键技能。

4）熟练掌握RJ-45水晶头的制作步骤和关键技能。

5）熟练掌握语音模块端接技术和关键技能。

6）熟练掌握110型通信跳线架端接技术和关键技能。

7）熟练掌握语音配线架端接技术和关键技能。

8）熟练掌握大对数电缆复杂永久链路的搭建和测试方法。

9）熟悉语音配线架的机械结构和电气原理。

【实训任务】

按照图3-49进行语音配线架链路的端接，主要包括1根25对大对数电缆和一根鸭嘴跳线的实训操作。

实训基本操作路由为：训练装置面板110型通信跳线架模块（下排）→语音配线架模块→语音配线架RJ-45口→训练装置面板110型通信跳线架模块（上排）。

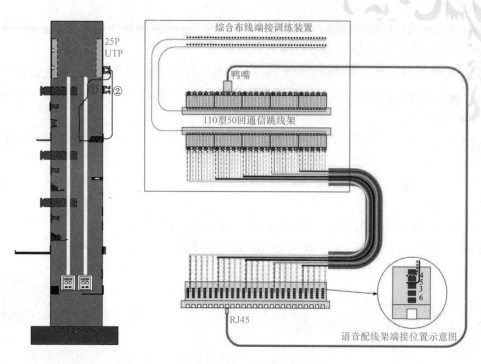

图3-49 语音配线架永久链路端接路由及原理图

【评判标准】

1）大对数电缆分线正确。

2）语音模块端接正确。

3）语音配线架模块端接正确。

4）语音配线架安装正确。

5）语音永久链路的路由正确。

6）语音永久链路线序正确，对应的指示灯顺序闪烁。

【实训器材和工具】

1）实训设备：数实融合综合布线实训装置（型号KYPXZ—01—55），或网络配线实训装置（型号KYPXZ—01—52）。

2）实训材料：超5类屏蔽RJ-45水晶头1个，8位鸭嘴夹1个，大对数电缆1m，超5类屏蔽网线1m。

3）实训工具：剥线器1把，22用网线钳1把，剪刀1把，打线刀1把，钢卷尺1个。

【实训步骤】

1）端接第1根跳线（训练装置面板110型通信跳线架下排模块—语音配线架模块）。

将第1根25对大对数电缆的一端端接在训练装置面板的110型通信跳线架下排的5对卡接模块上，按照3.4.1实训项目1第2）步的方法进行端接。

另一端按照下面的步骤端接在语音配线架的模块上。

①剥开25对大对数电缆的一端，剥开长度50cm，剪掉撕拉线和塑料包带。

② 分线，按照25对大对数电缆色谱顺序分线，从左到右排列白谱区、红谱区、黑谱区、黄谱区和紫谱区。

③ 端接，将每个色谱按照蓝、橙、绿、棕、灰的线序逐一放入25口语音配线架对应的打线槽内，每组线芯的主色谱（白、红、黑、黄、紫）端接在4口，副色谱（蓝、橙、绿、棕、灰）端接在5口。

④ 用打线刀垂直插入打线槽，向下用力将线芯压到位，同时打断多余的线头。

2）端接第1根跳线，将超5类网线的一端完成RJ-45水晶头的制作，另一端完成鸭嘴头的制作。

3）鸭嘴夹的制作。

① 剥开外绝缘护套并拆开4对双绞线。先将已经剥去绝缘护套的4对双绞线分别拆开相同长度，将每根线轻轻捋直。

② 将8芯线按照（白蓝，蓝，白橙，橙，白绿，绿，白棕，棕）线序依次放入8位鸭嘴夹的卡槽中，并剪掉端头多余线芯。

③ 将鸭嘴盖板压接牢固，完成鸭嘴头的制作。

4）将做好的第2根跳线鸭嘴头一端连接到综合布线端接训练装置110型跳线架上排5对卡接模块，RJ-45水晶头插入25口语音配线架的RJ-45口中。

5）测试，观察训练装置指示灯闪烁顺序，检查链路端接情况。

扫描二维码观看《大对数电缆和语音配线架的端接方法》视频，建议至少看3遍。

【实训报告】

1）总结语音配线架端接方法。

2）写出鸭嘴夹的制作步骤。

扫码看视频

3.5 工程经验

打线方法要规范

有些施工工人在打线的时候，并不是按照T568A或者T568B的打线方法进行打线的，而是按照1、2线对打白色和橙色，3、4线对打白色和绿色，5、6线对打白色和蓝色，7、8线对打白色和棕色，这样打线在施工的过程中是能够保证线路畅通的，但是它的线路指标却是很差的，特别是近端串扰指标特别差，会导致严重的信号泄露，造成上网困难和间歇性中断。因此，一定要注意不要这样打线。

3.6 技能创造思维、技能改变命运

纪刚　陕西省劳动模范

纪刚是西安开元电子实业有限公司新产品试制组组长，有国家发明专利4项，实用新型专利12项。他是全国技能大赛和师资培训班实训指导教师，精通16种光纤测试技术，200多种光纤故障设置和排查技术，5次担任全国职业院校技能大赛和世界技能大赛网络布线赛项安装组长，改进、推广了10项操作方法和生产工艺，提高生产效率两倍，5年内

降低生产成本约580万元……

　　18年的时间，纪刚从一名学徒成长为国家专利发明人，他说："技能首先是一种工作态度，技能就是标准与规范，技能的载体就是图纸和工艺文件，现代技能需要创造思维、技能能够改变命运。"为实现目标，降低成本，纪刚自费购买专业资料，利用节假日勤奋钻研，多次上门拜访西安交通大学教授，边做边学，历时一年，先后四次修改电路板，五次改变设计图纸和操作工艺，最终获得国家发明专利。同时，在不断提高自身素质的同时，积极发挥劳模引领作用，参与拍摄制作了30多部技能操作教学视频。这些视频被上传到工信部全国产业工人学习网平台，同时还被全国3 000多所高校和职业院校广泛使用，为全国培养高技能人才做出了突出贡献（摘录自2020年4月29日《西安日报》）。

互动练习和习题

请扫描二维码，下载第3章互动练习和习题，并按照教师安排按时完成。

互动练习　　　　　习题

网络综合布线系统工程技术实训教程　第5版

第4章
综合布线配线端接工程技术 ■■■■■■■■■■■■

> 知识目标　了解网络配线端接的重要性和技术原理，通过扫码观看视频，熟练掌握RJ-45水晶头、模块等连接器件的物理结构和端接方法。

> 能力目标　掌握RJ-45水晶头、网络模块、语音模块、5对卡接模块等连接器件的安装与端接关键技术技能。

> 素质目标　通过3种永久链路端接技能训练项目，掌握质量评判标准，养成"按图施工""质量就是效率"的职业习惯，培养精益求精、注重细节的工匠精神。

4.1　网络配线端接的意义和重要性

随着计算机应用的普及和数字化城市的快速发展，智能化建筑和综合布线系统已经非常普遍，同时深入影响着人们的生活。综合布线系统是一个非常重要而且复杂的系统工程，综合布线系统的设计和施工技术就显得非常重要，特别是配线端接技术直接影响网络系统的传输速率、稳定性和可靠性，也直接决定综合布线系统永久链路和信道链路的测试结果。

网络配线端接是连接网络设备和综合布线系统的关键施工技术，通常每个网络系统管理间有数百甚至数千根网络线。一般每个信息点的网络线从设备跳线→墙面模块→楼层机柜通信配线架→网络配线架→交换机连接跳线→交换机级联线等需要平均端接10~12次，每次端接8个芯线，在工程技术施工中，每个信息点大约平均需要端接80芯或者96芯，因此熟练掌握配线端接技术非常重要。

例如，如果进行1 000个信息点的小型综合布线系统工程施工，按照每个信息点平均端接12次计算，该工程总共需要端接12 000次，端接线芯96 000次，如果操作人员端接线芯的线序和接触不良错误率按照1%计算，将会有960个线芯出现端接错误，假如这些错误平均出现在不同的信息点或者永久链路，其结果是这个项目可能有960个信息点出现链路不通。这样在这个有1 000个信息点的综合布线工程竣工后，仅链路不通这一项错误将高达96%，同时各个永久链路的这些线序或者接触不良错误很难及时发现和维修，往往需要花费几倍的时间和成本才能解决，造成非常大的经济损失，严重时将直接导致该综合布线系统无法验收和正常使用。

按照GB 50311《综合布线系统工程设计规范》和GB/T 50312《综合布线系统工程验收规范》两个国家标准的规定，对于永久链路需要进行11项技术指标测试。除了上面提到的线序正确和可靠电气接触直接影响永久链路测试指标外，还有网线外皮剥离长度、拆散双绞长度、拉力、曲率半径等也直接影响永久链路技术指标，特别是在6类、7类综合布线系统工程施工中，配线端接技术是非常重要的。

4.2 配线端接技术原理

因为每根双绞线有8芯，每芯都有外绝缘层，如果像电气工程那样将每芯线剥开外绝缘层直接拧接或者焊接在一起，不仅工程量大，还将严重破坏双绞节距，因此在网络施工中坚决不能采取电工式接线方法。

综合布线系统配线端接的基本原理是，将线芯用机械力量压入两个刀片中，在压入过程中刀片将绝缘护套划破与铜线芯紧密接触，同时金属刀片的弹性将铜线芯长期夹紧，从而实现长期稳定的电气连接，如图4-1所示。

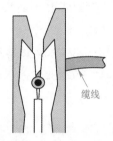

缆线

图4-1 配线端接方法和原理图

4.3 网络双绞线剥线基本方法

网络双绞线配线端接的正确方法和步骤如下：

1）剥开外绝缘护套：首先剪掉端头破损的双绞线，使用专门的剥线工具剥开需要端接的双绞线端头的外绝缘护套。端头剥开长度尽可能短一些，能够方便端接线就可以了，如图4-2a所示。由于剥线器可用于剥除多种直径的网线护套，每个厂家的网线护套直径也不相同，因此在每次制作前，必须调整剥线器刀片进深高度，保证在剥除网线外护套时不划伤导线绝缘层或者铜导体，如图4-2b所示。切割网线外护套时，刀片切入深度应控制在护套厚度的60%～90%，而不是彻底切透。

特别注意不能损伤8根线芯的绝缘层，更不能损伤任何一根铜线芯。

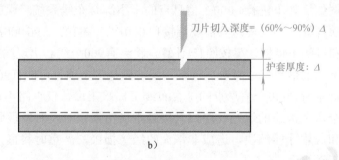

刀片切入深度=（60%～90%）Δ

护套厚度：Δ

a)   b)

图4-2 剥开外绝缘护套
a) 使用剥线工具剥线 b) 护套切割深度示意图

2）拆开4对双绞线：将端头已经剥去外皮的双绞线按照对应颜色拆开成为4对双绞线。拆开4对双绞线时，必须按照绞绕顺序慢慢拆开，同时保护2根单绞线不被拆开和保持比较大的曲率半径，正确的操作结果如图4-3所示。不能强行拆散或者硬折线对，会形成比较小的曲率半径。图4-4表示已经将一对绞线硬折成很小的曲率半径。

3）拆开单绞线：将4对双绞线分别拆开。注意：RJ-45水晶头制作和模块压接线时线对拆开方式和长度不同。

RJ-45水晶头制作时注意，双绞线的接头处拆开线段的长度不应超过20mm，压接好水晶头后拆开线芯长度必须小于13mm，过长会引起较大的近端串扰。

模块压接时，双绞线压接处拆开线段长度应该尽量短，能够满足压接就可以了，不能为了压接方便拆开线芯很长，过长会引起较大的近端串扰。

图4-3　拆开4对双绞线

图4-4　硬折线对

4.4　RJ-45水晶头端接原理和方法

RJ-45水晶头的端接原理为：利用双用网线钳的机械压力使RJ-45水晶头中的刀片首先压破线芯绝缘护套，然后压入铜线芯中，实现刀片与线芯的电气连接。每个RJ-45水晶头中有8个刀片，每个刀片与1个线芯连接。注意观察，发现压接后的8个刀片比压接前低。图4-5为RJ-45水晶头刀片压线前位置图，图4-6为RJ-45水晶头刀片压线后位置图。

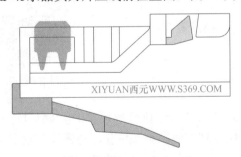
图4-5　RJ-45水晶头刀片压线前位置图

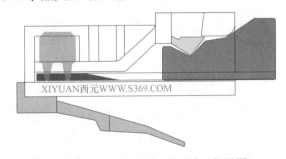
图4-6　RJ-45水晶头刀片压线后位置图

RJ-45水晶头端接方法和步骤为：

1）裁线。取出网线，按照跳线总长度需要裁线，一般增加20mm余量，每端10mm。例如，500mm跳线的裁线长度为520mm。

2）剥除护套。用剥线器旋转划开套的60%～90%，注意不要划透护套，避免损伤线芯。沿网线方向取下护套，露出网线。不要反复折弯网线，避免损伤网线绞绕结构，如图4-7所示。

3）拆开4对双绞线。把4对双绞线拆成十字形，绿线对准自己，蓝线向外，棕线在左，橙线在右，按照蓝、橙、绿、棕逆时针方向顺序排列，如图4-8所示。

4）理线。将8芯线按照T568B线序（白橙，橙，白绿，蓝，白蓝，绿，白棕，棕）排好线序，保留13mm，将端头一次剪掉，保持线端平齐。注意，至少10mm导线之间不应有交叉，如图4-9所示。

5）插入水晶头。插入RJ-45水晶头，仔细检查线序，保证线序正常。注意，一定要插到底，如图4-10所示。

6）压接。将网线和水晶头放入双用网线钳，一次用力压紧。注意，水晶头的三角压块翻转后必须压紧护套，如图4-11和图4-12所示。

7）制作另一端水晶头。重复上述步骤，完成另一端水晶头的端接。

8）测试。跳线制作完成后，首先用卷尺测量长度是否合格，然后在设备上测量线序是否合格，仔细观察指示灯的闪烁顺序，如图4-13所示。

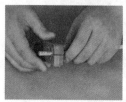   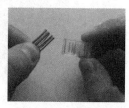

图4-7　剥除护套　　　图4-8　拆开4对双绞线　　　图4-9　理线　　　图4-10　插入水晶头

 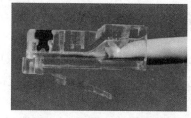 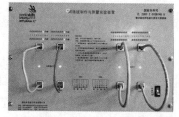

图4-11　压接水晶头　　　　　图4-12　翻转块压紧护套　　　　图4-13　测量跳线

扫描二维码观看《电缆跳线制作》视频，建议至少看3遍。

4.5　网络模块端接原理和方法

扫码看视频

网络模块端接原理为：利用双用网线钳的压力将8根线逐一压接到模块的8个塑料线柱上，同时剪掉多余的线头。在压接过程中刀片首先快速划破线芯绝缘护套，与铜线芯紧密接触，实现刀片与线芯的电气连接，这8个刀片通过电路板与RJ-45口的8个弹簧连接，如图4-14和图4-15所示。图4-16为模块刀片压线前位置图，图4-17为模块刀片压线后位置图。

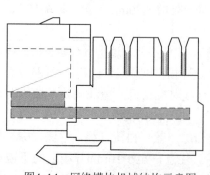 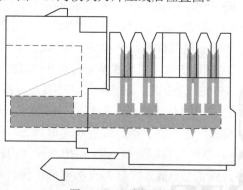

图4-14　网络模块机械结构示意图　　　　　图4-15　刀片位置图

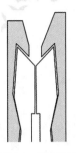
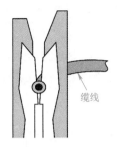

缆线

| 图4-16　模块刀片压线前位置图 | 图4-17　模块刀片压线后位置图 |

进行网络模块端接时，根据网络模块的结构，按照端接顺序和位置将每对双绞线拆开并且端接到对应的位置，每对线拆开绞绕的长度越少越好，不能为了端接方便将线对拆开很长，特别在6类、7类系统端接时非常重要，直接影响永久链路的测试结果和传输速率。

网络模块端接方法和步骤为：

1）剥开外绝缘护套。

2）拆开4对双绞线。

3）拆开单绞线。

4）按照线序放入塑料线柱中，如图4-18所示。

5）压接和剪线，如图4-19所示。

6）盖好防尘帽，如图4-20所示。

7）永久链路测试。

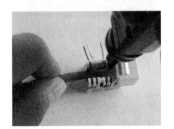

| 图4-18　放入塑料线柱 | 图4-19　压接和剪线 | 图4-20　盖好防尘帽 |

扫描二维码观看《网络模块端接方法》视频。

4.6　语音模块端接原理和方法

扫码看视频

语音模块端接原理与网络模块基本相同，每个模块有4个塑料线柱，每个线柱内镶有一个刀片，刀片下端固定在电路板上，上端穿入塑料线柱中。线芯压入塑料线柱时，被刀片划破绝缘层，夹紧铜导体，实现电气连接功能，如图4-21和图4-22所示。

语音模块端接方法和步骤为：

1）剥除网线外护套。

2）剪掉撕拉线。

3）用手将2对线按照色谱压入4个塑料线柱内的刀片中，如图4-23所示。初学者也可以使用打线刀逐一将线压入。

4）扣上压盖，用力向下压紧压盖，如图4-24所示。初学者可以用模块钳压紧压盖，把4芯线压入刀片底部，如图4-25所示。

5）用斜口钳剪掉线头，注意露出模块的线头长度小于1mm。

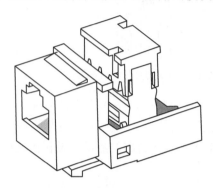

图4-21 语音模块整体结构图

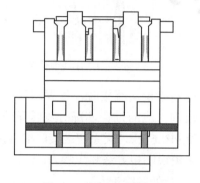

图4-22 刀片位置图

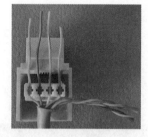

图4-23 压入塑料线柱刀片中

图4-24 用手压紧压盖

图4-25 用模块钳压紧压盖

扫描二维码观看《语音模块端接方法》视频。

扫码看视频

4.7 屏蔽模块端接原理和方法

各种屏蔽模块的机械结构基本相同，这里以常见的6类屏蔽卡装式免打网络模块为例，详细介绍其机械结构和电气工作原理。网络模块由2个塑料注塑件、1块PCB、8个刀片、8个弹簧插针组成。线芯压入塑料线柱时，被刀片划破绝缘层，夹紧铜导体，实现电气连接功能。将8个刀片和8个弹簧插针焊接在PCB上，通过PCB实现RJ-45插口与模块的电气连接。PCB与两个塑料注塑件固定在一起，装入金属屏蔽外壳中，组成完整的屏蔽网络模块，如图4-26和图4-27所示。

图4-26 屏蔽网络模块

图4-27 部件图

屏蔽模块端接方法和步骤为：

1）剥除6类双屏蔽网线外护套。

2）将编织带与钢丝缠绕在一起，预留10mm，其余剪掉，如图4-28所示。然后剪掉铝箔、塑料包带和十字骨架。最后将网线穿入压盖，注意穿入压盖时屏蔽层与压盖平台方向一致，如图4-29所示。

图4-28　预留10mm

图4-29　穿入压盖方向

3）按照T568B线序将8芯线压入模块对应的8个塑料线柱刀片中。注意，一定要将网线拉直，并置于压盖小平台正上方，如图4-30所示。

4）将压盖扣入模块外壳中。注意，模块平台方向与外壳圆弧方向一致，如图4-31所示。然后用斜口钳剪掉余线，为防止线芯接触屏蔽层造成短路，线头长度必须小于1mm，如图4-32所示。

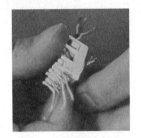

图4-30　压接8芯线

图4-31　压盖扣入外壳方向

图4-32　剪掉余线

5）先将活动压盖中向下箭头的一端扣下来，然后将向上箭头的一端扣下来，再次用力将两边的活动压盖紧紧扣合，最后用线扎固定网线、屏蔽层以及金属外壳，保证金属外壳与屏蔽层牢固连接，如图4-33和图4-34所示。

图4-33　合住金属外壳

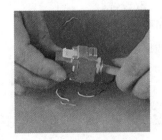

图4-34　线扎固定

扫描二维码观看《6类屏蔽配线架和卡装式免打模块端接方法》视频，建议至少看3遍。

扫码看视频

4.8　5对卡接模块端接原理和方法

通信跳线架一般使用5对卡接模块，5对卡接模块中间有10个双头刀片，每个刀片两头分别压接一根线芯，实现两根线芯的电气连接。

5对卡接模块的端接原理为：在卡接模块下层端接时，将每根线在通信跳线架底座上对应的接线口放好，用力快速将5对卡接模块向下压紧，在压紧过程中刀片首先快速划破线芯绝缘护套，然后与铜线芯紧密接触，实现刀片与线芯的电气连接。

5对卡接模块上层端接与模块原理相同。将线逐一放到上部对应的端接口，在压接过程中刀片首先快速划破线芯绝缘护套，然后与铜线芯紧密接触实现刀片与线芯的电气连接，这样5对卡接模块刀片两端中都压好线，实现了两根线的可靠电气连接，同时剪掉多余的线头。图4-35为5对卡接模块压线前的结构，图4-36为5对卡接模块压线后的结构。

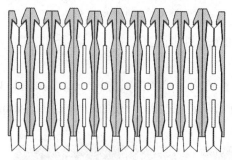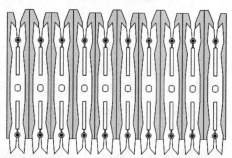

图4-35　5对卡接模块在压线前的结构　　　　图4-36　5对卡接模块在压线后的结构

5对卡接模块下层端接方法和步骤为：

1）剥开外绝缘护套。

2）剥开4对双绞线。

3）剥开单绞线。

4）按照线序放入端接口。

5）将5对卡接模块压紧并且剪线。

5对卡接模块上层端接方法和步骤为：

1）剥开外绝缘护套。

2）剥开4对双绞线。

3）剥开单绞线。

4）按照线序放入端接口。

5）压接和剪线。

4.9　网络机柜内部配线端接

在楼层管理间和设备间内，模块化配线架和网络交换机一般安装在19英寸的机柜内。为了使安装在机柜内的配线架和网络交换机美观大方且方便管理，必须对机柜内设备的安装进行规划，具体遵循以下原则：

1）一般配线架安装在机柜下部，交换机安装在其上方。

2）每个配线架配套安装一个理线架，每个交换机也要配套安装理线架。

3）正面的跳线从配线架中出来全部要放入理线架内，然后从机柜侧面绕到上部的交换机间的理线架中，再插入交换机端口。

一般网络机柜的安装尺寸执行YD/T 1819《通信设备用综合集装架》标准，具体安装尺寸如图4-37所示。

常见的机柜内配线架安装实物图如图4-38所示。

机柜内部配线端接根据设备的安装进行连接，一般网络缆线进入机柜内是直接将缆线按照顺序压接到网络配线架上，然后从网络配线架上做跳线与网络交换机连接。

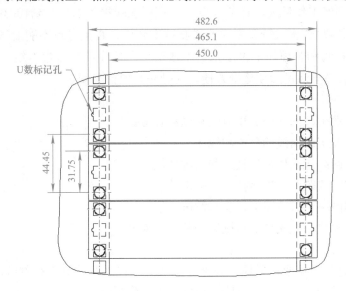

图4-37　网络机柜的安装尺寸

图4-38　机柜内配线架安装实物图

4.10　配线端接工程技术实训

4.10.1　实训项目1　网络永久链路端接技能实训

【典型工作任务】

有研究表明，网络系统故障的70%发生在综合布线系统，因此掌握网络跳线制作与测试技能非常重要。综合布线系统属于建筑物的基础设施，一般与建筑物的寿命相同，后期无法更换，因此必须熟练掌握永久链路的配线端接和理线安装技术。

在网络系统工程前期安装调试和后期运维过程中，设备间和管理间机柜内的配线架安装和配线端接，不但工作量大、任务繁重，而且要求端接正确率达到100%。任何一次的端接错误，都将会导致1个永久链路不通或者测试不合格，直接导致不能上网或者网速慢等网络系统故障。设备间和管理间汇聚了来自本楼层信息插座的数百根网线，这些网线的预留和理线非常重要，必须满足后期运维方便，同时必须保持美观。

【岗位技能要求】

1）熟练掌握非屏蔽网线的剥皮方法和剥皮长度。

2）熟练掌握非屏蔽网线的色谱和线序。

3）熟练掌握网络配线架端接技术和关键技能。

4）熟练掌握网络跳线的端接技术和关键技能。

5）熟练掌握网络永久链路的搭建和测试方法。

6）熟悉网络模块和配线架的机械结构和电气原理。

【实训任务】

按照图4-39进行网络永久链路的搭建、配线架端接、跳线制作和测试评判。包括2根跳线的4次端接，组成一个基本永久链路，路由和端接位置如下：

测试装置RJ-45口（下排）→配线架模块→配线架RJ-45口→测试装置RJ-45口（上排）。

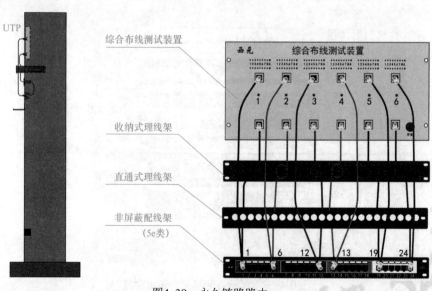

图4-39　永久链路路由

【评判标准】

1）网络配线架模块端接正确。

2）网络配线架安装正确。

3）水晶头端接正确。

4）永久链路的路由正确。

5）永久链路线序正确，对应的指示灯顺序闪烁。

【实训器材和工具】

1）实训设备：数实融合综合布线实训装置（型号KYPXZ—01—55），或网络配线实训装置（型号KYPXZ—01—52）。

2）实训材料：超5类非屏蔽水晶头3个/链路，超5类非屏蔽网线1箱。

3）实训工具：剥线器1把，双用网线钳1把，剪刀1把，5对打线刀1把。

【实训步骤】

1）端接第1根跳线（RJ-45水晶头—网络配线架模块）。按照2.5.1中的方法，在超5类非屏蔽网线的一端做RJ-45水晶头，插接在测试装置下排左1口，另一端按照下面的步骤端接网络配线架RJ-45模块。

2）端接网络配线架模块。

① 剥开超5类非屏蔽网线的另一端绝缘护套，剪掉撕拉线。

② 按照网络配线架标识的T568B线序，将8芯线压入网络配线架背面打线槽内对应的8个刀片中。

③ 用打线刀垂直插入打线槽，向下用力将线芯压到位，同时打断多余的线头，若线头未打断，则可以进行二次打线。

3）做第2根非屏蔽跳线（RJ-45水晶头—RJ-45水晶头）。按照2.5.1中的方法，做1根RJ-45水晶头—RJ-45水晶头的非屏蔽跳线，在测试装置测试合格后，再将一端插接在测试装置上排左1口，另一端插接在网络配线架1口。

4）测试。将两根跳线分别插入对应端口和配线架，观察指示灯闪烁顺序，检查链路端接情况。

扫描二维码观看《电缆跳线制作与模块端接》视频，建议至少看3遍。

【实训报告】

总结非屏蔽配线架模块的端接方法。

扫码看视频

4.10.2 实训项目2 屏蔽永久链路端接技能实训

【典型工作任务】

在军事和科研领域，或者高稳定性和高带宽的网络系统中，一般使用屏蔽布线系统。屏蔽布线系统一般需要专业人员使用和运维。在工程安装调试和运维过程中，必须进行屏蔽电缆的布线和安装，包括屏蔽模块、屏蔽配线架等端接和安装。

【岗位技能要求】

1）熟练掌握屏蔽网线的剥皮方法和剥皮长度。

2）熟练掌握屏蔽模块的快速端接方法和技能。

3）熟练掌握屏蔽配线架的快速端接方法和技能。

4）熟悉屏蔽网络模块和配线架的机械结构和电气原理。

【实训任务】

按照图4-40进行屏蔽永久链路的搭建与端接，主要包括2根屏蔽跳线的4次端接。

屏蔽永久链路的路由如图4-41所示，西元测试装置RJ-45口（下排）→屏蔽配线架模块→屏蔽配线架RJ-45口→测试装置RJ-45口（上排）。

【评判标准】

1）屏蔽模块端接正确。

2）屏蔽配线架安装正确。

3）屏蔽水晶头端接正确。

4）永久链路的路由正确。

5）永久链路线序正确，对应的指示灯顺序闪烁。

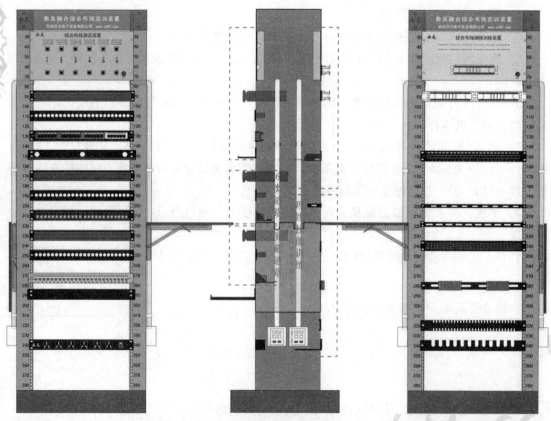

| 正面 | 左侧面 | 背面 |

图4-40　设备安装位置

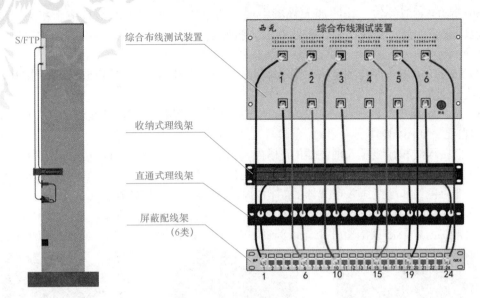

图4-41　屏蔽永久链路的路由

【实训器材和工具】

1）实训设备：数实融合综合布线实训装置（型号KYPXZ—01—55），或网络配线实训装置（型号KYPXZ—01—52）。

2）实训材料：6类屏蔽水晶头3个/链路，6类屏蔽网线1箱。

3）实训工具：剥线器1把，双用网线钳1把，剪刀1把，尖嘴钳1把，斜口钳1把。

【实训步骤】

1. 屏蔽跳线

1）取出水晶头套件，研读使用说明书，熟悉使用方法，并且把四件套分别摆放整齐。

2）裁线。取出屏蔽网线，按照跳线总长度需要裁线，一般增加20mm余量，每端10mm。例如，500mm跳线的裁线长度为520mm。

3）穿入水晶头护套。将配套的水晶头护套穿入网线，注意方口朝向线端，如图4-42所示。

4）剥除护套。用剥线器旋转划开护套的60%～90%，沿网线方向取下护套，露出屏蔽层。注意，不要划透护套，避免损伤屏蔽层和接地线，不要反复折弯网线，避免损伤网线绞绕结构，如图4-43所示。

5）整理屏蔽线，剪掉露出的铝箔屏蔽层。首先将屏蔽钢丝与线对分开，然后向后折回到护套上，最后剪掉露出的铝箔屏蔽层。注意，不能剪掉屏蔽钢丝，如图4-44所示。

对于6类S/FTP双屏蔽网线，还需要剥除每对线芯外面的屏蔽层。

图4-42　穿入护套

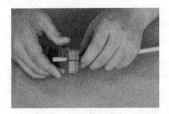

图4-43　剥线

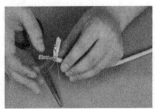

图4-44　剪掉撕拉线、铝箔和塑料纸

6）拆开4对双绞线。按照西元视频中展示的方法，把4对双绞线拆成十字形，绿线对准自己，蓝线朝外，棕线在左，橙线在右，按照蓝、橙、绿、棕逆时针方向顺序排列，如图4-45所示。

7）按照T568B线序排列整齐。首先将4对线分别拆开，然后按照T568B线序排好，最后把8芯线分别捋直。

8）插入金属理线器理线。首先将金属理线器插入8芯线中间，理线器的凹口向上，Y槽面朝向自己，如图4-46所示。

① 把白绿线和绿线压入理线器的Y槽内，白绿线在左，绿线在右。

② 把白蓝线和蓝线压入理线器的I槽内，蓝线在左，白蓝线在右。

③ 把白橙线和橙线压入理线器的左槽内，白橙线在左，橙线在右。

④ 把白棕线和棕线压入理线器的右槽内，白棕线在左，棕线在右。

这样就完成了8芯线的整理工作，8芯线按照T568B线序整齐排列，如图4-47所示。

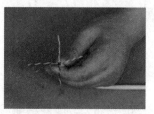
图4-45　拆开4对双绞线

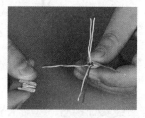
图4-46　插入理线器

图4-47　完成理线

9）剪掉线端。用剪刀把线端剪齐，要求必须剪成斜角。

10）插入分线器。将8孔塑料分线器插入8芯网线，要求分线器有箭头的一面朝向自己，按照箭头方向插入8芯线。嵌入金属理线器中。最后沿塑料分线器端头剪掉多余网线。特别注意，塑料分线器有箭头的一面预留8个条形孔，方便水晶头8个插针穿过，如图4-48所示。如果装反，则无法压接，不能实现电气连接。

11）插入水晶头。首先把水晶头有刀片的一面朝向自己，把水晶头插入已经装好金属理线器和塑料分线器的线头，如图4-49所示。注意，必须插到底，金属接地线不能插入。

12）压接。把水晶头放入压线钳用力一次压接完成，如图4-50所示。

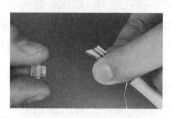
图4-48　插入分线器

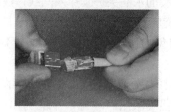
图4-49　插入水晶头

图4-50　压接

13）固定屏蔽层。将金属接地线折叠到网线护套外边，用尖嘴钳把水晶头的屏蔽层与网线固定，剪掉多余的接地线。注意，金属接地线必须放在屏蔽层下边，网线与水晶头保持在一条直线上，如图4-51所示。

14）安装水晶头护套。将护套向前插入水晶头，护套上的两个孔卡入水晶头上的两个凸台中，这样就完成了水晶头的制作，如图4-52所示。

15）重复完成另一端水晶头制作。按照上述步骤完成另一端水晶头压接。

网络综合布线系统工程技术实训教程　第5版

16）测试。跳线制作完成后，首先用卷尺测量长度是否合格，然后在测试装置上测量线序是否合格，仔细观察指示灯的闪烁循序，特别观察显示接地的第9个指示灯，如图4-53所示。

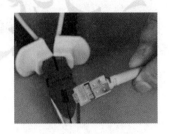

图4-51　固定屏蔽套

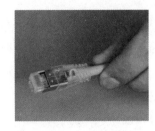

图4-52　安装护套

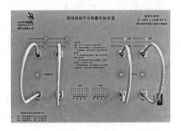

图4-53　测试

扫描二维码观看《屏蔽跳线制作》视频，建议至少看3遍。

【实训报告】

写出屏蔽跳线制作方法和注意事项。

扫码看视频

2．屏蔽永久链路

1）做第1根屏蔽跳线（RJ-45水晶头—RJ-45模块）。按照屏蔽跳线制作方法，在屏蔽网线的一端做RJ-45屏蔽水晶头，插接在西元测试装置下排左1口，另一端按照下面的步骤端接RJ-45屏蔽模块。

2）端接RJ-45屏蔽模块。

① 剥开屏蔽网线的另一端绝缘护套，剪掉铝箔、塑料纸和撕拉线，保留接地钢丝。

② 按照T568B线序，将8芯线压入屏蔽网络模块对应的8个刀片中。

③ 用压盖扣入模块外壳中，然后用斜口钳剪掉全部余线，避免线端与屏蔽外壳接触短路。

④ 将屏蔽模块活动压盖中有向下箭头的一端扣下来，然后再将有向上箭头的一端扣下来，再次用力将两边的活动压盖紧紧扣合。

⑤ 用线扎固定网线、屏蔽层以及金属外壳，保证金属外壳与屏蔽层可靠连接。

3）插入配线架插口。将屏蔽网络模块安装到配线架插口内。

4）做第2根屏蔽跳线（RJ-45水晶头—RJ-45水晶头）。按照屏蔽跳线制作的方法，做1根RJ-45水晶头—RJ-45水晶头的屏蔽跳线，在测试装置测试合格后，再将一端插接在西元测试装置上排左1口，另一端插接在屏蔽配线架1口。

5）测试。将两根跳线分别插入对应端口和配线架，观察指示灯闪烁顺序，检查链路端接情况。

扫描二维码观看《6类屏蔽配线架和卡装式免打模块端接方法》视频，建议至少看3遍。

【实训报告】

1）设计1个屏蔽永久链路图。

2）总结永久链路的端接技术，如T568A和T568B端接线顺序和方法。

3）总结屏蔽配线架模块端接方法。

扫码看视频

4.10.3 实训项目3 复杂网络永久链路端接技能实训

【典型工作任务】

复杂链路端接技术可以对应工程中工作区、配线子系统、管理间设备和跳线在内的连接安装施工技术，包括跳线、信息插座、集合点、网络配线设备之间的链路端接。

【岗位技能要求】

1）熟练掌握非屏蔽网线的剥皮方法和剥皮长度。

2）熟练掌握非屏蔽网线的色谱和线序。

3）熟练掌握网络配线架和110型通信跳线架端接技术和关键技能。

4）熟练掌握网络跳线的端接技术和关键技能。

5）熟练掌握网络永久链路的搭建和测试方法。

6）熟悉网络模块和配线架的机械结构和电气原理。

【实训任务】

按照图4-54进行网络信道链路的配线端接，主要包括3根非屏蔽跳线的6次端接。

实训基本操作路由为：西元训练装置RJ-45口（下排）→110型通信跳线架模块（上排）下层→110型通信跳线架模块（上排）上层→非屏蔽配线架网络模块→非屏蔽网络配线架RJ-45口→西元训练装置RJ-45口（上排）。

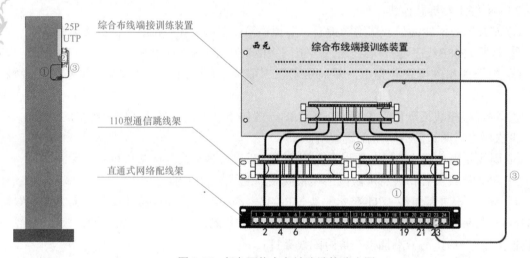

图4-54 复杂网络永久链路端接路由图

【评判标准】

1）网络配线架模块端接正确。

2）网络配线架安装正确。

3）语音模块端接正确。

4）110型通信跳线架安装正确。

5）水晶头端接正确。

6）复杂网络永久链路的路由正确。

7）复杂网络永久链路线序正确，对应的指示灯顺序闪烁。

【实训器材和工具】

1）实训设备：数实融合综合布线实训装置（型号KYPXZ—01—55），或网络配线实训装置（型号KYPXZ—01—52）。

2）实训材料：超5类非屏蔽水晶头3个/链路，5对卡接模块1个，超5类非屏蔽网线1箱。

3）实训工具：剥线器1把，双用网线钳1把，剪刀1把，5对打线刀1把。

【实训步骤】

1）端接第1根跳线（RJ-45水晶头—110型通信跳线架上排下层）。按照2.5.1实训项目中的方法，在超5类非屏蔽网线的一端做RJ-45水晶头，插接在西元测试仪下排左1口，另一端按照下面的步骤端接110型通信跳线架模块。

2）端接110型通信跳线架模块。

① 剥开超5类非屏蔽网线的另一端绝缘护套，剪掉撕拉线。

② 按照白蓝、蓝、白橙、橙、白绿、绿、白棕、棕的线序逐一压入110型通信跳线架上排下层跳线架左边1～8口卡槽内。

3）压接5对卡接模块。

使用5对打线钳将5对卡接模块垂直压入跳线架1～8口上，注意5对卡接模块的方向，连接块上的标识从左到右颜色为蓝、橙、绿、棕、灰。

4）端接第2根跳线（110型通信跳线架上排上层—网络配线架模块），拆开网线的一端，按照白蓝、蓝、白橙、橙、白绿、绿、白棕、棕的线序逐一压入110型通信跳线架上排5对连接块的卡槽内，再使用打线钳压接。

另一端按照本章实训项目1第2）步完成网络配线架模块的端接。

5）端接第3根非屏蔽跳线（RJ-45水晶头—RJ-45水晶头）。按照2.5.1实训项目中的方法，做1根RJ-45水晶头—RJ-45水晶头的非屏蔽跳线，在西元测试仪测试合格后，再将一端插接在西元测试仪上排左1口，另一端插接网络配线架1口。

6）测试。打开"网络线制作与测量实验装置"，观察指示灯闪烁顺序，检查链路端接情况。

扫描二维码观看《测试链路的搭建与端接技术》视频，建议至少看3遍。

扫码看视频

【实训报告】

总结复杂网络永久链路端接方法。

4.11 工程经验

1. 工程经验一　在配线架打线之后一定要记着做好标记

在施工中，有几个信息点在安装配线架打线完成后没有及时做标记。等开通网络的时候，端口怎么也对不上，让工程师逐个检查一遍之后才弄好。这样不但延长了施工工期，而且加大了工程的成本。

2．工程经验二　制作跳线不通

在制作跳线RJ-45头时往往会遇到制作好后有些线芯不通的问题，主要的原因有两点：

1）网线线芯没有完全插到位。

2）在压线的时候没有将水晶头压实。

互动练习和习题

请扫描二维码，下载第4章互动练习和习题，并按照教师要求按时完成。

互动练习　　　　　　　习题

第5章

工作区子系统工程技术 ■■■■■■■■■■■■■■

➤ 知识目标 熟悉工作区子系统的划分原则、设计要点等基本概念，掌握工作区子系统的设计步骤、需求分析、概算等知识。

➤ 能力目标 掌握工作区子系统设计流程和主要内容，掌握信息插座底盒、模块和面板等工程安装关键技术技能。

➤ 素质目标 通过6个设计实例、2个技能训练项目和6个工程经验掌握专业技能，通过扫码观看视频《陕西省劳动模范——纪刚》的劳模故事，培养爱岗敬业、争创一流、艰苦奋斗、勇于创新、甘于奉献的劳模精神。

5.1 工作区子系统的基本概念

5.1.1 什么是工作区子系统

工作区子系统是指从信息插座延伸到终端设备的整个区域，即一个独立的需要设置终端的区域划分为一个工作区。工作区域可支持电话机、数据终端、计算机、电视机、监视器以及传感器等终端设备。它包括信息插座、信息模块、网卡和连接所需的跳线，并在终端设备和输入/输出（I/O）之间搭接。典型的工作区子系统如图5-1所示。

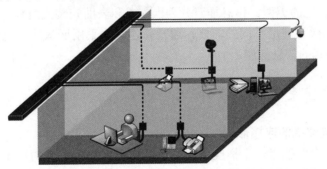

图5-1 工作区子系统

5.1.2 工作区的划分原则

按照GB 50311国家标准规定，工作区是一个独立的需要设置终端设备的区域。工作区应由配线（水平）布线系统的信息插座延伸到终端设备处的连接电缆及适配器组成。一个工作区的服务面积可按$5 \sim 10m^2$估算，也可按不同的应用环境调整面积的大小。

5.1.3 工作区适配器的选用原则

选择适当的适配器，可使综合布线系统的输出与用户的终端设备保持完整的电磁兼容。

适配器的选用应遵循以下原则：

1）在设备连接器采用不同于信息插座的连接器时，可用专用电缆及适配器。

2）在单一信息插座上进行两项服务时，可用Y形适配器。

3）在配线（水平）子系统中选用的电缆类别（介质）不同于设备所需的电缆类别（介质）时，宜采用适配器。

4）在连接使用不同信号的数模转换设备、光电转换设备及数据速率转换设备等装置时，宜采用适配器。

5）为了特殊的应用而实现网络的兼容性时，可用转换适配器。

6）根据工作区内不同的电信终端设备（例如，ADSL终端）可配备相应的适配器。

5.1.4 工作区设计要点

1）工作区内线槽的敷设要合理、美观。

2）信息插座设计在距离地面300mm以上。

3）信息插座与计算机设备的距离保持在5m范围内。

4）网卡接口类型要与缆线接口类型保持一致。

5）工作区所需的信息模块、信息插座、面板的数量要准确。

工作区设计时，具体操作可按以下3步进行：

1）根据楼层平面图计算每层楼布线面积。

2）估算信息插座数量，一般设计两种平面图供用户选择：为基本型设计出每9m^{2}一个信息插座的平面图；为增强型或综合型设计出两个信息插座的平面图。

3）确定信息插座的类型。信息插座分为嵌入式和表面安装式两种，可根据实际情况，采用不同的安装式样来满足不同的需要。通常新建筑物采用嵌入式信息插座；而现有的建筑物采用表面安装式的信息插座。

5.1.5 信息插座连接技术要求

1. 信息插座与终端的连接形式

每个工作区至少要配置一个插座盒。对于难以再增加插座盒的工作区，要至少安装两个分离的插座盒。信息插座是终端与水平子系统连接的接口。其中最常用的为RJ-45信息插座，即RJ-45连接器。

在实际设计时，必须保证每个4对双绞线电缆终接在工作区中一个8脚（针）的模块化插座（插头）上。综合布线系统可采用不同厂家的信息插座和信息插头。这些信息插座和信息插头基本是一样的。对于计算机终端设备，将带有8针的RJ-45插头跳线插入网卡；在信息插座一端，跳线的RJ-45水晶头连接到插座上。

虽然适配器和设备可用在几乎所有的场合，以适应各种需求，但在做出设计承诺之前，必须仔细考虑将要集成的设备类型和传输信号类型。在做出上述决定时必须考虑以下3个因素：

1）各种设计选择方案在经济上的最佳折中。

2）系统管理中的不确定因素。

3）在布线系统寿命期间移动和重新布置所产生的影响。

2．信息插座与连接器的接法

对于RJ-45连接器与RJ-45信息插座，与4对双绞线的接法主要有两种，一种是T568A标准，另一种是T568B的标准。

5.2 工作区子系统的设计原则

5.2.1 设计步骤

工作区子系统设计的步骤一般为：首先与用户进行充分的技术交流，了解建筑物用途，然后认真阅读建筑物设计图纸，其次进行初步规划和设计，最后进行概算和预算。一般工作流程如下：

需求分析→技术交流→阅读建筑物图纸→初步设计方案→概算→方案确认→正式设计→预算。

5.2.2 需求分析

需求分析是综合布线系统设计的首项重要工作，对后续工作的顺利开展是非常重要的，也直接影响最终工程造价。需求分析主要掌握用户的当前用途和未来扩展需要，目的是把设计对象归类，按照写字楼、宾馆、综合办公室、生产车间、会议室、商场等类别进行归类，为后续设计确定方向和重点。

需求分析首先从整栋建筑物的用途开始进行，然后按照楼层进行分析，最后到楼层的各个工作区或者房间，逐步明确和确认每层和每个工作区的用途和功能，分析每个工作区的需求，规划工作区的信息点数量和位置。

现在的建筑物往往有多种用途和功能，例如，一栋18层的建筑物可能会有这些用途：地下2层为空调机组等设备安装层，地下1层为停车场，1、2层为商场，3、4层为餐厅，5～10层为写字楼，11～18层为宾馆。

5.2.3 技术交流

在进行需求分析后，要与用户进行技术交流，这是非常必要的。不仅要与技术负责人交流，还要与项目或者行政负责人进行交流，进一步充分和广泛地了解用户的需求，特别是未来的发展需求。在交流中重点了解每个房间或者工作区的用途、工作区域、工作台位置、工作台尺寸、设备安装位置等详细信息。在交流过程中必须进行详细的书面记录，每次交流结束后要及时整理书面记录，这些书面记录是初步设计的依据。

5.2.4 阅读建筑物图纸和工作区编号

索取和认真阅读建筑物设计图纸是不能省略的程序，通过阅读建筑物图纸掌握建筑物的土建结构、强电路径、弱电路径，特别是主要电气设备和电源插座的安装位置，重点掌握在综合布线路径上的电气设备、电源插座、暗埋管线等。在阅读图纸时，进行记录或者标记，这有助于将网络和电话等插座设计在合适的位置，避免强电或者电气设备对网络综合布线系统的影响。

工作区信息点命名和编号是非常重要的一项工作，命名首先必须准确表达信息点的位置或者用途，要与工作区的名称相对应，这个名称从项目设计开始到竣工验收及后续维护最好一致。如果项目投入使用后用户改变了工作区名称或者编号，则必须及时制作名称变更对应表作为竣工资料保存。

5.2.5 初步设计

1. 工作区面积的确定

随着智能化建筑和数字化城市的普及和快速发展，建筑物的功能呈现多样性和复杂性，智能化管理系统普遍应用。建筑物的类型也越来越多，大体上可以分为商业、文化、媒体、体育、医院、学校、交通、住宅、通用工业等类型，因此，对工作区面积的划分应根据应用的场合做具体的分析后确定。

工作区子系统包括办公室、写字间、作业间、技术室等需用电话、计算机终端、电视机等设施的区域和相应设备的统称。一般建筑物设计时，网络综合布线系统工作区面积的需求参照表5-1中的内容。

表5-1 工作区面积划分（GB 50311规定）

建筑物类型及功能	工作区面积/m²
网管中心、呼叫中心、信息中心等终端设备较为密集的场地	3～5
办公区	5～10
会议、会展	10～60
商场、生产机房、娱乐场所	20～60
体育场馆、候机室、公共设施区	20～100
工业生产区	60～200

2. 工作区信息点的配置

一个独立的需要设置终端设备的区域宜划分为一个工作区，每个工作区需要设置一个计算机网络数据点或者语音电话点，或按用户需要设置。也有部分工作区需要支持数据终端、电视机及监视器等终端设备。

同一个房间或者同一区域面积按照不同的应用需求，其信息点种类和数量差别有时非常大，从现有的工程实际应用情况分析，有时有1个信息点，有时可能会有10个信息点。有的只需要电缆信息模块，有时还需要预留光缆备份的信息模块。因为建筑物用途不一样，功能要求和实际需求也不同。信息点数量的配置不能只按办公楼的模式确定，要考虑多功能和未来扩展的需要，尤其是对于内外两套网络系统同时存在和使用的情况，应加强需求分析，做出合理的配置。

每个工作区信息点数量可按用户的性质、网络构成和需求来确定。

在网络综合布线系统工程实际应用和设计中，一般按照下述面积或者区域配置来确定信息点数量。表5-2是编者根据多年项目设计经验总结的配置原则，供设计者参考。

网络综合布线系统工程技术实训教程 第5版

表5-2　常见工作区信息点的配置原则

工作区类型及功能	安装位置	安装数量	
		数据	语音
网管中心、呼叫中心、信息中心等终端设备较为密集的场地	工作台处墙面或者地面	1或2个/工作台	2个/工作台
集中办公区域的写字楼、开放式工作区等人员密集场所	工作台处墙面或者地面	1或2个/工作台	2个/工作台
董事长、经理、主管等独立办公室	工作台处墙面或者地面	2个/间	2个/间
小型会议室/商务洽谈室	主席台处地面或者台面 会议桌地面或者台面	2~4个/间	2个/间
大型会议室、多功能厅	主席台处地面或者台面 会议桌地面或者台面	5~10个/间	2个/间
>5 000m²的大型超市或者卖场	收银区和管理区	1个/100m²	1个/100m²
2 000~3 000m²中小型卖场	收银区和管理区	1个/30~50m²	1个/30~50m²
餐厅、商场等服务业	收银区和管理区	1个/50m²	1个/50m²
宾馆标准间	床头或写字台或浴室	1个/间，写字台	1~3个/间
学生公寓（4人间）	写字台处墙面	4个/间	4个/间
公寓管理室、门卫室	写字台处墙面	1个/间	1个/间
教学楼教室	讲台附近	1或2个/间	
住宅楼	书房	1个/套	2或3个/套

3. 工作区信息点点数统计表

工作区信息点点数统计表简称点数表，是设计和统计信息点数量的基本工具和手段。

初步设计的主要工作是完成点数表，程序是在需求分析和技术交流的基础上，首先确定每个房间或者区域的信息点位置和数量，然后制作和填写点数统计表。点数统计表的做法是先按照楼层，然后按照房间或者区域逐层逐房间地规划和设计网络数据、语音信息点数，再把每个房间规划的信息点数量填写到点数统计表对应的位置。每层填写完毕，就能够统计出该层的信息点数，全部楼层填写完毕，就能统计出该建筑物的信息点数。

点数统计表能够准确和清楚地表示和统计出建筑物的信息点数量。点数统计表的格式见表5-3。

表5-3　建筑物网络综合布线信息点点数统计表

楼层编号	建筑物网络和语音信息点点数统计表										数据点数合计	语音点数合计	信息点数合计
	房间或者区域编号												
	01		03		05		07		09				
	数据	语音	数据	语音	数据	语音	数据	语音	数据	语音			
18层	3		1		2		3		3		12		
		2		1		2		3		2		10	
17层	2		2		3		2		3		12		
		2		2		2		2		2		10	
16层	5		3		5		5		6		24		
		4		3		4		5		4		20	
15层	2		2		3		2		3		12		
		2		2		2		2		2		10	
合计											60		
												50	110

点数统计表的制作：利用Excel工作表软件进行，一般常用的表格格式为房间按照行表示，楼层按照列表示。

第1行为设计项目或者对象的名称，第2行为房间或者区域名称，第3行为房间号，第4行为数据或者语音类别，其余行填写每个房间的数据或者语音点数量，为了清楚和方便统计，一般每个房间有两行，一行数据，一行语音。最后一行为合计数量。在点数统计表填写中，房间编号由大到小按照从左到右顺序填写。

第1列为楼层编号，填写对应的楼层编号，中间列为该楼层的房间号，为了清楚和方便统计，一般每个房间有两列，一列数据，一列语音。最后一列为合计数量。在点数统计表填写中，楼层编号由大到小按照从上往下顺序填写。

在填写点数统计表时，从楼层的第一个房间或者区域开始，逐间分析需求和划分工作区，确认信息点数量和大概位置。在每个工作区首先确定网络数据信息点的数量，然后考虑电话语音信息点的数量，同时还要考虑其他控制设备的需要，例如，在门厅和重要办公室入口位置考虑设置指纹考勤机、门禁系统网络接口等。

扫描二维码观看《综合布线系统设计》视频，建议至少看3遍。

扫码看视频

5.2.6 概算

在初步设计的基础上要给出该项目的概算，这个概算是指整个综合布线系统工程的造价概算，当然也包括工作区子系统的造价。工程概算的计算方法如下：

工程造价概算=信息点数量×信息点的价格

例如，按照表5-3点数统计表统计的15～18层网络数据信息点数量为60个，每个信息点的造价按照200元计算时，该工程分项造价概算=60×200元=12 000元。

按照表5-3点数统计表统计的15～18层语音信息点数量为50个，每个信息点的造价按照100元计算时，该工程分项造价概算=50×100元=5 000元。

每个信息点的造价概算中应该包括材料费、工程费、运输费、管理费、税金等全部费用。材料中应该包括机柜、配线架、配线模块、跳线架、理线环、网线、模块、底盒、面板、桥架、线槽、线管等全部材料及配件。

5.2.7 初步设计方案确认

初步设计方案主要包括点数统计表和概算两个文件，工作区子系统信息点数量直接决定综合布线系统工程的造价，信息点数量越多，工程造价越高。工程概算的多少与选用产品的品牌和质量有直接关系，工程概算多时宜选用高质量的知名品牌，工程概算少时宜选用区域知名品牌。点数统计表和概算也是综合布线系统工程设计的依据和基本文件，因此必须经过用户确认。

用户确认的一般程序如下：

整理点数统计表→准备用户确认签字文件→用户交流和沟通→用户确认签字和盖章→

设计方签字和盖章→双方存档。

用户确认签字文件至少一式4份，双方各两份。设计单位一份存档，一份作为设计资料。

5.2.8　正式设计

用户确认初步设计方案和概算后，就必须开始进行正式设计，正式设计主要工作为准确设计每个信息点的位置，确认每个信息点的名称或编号，核对点数统计表并最终确认信息点数量，为整个综合布线工程系统设计奠定基础。

1．新建建筑物

依据GB 50311国家标准，建筑物必须设计网络综合布线系统，因此建筑物的原始设计图纸中有完整的初步设计方案和网络系统图。必须认真研究和读懂设计图纸，特别是与弱电有关的网络系统图、通信系统图、电气图等。

如果土建工程已经开始或者封顶，则必须到现场实际勘测，并且与设计图纸对比。

新建建筑物的信息点底盒必须暗埋在建筑物的墙面，一般使用金属底盒。

2．旧楼增加网络综合布线系统的设计

当旧楼增加网络综合布线系统时，设计人员必须到现场勘察，根据现场使用情况具体设计信息插座的位置、数量。

旧楼增加信息插座一般多为明装86系列插座。

3．信息点安装位置

信息点的安装位置宜以工作台为中心进行设计，如果工作台靠墙布置，则信息插座一般设计在工作台侧面的墙面，通过网络跳线直接与工作台上的计算机连接。应避免信息插座远离工作台，否则网络跳线比较长，既不美观，也可能影响网络传输速度或者稳定性。此外也不宜设计在工作台的前后位置。

如果工作台布置在房间的中间位置或者没有靠墙，则信息插座一般设计在工作台下面的地面，通过网络跳线直接与工作台上的计算机连接。在设计时必须准确估计工作台的位置，避免信息插座远离工作台。

如果是集中或者开放办公区域，信息点的设计应该以每个工位的工作台和隔断为中心，将信息插座安装在地面或者隔断上。目前市场销售的办公区隔断上都预留有2个86×86系列信息插座和电源插座安装孔。新建项目选择在地面安装插座时，有利于一次完成综合布线，适合在办公家具和设备到位前综合布线工程竣工，也适合工作台灵活布局和随时调整，但是地面安装插座施工难度比较大，地面插座的安装材料费和工程费成本是墙面插座成本的10～20倍。对于已经完成地面铺装的工作区不宜设计地面安装方式。对于办公家具已经到位的工作区宜在隔断上安装插座，或根据家具位置设计信息插座安装位置。

在大门入口或者重要办公室门口宜设计门禁系统信息插座。

在公司入口或者门厅宜设计指纹考勤机、电子屏幕使用的信息插座。

在会议室主席台、发言席、投影机位置宜设计信息插座。

在各种大卖场的收银区、管理区、出入口宜设计信息插座。

4．信息点面板

每个信息点面板的设计非常重要，首先必须满足使用功能需要，然后考虑美观，同时还要考虑费用成本等。

地弹插座面板一般为黄铜制造，只适合在地面安装，每只售价在100～200元。地弹插座面板一般都具有防水、防尘、抗压功能，使用时打开盖板，不使用时盖好盖板与地面高度相同。地弹插座有双口RJ-45、双口RJ-11、单口RJ-45+单口RJ-11组合等规格，外形有圆形的也有方形的。地弹插座面板不能安装在墙面。

墙面插座面板一般为塑料制造，只适合在墙面安装，每只售价在5～20元，具有防尘功能，使用时打开防尘盖，不使用时防尘盖自动关闭。墙面插座面板有双口RJ-45、双口RJ-11、单口RJ-45+单口RJ-11组合等规格。墙面插座面板不能安装在地面，因为塑料结构容易损坏，而且不具备防水功能，灰尘和垃圾进入插口后无法清理。

桌面型面板一般为塑料制造，适合安装在桌面或者台面，在综合布线系统设计中很少应用。

信息插座底盒常见的规格有两种，适合墙面或者地面安装。墙面安装底盒为长86mm、宽86mm的正方形盒子，设置有2个M4螺孔，孔距为60mm，又分为暗装和明装两种，暗装底盒的材料有塑料和金属材质两种，暗装底盒外观比较粗糙；明装底盒外观美观，一般由塑料注塑。

地面安装底盒比墙面安装底盒大，为长100mm、宽100mm的正方形盒子，深度为55mm（或65mm），设置有2个M4螺孔，孔距为84mm，一般为暗装底盒，由金属材质一次冲压成形，表面电镀处理。面板一般为黄铜材料制成，常见有方形和圆形面板两种，方形的长为120mm、宽为120mm。

5．信息点设计图

制作综合布线系统工作区信息点的设计图是综合布线系统设计的基础工作，直接影响工程造价和施工难度，还可能影响工期，因此工作区子系统信息点的设计工作非常重要。

在一般综合布线工程设计中，不会单独设计工作区信息点布局图，而是综合在网络系统图中。为了清楚地说明信息点的位置和设计的重要性，在5.3节将给出各种常见工作区信息点的位置设计图。

5.3 工作区子系统的设计实例

5.3.1 设计实例1 独立单人办公室信息点设计

设计独立单人办公室信息点布局，信息插座可以设计安装在墙面或地面两种，布局如图5-2所示。

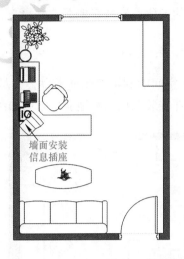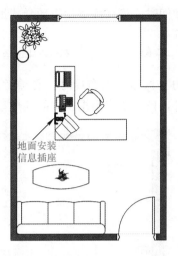

墙面安装
信息插座

地面安装
信息插座

图5-2　单人办公室信息点设计图

说明:

1) 设计单人办公室信息点时必须考虑有数据点和语音点。

2) 当办公桌设计靠墙摆放时,信息插座安装在墙面,底部离地面高度宜为300mm。当办公桌摆放在中间时,信息插座使用地弹式地面插座,安装在地面。

3) 办公室内安装设备有计算机、传真机、打印机等。

5.3.2　设计实例2　独立多人办公室信息点设计

设计独立多人办公室信息点布局,信息插座可以设计安装在墙面或地面两种,布局如图5-3所示。

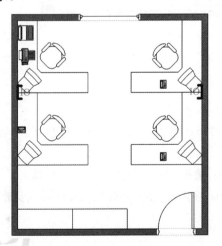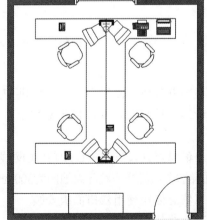

图5-3　多人办公室信息点设计图

说明:

1) 设计多人办公室信息点时必须考虑多个数据点和语音点。

2) 当办公桌设计靠墙摆放时,信息插座安装在墙面,底部离地面高度宜为300mm。当办公桌摆放在中间时，信息插座使用地弹式地面插座，安装在地面。

5.3.3 设计实例3 集中办公区信息点设计

设计集中办公区信息点布局时，必须考虑空间的利用率和便于办公人员工作等因素，进行合理的设计，信息插座根据工位的摆放设计安装在墙面和地面，布局如图5-4所示。

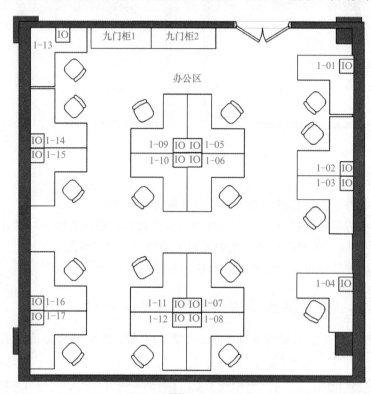

图5-4 集中办公区信息点设计图

说明：

1）该集中办公环境面积为60m²，可供17人办公。

2）设计34个信息点，其中17个数据点，17个语音点。每个信息插座包括1个数据、1个语音。

3）每个信息点铺设2根4—UTP超5类网线，数据和语音各用1根超5类网线。

4）墙面的9个信息插座底部离地面为300mm。中间8个信息点使用地弹式插座安装在地面。

5）所有信息插座使用双口面板安装。

6）所有布线使用穿线管暗埋敷设。

5.3.4 设计实例4 会议室信息点设计

一般设计会议室的信息点时，在讲台处至少设计1个信息点，便于设备的连接和使用。在会议室墙面的四周也可以考虑设计一些信息点，如图5-5所示。

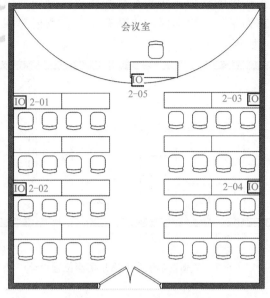

图5-5　会议室信息点设计图

5.3.5　设计实例5　学生宿舍信息点设计

在设计学生公寓时，要考虑信息点的布局，如果学校学生公寓每个房间供4人住宿，则每个房间设计4个网络信息点。同时为了便于信息点的开通和今后的维护，必须对房间编号，进而对缆线编号，如图5-6所示。信息点的编号一般是根据房间的编号编制的，编号原则：房间号—线号，例如，101房间101—1、101—2、101—3、101—4。

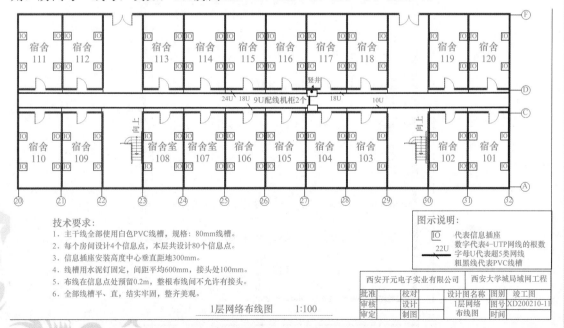

技术要求：
1. 主干线全部使用白色PVC线槽，规格：80mm线槽。
2. 每个房间设计4个信息点，本层共设计80个信息点。
3. 信息插座安装高度中心垂直距地300mm。
4. 线槽用水泥钉固定，间距平均600mm，接头处100mm。
5. 布线在信息点处预留0.2m，整根布线间不允许有接头。
6. 全部线槽平、直，结实牢固，整齐美观。

1层网络布线图　　1:100

图示说明：
IO　代表信息插座
22U　数字代表4-UTP网线的根数
字母U代表超5类网线
粗黑线代表PVC线槽

西安开元电子实业有限公司		西安大学城局域网工程	
批准	校对	设计图名称	图别　竣工图
审核	设计	1层网络布线图	图号 XD200210-11
审定	制图		时间

图5-6　某高校学生公寓网络信息点设计图

同时根据学校对学生宿舍的规划、房间家具的摆放，合理地设计信息插座位置。一般高校学生宿舍床铺的下部为学习、生活区，安装有课桌和衣柜等，上部为床。根据床和课桌的位置安装信息插座，如图5-7所示。

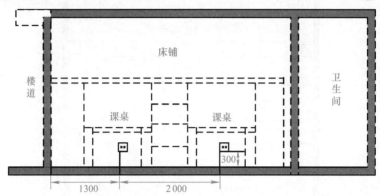

图5-7 某高校学生宿舍信息插座位置设计

5.3.6 设计实例6 超市信息点设计

一般在大型超市的综合布线设计中，主要信息点集中在收银区和管理区，选购区设置很少的信息点，如图5-8所示。如果不能确定其用途和布局，则可以在建筑物的墙面和柱子上设置一定数量的信息插座，以便今后使用。收银区地面插座必须安装具有防水、抗压、防尘的120系列铜质地弹插座，墙面安装86系列塑料面板插座，信息插座底部离地面高度宜为300mm。

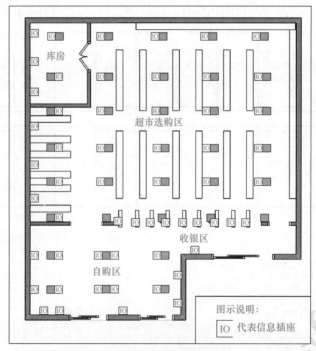

图5-8 某超市网络信息点的设计

5.3.7 综合布线系统工程设计方法与更多实训项目

综合布线系统工程设计项目和主要内容包括信息点数量统计表、端口对应表、系统图、施工图、材料统计表、工程预算表、施工进度表等。具体设计方法和更多实训项目请参考本书配套的《综合布线实训指导书 第3版》，实训单元2综合布线系统工程设计实训。该书由王公儒主编，机械工业出版社出版，封面和书号详见本书封底。

5.4 工作区子系统的工程技术

5.4.1 标准要求

在GB 50311《综合布线系统工程设计规范》第7章安装工艺要求内容中，对工作区的安装工艺提出了具体要求。安装在地面上的接线盒应防水和抗压，安装在墙面或柱子上的信息插座底盒、多用户信息插座盒及集合点配线箱体的底部离地面的高度宜为300mm。工作区的电源每1个工作区宜配置不少于2个220V交流电源插座，电源插座应选用带保护接地的单相电源插座，保护接地与零线应严格分开。

5.4.2 信息点安装位置

教学楼、学生公寓、实验楼、住宅楼等不需要进行二次区域分割的工作区，信息点宜设计在非承重的隔墙上，宜在设备使用位置或者附近。

写字楼、大厅等需要进行二次分割和装修的区域，宜在四周墙面设置，也可以在中间的立柱上设置，要考虑二次隔断和装修时扩展的方便性和美观性。大厅、展厅、商业收银区在设备安装区域的地面宜设置足够多的信息插座。墙面插座底盒下缘距离地面高度为300mm，地面插座底盒低于地面。

学生公寓等信息点密集的隔墙，宜在隔墙两面对称设置。

银行营业大厅的对公区、对私区和ATM自助区信息点的设置要考虑隐蔽性和安全性，特别是离行式ATM机的信息插座不能暴露在客户区。

指纹考勤机、门禁系统信息插座的高度宜参考设备的安装高度进行设置。

5.4.3 底盒安装

网络信息插座底盒按照材质一般分为金属底盒和塑料底盒，按照安装方式一般分为暗装底盒和明装底盒，按照配套面板规格分为86系列和120系列。

在墙面安装86系列面板时，配套的底盒有明装和暗装两种。明装底盒经常在改扩建工程墙面明装方式布线时使用，一般为白色塑料盒，外形美观，表面光滑，外形尺寸比面板稍小一些，长为84mm，宽为84mm，深为36mm，底板上有2个直径6mm的安装孔，用于将底座固定在墙面，正面有2个M4螺孔，用于固定面板，侧面预留有上、下进线孔，如图5-9a所示。

暗装底盒一般在新建项目和装饰工程中使用，暗装底盒常见的有金属和塑料两种。塑料底盒一般为白色，一次注塑成型，表面比较粗糙，外形尺寸比面板小一些，常见尺寸为长80mm，宽80mm，深50mm，5面都预留有进出线孔，方便进出线，底板上有2个安装孔，用于将底座固定在墙面，正面有2个M4螺孔，用于固定面板，如图5-9b所示。

金属底盒一般一次冲压成形，表面都进行电镀处理，避免生锈，尺寸与塑料底盒基本相同，如图5-9c所示。

a）   b）   c）

图5-9 底盒

a）明装底盒 b）暗装塑料底盒 c）暗装金属底盒

暗装底盒只能安装在墙面或者装饰隔断内，安装面板后就隐蔽起来了。施工中不允许把暗装底盒明装在墙面上。

暗装塑料底盒一般在土建工程施工时安装，直接与穿线管端头连接固定在建筑物墙内或者立柱内，外沿低于墙面10mm，距离地面高度为300mm或者按照施工图规定高度安装。底盒安装好以后，必须用螺钉或者水泥砂浆固定在墙内，如图5-10所示。

图5-10 墙面暗装底盒

需要在地面安装网络插座时，盖板必须具有防水、抗压和防尘功能，一般选用120系列金属面板，配套的底盒宜选用金属底盒，一般金属底盒比较大，常见规格为长100mm，宽100mm，中间有2个固定面板的螺孔，5个面都预留有进出线孔，方便进出线，如图5-11所示。地面金属底盒安装后一般应低于地面10～20mm，注意这里的地面是指装修后的地面。

图5-11 地面暗装底盒、信息插座

在扩建、改建和装饰工程安装网络面板时，为了美观一般宜采取暗装底盒，必要时要在墙面或者地面进行开槽安装，如图5-12所示。

各种底盒安装时，一般按照下列步骤进行：

1）目视检查产品的外观是否合格：特别检查底盒上的螺孔是否正常，如果其中有一个螺孔损坏，则坚决不能使用。

2）取掉底盒挡板：根据进出线方向和位置，取掉底盒预设孔中的挡板。

3）固定底盒：明装底盒按照设计要求用膨胀螺钉直接固定在墙面，如图5-13所示。暗装底盒首先使用专门的管接头把穿线管和底盒连接起来，这种专用接头的管口有圆弧，既方便穿线又能保护缆线不会划伤或者损坏。然后用膨胀螺钉或者水泥砂浆固定底盒。

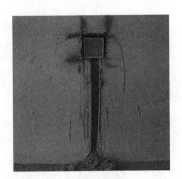 

图5-12　装修墙面暗装底盒　　　　图5-13　装修墙面明装底盒

4）成品保护：暗装底盒一般在土建过程中进行，因此在底盒安装完毕后，必须进行成品保护，特别是安装螺孔，防止水泥砂浆灌入螺孔或者穿线管内。一般做法是在底盒螺孔和管口塞纸团，也有用胶带纸保护螺孔的做法。

5.4.4　模块安装

数据模块和语音模块的安装方法基本相同，一般安装顺序如下：

准备材料和工具→清理和标记→剪掉多余线头→剥线→压线→压防尘盖。

模块安装时，一般按照下列步骤进行：

1）准备材料和工具：在每天开工前进行，必须一次领取半天工作需要的全部材料和工具，主要包括数据模块、语音模块、标记材料、剪线工具、压线工具、工作小凳等，半天施工需要的全部材料和工具装入一个工具箱（包）内，随时携带，不要在施工现场随地乱放。

2）清理和标记：清理和标记非常重要，在实际工程施工中，一般底盒安装和穿线较长时间后，才能开始安装模块，因此安装前首先清理底盒内堆积的水泥砂浆或者垃圾，然后将双绞线从底盒内轻轻取出，清理表面的灰尘重新做编号标记，标记位置距离管口60～80mm，注意做好新标记后才能取消原来的标记。

3）剪掉多余线头：必须剪掉多余线头，因为在穿线施工中双绞线的端头进行了捆扎或者缠绕，管口预留也比较长，双绞线的内部结构可能已经破坏，一般在安装模块前都要剪掉多余部分的长度，留出100～120mm长度用于压接模块或者检修。

4）剥线：首先使用专业剥线器剥掉双绞线的外皮，剥掉双绞线外皮的长度为15mm，特别注意不要损伤线芯和线芯绝缘层。

5）压线：剥线完成后按照模块结构将8芯线分开，逐一压接在模块中。压接方法必须正确，一次压接成功。

6）装好防尘盖：模块压接完成后，将模块卡接在面板中，然后立即安装面板。如果压接模块后不能及时安装面板，则必须对模块进行保护。一般做法是在模块上套一个塑料袋，避免土建墙面施工污染。

安装模块过程如图5-14所示。土建暗装信息插座和模块如图5-14所示，墙面明装信息插座和模块如图5-15所示。

图5-14 土建暗装信息插座和模块　　　　图5-15 墙面明装信息插座和模块

5.4.5　面板安装

面板安装是信息插座安装的最后一个工序，一般应该在端接模块后立即进行，以保护模块。安装时将模块卡接到面板接口中。如果双口面板上有网络和电话插口标记，则按照标记口位置安装。如果双口面板上没有标记，则宜将网络模块安装在左边，电话模块安装在右边，并且在面板表面做好标记。

5.5　工作区子系统工程技术实训项目

5.5.1　实训项目1　工作区点数统计表制作实训

【实训目的】

1）通过工作区信息点数量统计表项目实训，掌握各种工作区信息点位置和数量的设计要点和统计方法。

2）熟练掌握信息点点数统计表的设计和应用方法。

3）掌握项目概算方法。

4）训练工程数据表格的制作方法和能力。

【实训要求】

1）完成一个多功能智能化建筑的网络综合布线系统工程信息点的设计。

2）使用Excel工作表软件完成点数统计表。

3）完成工程概算。

实训模型1：

一栋18层的建筑物可能会有这些用途：地下2层为空调机组等设备安装层，地下1层为停车场，1、2层为商场，3、4层为餐厅，5～10层为写字楼，11～18层为宾馆。

给出可以进行点数统计的必要条件，注意设置一些变化原因。

实训模型2：

一栋7层研究大楼给出可以进行点数统计的必要条件，注意设置一些变化原因。

实训模型3：学生比较熟悉的教学楼或者宿舍楼。

【实训步骤】

1）分析项目用途，归类。例如，教学楼、宿舍楼、办公楼等。

2）工作区分类和编号。

3）制作点数统计表。

4）填写点数统计表。

5）编制工程概算。

【实训报告要求】

1）完成信息点的命名和编号。

2）掌握点数统计表的制作方法，计算出全部信息点的数量和规格。

3）完成工程概算。

4）基本掌握Excel工作表软件在工程技术中的应用。

5）总结实训经验和方法。

5.5.2　实训项目2　网络插座的安装实训

【实训目的】

1）通过设计工作区信息点的位置和数量，熟练掌握工作区子系统的设计和点数统计表的制作。

2）通过信息插座的安装，熟练掌握工作区信息点的施工方法。

3）通过核算、列表、领取材料和工具，训练规范施工的能力。

【实训要求】

1）设计一种多人办公室信息点的位置和数量，并且绘制设计图。

2）按照设计图，核算实训材料规格和数量，掌握工程材料核算方法，列出材料清单。

3）按照设计图，准备实训工具，列出实训工具清单。

4）独立领取实训材料和工具。

5）独立完成工作区信息点的安装。

【实训材料和工具】

1）86系列明装塑料底盒和螺钉若干。

2）单口面板、双口面板和螺钉若干。

3）RJ-45网络模块+RJ-11电话模块若干。

4）网络双绞线若干。

5）十字螺丝刀，长度150mm，用于固定螺钉，一般每人1把。

6）压线钳，用于压接RJ-45网络模块和电话模块，一般每人1把。

【实训设备】

IT工程技术实训平台1套，产品型号：KYSYZ—12—1233，如图5-16所示。

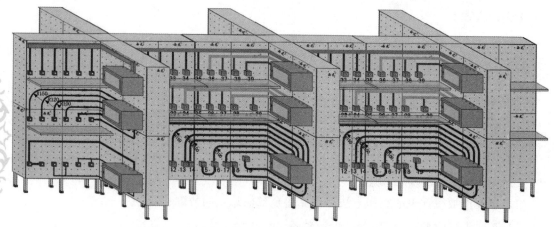

图5-16 IT工程技术实训平台

该实训设备由全钢的12个模块组成"丰"字形结构，构成12个角区域，模拟12个工作区，能够满足12组学生同时进行12个工作区子系统的实训。实训设备上预制有螺孔，无尘操作，能够进行万次以上的实训。该产品也是全国职业院校技能大赛专用产品。

【实训步骤】

1）设计工作区子系统。

3~4人组成一个项目组，选举项目负责人，每人设计一种工作区子系统，并且绘制施工图，集体讨论后由项目负责人指定一种设计方案进行实训。

2）列出材料清单和领取材料。按照设计图，完成材料清单并且领取材料。

3）列出工具清单和领取工具。根据实训需要，完成工具清单并且领取工具。

4）安装底盒。按照设计图规定位置用M6×16螺钉把底盒固定在实训装置的墙面上。

5）穿线和端接模块。

6）安装面板。

7）标记。

完成以上步骤即完成网络插座的安装，如图5-17所示。

图5-17　网络插座的安装

【实训报告要求】

1）完成一个工作区子系统设计图。

2）以表格形式写清楚实训材料和工具的数量、规格、用途。

3）分步陈述实训程序或步骤以及安装注意事项。

4）总结实训体会和操作技巧。

扫描二维码观看《网络综合布线工程技术实训教学片》视频。

扫码看视频

5.6　工程经验

1．工程经验一　模块和面板的安装时间

在工作区子系统模块、面板安装后，遇到过破坏和丢失的情况，究其原因是在建筑土建还没有进行室内粉刷就先将模块、面板安装到位了，土建在粉刷的时候可能将面板破坏或取走的。所以，在安装模块和面板时一定要等土建将建筑物内部墙面进行粉刷结束后，再安排施工人员到现场进行信息模块的安装。

2．工程经验二　准备长螺钉

安装面板的时候，由于土建工程中埋设底盒的深度不一致，面板上配套的螺钉长度有时就太短了，需要另外购买一些长一点的螺钉。一般配50mm长的螺钉就可以了，以免耽误工程施工的进度。

3．工程经验三　轻松安装

在安装信息点数量比较多、安装位置统一的情况下，如学院后勤区学生公寓内安装信息插座，一个房间安装4个信息插座，每个插座上有数据点和语音点，同时由于信息插座安装位置比较低，施工人员需要长时间蹲下工作，需要携带小马扎，这样可以减轻工程师的体力损耗，提高工作效率。

4．工程经验四　携带工具

在施工过程中经常会遇到少带工具的情况，所以在安装信息插座时，根据不同的情况，需要携带配套的使用工具。

（1）在新建建筑物中施工

1）安装模块时，需要携带的材料有信息模块、标签纸、签字笔或钢笔、透明胶带或专

用编号线圈。工具有斜口钳、剥线器、打线刀。

　　2）安装面板时，需要携带的材料有面板、标签。工具有十字螺丝刀。

　　（2）在已建成的建筑物中施工

　　信息插座的底盒、模块和面板是同时安装的，需要携带的材料有明装底盒、信息模块、面板、标签纸、签字笔或钢笔、透明胶带或专用编号线圈、木楔子。工具有电锤、钻头、斜口钳、十字螺丝刀、剥线器、RJ-45网线钳、打线刀。

5．工程经验五　标签

　　以前在安装模块和面板时，有时就忽略了在面板上做标签，给以后开通网络造成麻烦，所以在完成信息插座安装后，在面板上一定要做好标签标识，内外必须一致。便于以后网络的开通使用和维护。

6．工程经验六　成品保护

　　暗装底盒一般由土建在建设中安装，因此在底盒安装完毕后，必须进行保护，防止水泥砂浆灌入穿线管内，同时对安装螺孔也要进行保护，避免破坏。一般是在底盒内塞纸团，也有用胶带纸保护螺孔的做法。

　　模块压接完成后，将模块卡接在面板中，然后立即安装面板。如果压接模块后不能及时安装面板，则必须对模块进行保护，一般做法是在模块上套一个塑料袋，避免土建在墙面施工时对模块的污染和损坏。

5.7　陕西省劳动模范——纪刚

　　我叫纪刚，来自西安开元电子实业有限公司，现任公司仪器生产部新产品试制组组长。在区委区政府的关心、关爱和支持下，很荣幸被评为2022年陕西省劳动模范，我感到无比的激动和自豪。

　　工作16年以来，我从一名技校毕业生成长为16项国家专利发明人。带领技工团队，创新生产工艺，发明了"369工作法"，先后改进了、推广了10项操作方法和生产工艺，提高生产效率两倍。近三年，作为首席宣讲员，在全国举行了13场"劳模进校园"活动，传播和推广技能，受众人数超过6 000人。

　　今后工作中，我将继续立足岗位，刻苦钻研、精益求精，不断提高技术技能水平，为奋战"一三五三"，建设美好雁塔贡献力量。

扫码看视频

互动练习和习题

　　请扫描二维码，下载第5章互动练习和习题，并按照教师安排按时完成。

互动练习

习题

第6章
水平子系统工程技术 ■■■■■■■■■■■■■■■

水平子系统的基本概念在第1章已经介绍过了，本章主要介绍关于网络综合布线系统工程中水平子系统工程技术方面的内容。

➤ **知识目标**　熟悉水平子系统的基本结构和设计原则等知识，掌握设计步骤、需求分析、规划与设计方法等知识。

➤ **能力目标**　掌握水平子系统布线距离、电缆长度计算、管道布放电缆根数和曲率半径等设计方法，熟悉5个设计实例，掌握水平子系统穿线管、线槽、桥架等安装工程技术。

➤ **素质目标**　通过3个技能训练项目和5个工程经验，培养团队精神，合理使用材料，提质增效，推动绿色发展和绿色生活。

6.1　水平子系统的基本结构

水平子系统是综合布线结构的一部分，它将垂直子系统线路延伸到用户工作区，实现信息插座和管理间子系统的连接，包括工作区与楼层配线间之间的所有电缆、信息插座、插头、端接水平传输介质的配线架、跳线架、跳线缆线及附件。

它与垂直子系统的区别是：水平子系统总是在一个楼层上，仅与信息插座、管理间子系统连接。

6.1.1　水平子系统的布线基本要求

根据智能大厦对通信系统的要求，需要把通信系统设计成易于维护、更换和移动的配置结构，以适应通信系统及设备在未来发展的需要。水平子系统分布于智能大厦的各个角落，绝大部分通信电缆包括在这个子系统中。相对于垂直子系统而言，水平子系统一般安装得比较隐蔽。在智能大厦交工后，该子系统很难接近，因此更换和维护水平缆线的费用很高，技术要求也很高。如果经常对水平缆线进行维护和更换，则会影响大厦内用户的正常工作，甚至要中断用户的通信系统。由此可见，水平子系统的管路敷设、缆线选择将成为综合布线系统工程中重要的环节。

水平布线应采用星形拓扑结构，每个工作区的信息插座都要和管理间相连。每个工作区一般需要提供语音和数据两种信息插座。

6.1.2　水平子系统设计应考虑的几个问题

1）水平子系统应根据楼层用户类别及要求确定每层的信息点数，在确定信息点数及位置时，应考虑终端设备将来可能产生的移动、修改、重新安排，以便对一次性建设和分期建设的方案选定。

2）当工作区为开放式大密度办公环境时，宜采用区域式布线方法，即从FD楼层配线设备上将多对数电缆布至办公区域，根据实际情况采用合适的布线方法，也可通过集合点

（CP）将线引至信息点（TO）。

3）配线电缆宜采用8芯非屏蔽双绞线，语音口和数据口宜采用5类、超5类或6类双绞线，以增强系统的灵活性；对高速率应用场合，宜采用多模或单模光纤，每个信息点的光纤宜为4芯。

4）信息点应为标准的RJ-45型插座，并与缆线类别相对应，多模光纤插座宜采用SC接插形式，单模光纤插座宜采用FC插接形式。信息插座应在内部做固定连接，不得空线、空脚。要求屏蔽的场合，插座须有屏蔽措施。

5）水平子系统可采用吊顶上、地毯下、暗管、地槽等方式布线。

6）信息点面板应采用国际标准面板。

6.2 水平子系统的设计原则

6.2.1 设计步骤

水平子系统设计的步骤一般为，首先进行需求分析，与用户进行充分的技术交流并了解建筑物用途；然后认真阅读建筑物设计图纸，确定工作区子系统信息点位置和数量，完成点数表；其次进行初步规划和设计，确定每个信息点的水平布线路径；最后确定布线材料规格和数量，列出材料规格和数量统计表。一般工作流程如下：

需求分析→技术交流→阅读建筑物图纸→规划和设计→完成材料概算和数量统计。

6.2.2 需求分析

需求分析是综合布线系统设计的首项重要工作，水平子系统是综合布线系统工程中最大的一个子系统，使用的材料最多、工期最长、投资最大，也直接决定每个信息点的稳定性和传输速度。主要涉及布线距离、布线路径、布线方式和材料的选择，对后续水平子系统的施工是非常重要的，也直接影响网络综合布线系统工程的质量、工期，甚至影响最终工程造价。

建筑物每个楼层的使用功能往往不同，同一个楼层不同区域的功能也可能不同，有多种用途和功能，这就需要针对每个楼层，甚至每个区域进行分析和设计。例如，地下停车场、商场、餐厅、写字楼、宾馆等楼层信息点的水平子系统有非常大的区别。

需求分析首先按照楼层进行分析，分析每个楼层的管理间到信息点的布线距离、布线路径，逐步明确和确认每个工作区信息点的布线距离和路径。

6.2.3 技术交流

在进行需求分析后，要与用户进行技术交流，这是非常必要的。由于水平子系统往往覆盖每个楼层的立面和平面，布线路径也经常与照明线路、电气设备线路、插座、消防线路、暖气或者空调线路有多次的交叉或者并行，因此不仅要与技术负责人交流，也要与项目或者行政负责人进行交流。在交流中重点了解每个信息点路径上的电路、水路、气路和电气设备的安装位置等详细信息。

6.2.4 阅读建筑物图纸

索取和认真阅读建筑物设计图纸是不能省略的程序，通过阅读建筑物图纸掌握建筑物的土建结构、强电路径、弱电路径，特别是主要电气设备和电源插座的安装位置，重点掌握在综合布线路径上的电气设备、电源插座、暗埋管线等。在阅读图纸时，进行记录或者标记，正确处理水平子系统布线与电路、水路、气路和电气设备的直接交叉或者路径冲突问题。

6.2.5 规划和设计

1．水平子系统缆线的布线距离规定

按照GB 50311的规定，水平子系统属于配线子系统，对于缆线的长度做了统一规定，配线子系统各缆线长度应符合图6-1的划分，并应符合下列要求：

1）配线子系统信道的最大长度不应大于100m。其中水平缆线长度不大于90m，一端工作区设备连接跳线不大于5m，另一端管理间或设备间的跳线不大于5m，如果两端的跳线之和大于10m，则水平缆线长度（90m）应适当减少，保证配线子系统信道最大长度不应大于100m。

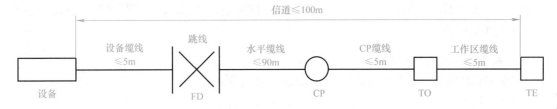

图6-1　配线子系统缆线划分

2）信道总长度不应大于2 000m。信道总长度包括了综合布线系统水平缆线和建筑物主干缆线及建筑群主干缆线3部分之和。这条规定针对建筑群应用范围而言。

3）建筑物或建筑群配线设备（FD与BD、FD与CD、BD与BD、BD与CD）之间组成的信道出现4个连接器件时，主干缆线的长度不应小于15m。

2．开放型办公室布线系统长度的计算

对于商用建筑物或公共区域大开间的办公楼、综合楼等场地，由于其使用对象数量的不确定性和流动性等因素，宜按开放办公室综合布线系统要求进行设计，并应符合下列规定。

采用多用户信息插座时，每一个多用户插座包括适当的备用量在内，宜能支持12个工作区所需的8位模块通用插座。各段缆线长度可按表6-1选用。

表6-1　各段缆线长度限值

电缆总长度H/m	24号线规（AWG）		26号线规（AWG）	
	W/m	C/m	W/m	C/m
90	5	10	4	8
85	9	14	7	11
80	13	18	11	15
75	17	22	14	18
70	22	27	17	21

也可按下式计算：

$$C = （102-H）/（1+D）$$

$$W = C-T$$

式中　*C*——工作区设备电缆、电信间跳线及设备电缆的总长度；

　　　H——水平电缆的长度，（*H*+*C*）≤100m；

　　　T——电信间内跳线和设备电缆长度；

　　　W——工作区设备电缆的长度；

　　　D——调整系数。对于24号线规，*D*取为0.2；对于26号线规，*D*取为0.5。

3．CP（集合点）的设置

在水平布线系统施工中，如果需要增加CP集合点，则同一个水平电缆上只允许一个CP集合点，而且CP集合点与FD配线架之间水平缆线的长度应大于15m。

CP集合点的端接模块或者配线设备应安装在墙体或柱子等建筑物固定的位置，不允许随意放置在线槽或者线管内，更不允许暴露在外边。

CP集合点只允许在实际布线施工中应用，规范了缆线端接做法，适合解决布线施工中个别缆线穿线困难时中间接续，实际施工中尽量避免出现CP集合点。在前期项目设计中不允许出现CP集合点。

4．管道缆线的布放根数

在水平布线系统中，缆线必须安装在线槽或者线管内。

在建筑物墙或者地面内暗设布线时，一般选择线管，不允许使用线槽。

在建筑物墙明装布线时，一般选择线槽，很少使用线管。

选择线槽时，建议宽高之比为2:1，这样布出的线槽较为美观。

选择线管时，建议使用满足布线根数需要的最小直径线管，这样能够降低布线成本。

缆线布放在线管与线槽内的管径与截面利用率，应根据不同类型的缆线做不同的选择。线管内穿放大对数电缆或4芯以上光缆时，直线管路的管径利用率应为50%～60%，弯管路的管径利用率应为40%～50%。线管内穿放4对对绞电缆或4芯光缆时，截面利用率应为25%～35%。布放缆线在线槽内的截面利用率应为30%～50%。

常规通用线槽内布放缆线的最大条数可以按照表6-2选择。

表6-2　线槽规格型号与容纳双绞线最多条数

线槽/桥架类型	线槽/桥架规格/mm	容纳双绞线最多条数	截面利用率
PVC	20×10	2	30%
PVC	25×12.5	4	30%
PVC	30×16	7	30%
PVC	39×18	12	30%
金属、PVC	50×22	18	30%
金属、PVC	60×30	23	30%
金属、PVC	75×50	40	30%
金属、PVC	80×50	50	30%
金属、PVC	100×50	60	30%
金属、PVC	100×80	80	30%
金属、PVC	150×75	100	30%
金属、PVC	200×100	150	30%

网络综合布线系统工程技术实训教程　第5版

常规通用线管内布放缆线的最大条数可以按照表6-3选择。

表6-3　线管规格型号与容纳的双绞线最多条数

线管类型	线管规格/mm	容纳双绞线最多条数	截面利用率
PVC、金属	16	2	30%
PVC	20	3	30%
PVC、金属	25	5	30%
PVC、金属	32	7	30%
PVC	40	11	30%
PVC、金属	50	15	30%
PVC、金属	63	23	30%
PVC	80	30	30%
PVC	100	40	30%

常规通用槽（管）内布放缆线的最大条数也可以按照以下公式进行计算和选择。

槽（管）大小选择的计算方法及槽（管）可放缆线的条数计算如下。

1）缆线截面积计算。网络双绞线按照线芯数量划分，有4对、25对、50对等多种规格，按照用途分有屏蔽和非屏蔽等规格。但是综合布线系统工程中最常见和应用最多的是4对双绞线，由于不同厂家生产的缆线外径不同，下面按照缆线直径为6mm来计算双绞线的截面积。

$$S = d^2 \times 3.14/4$$
$$= 6^2 \times 3.14/4$$
$$= 28.26 mm^2$$

式中　S——表示双绞线截面积；

　　　d——表示双绞线直径。

2）线管截面积计算。线管规格一般用线管的外径表示，线管内布线容积截面积应该按照线管的内直径计算。以管径25mm PVC管为例，管壁厚1mm，管内部直径为23mm，其截面积计算如下：

$$S = d^2 \times 3.14/4$$
$$= 23^2 \times 3.14/4$$
$$= 415.265 mm^2$$

式中　S——表示线管截面积；

　　　d——表示线管的内直径。

3）线槽截面积计算。线槽规格一般用外部长度和宽度表示，线槽内布线容积截面积计算按照线槽的内部长和宽计算，以40×20线槽为例，线槽壁厚1mm，线槽内部长38mm，宽18mm，其截面积计算如下：

$$S = L \times W$$
$$= 38 \times 18$$
$$= 684 mm^2$$

式中　S——表示线横截面积；

　　　L——表示线槽内部长度；

　　　W——表示线槽内部宽度。

4）容纳双绞线最多数量计算。布线标准规定，一般线槽（管）内允许穿线的最大面积为截面积的70%，同时考虑缆线之间的间隙和拐弯等因素，考虑浪费空间40%～50%。因此容纳双绞线根数计算公式如下：

$$N = 槽（管）截面积 × 70\% × （40\%～50\%）/ 缆线截面积$$

式中　N——表示容纳双绞线最多数量；

　　　70%表示布线标准规定允许的空间；

　　　40%～50%表示缆线之间浪费的空间。

例1：30×16线槽容纳双绞线最多数量计算如下。

$$N=线槽截面积×70\%×50\%/缆线截面积$$
$$=（28×14）×70\%×50\%/（6^2×3.14/4）$$
$$=392×70\%×50\%/28.26$$
$$=5根$$

说明：上述计算的是使用30×16 PVC线槽铺设网线时，槽内容纳网线的数量。

具体计算分解如下：

30×16线槽的截面积：长×宽=28×14=392mm^2

70%是布线允许的使用空间。

50%是缆线之间的空隙浪费的空间。

缆线的直径D为6mm，它的截面积：$\pi D^2/4=6^2*3.14/4=28.26mm^2$。

例2：ϕ40 PVC线管容纳双绞线最多数量计算如下。

$$N=线管截面积×70\%×40\%/缆线截面积$$
$$=（36.6×36.6×3.14/4）×70\%×40\%/（6×6×3.14/4）$$
$$=1\,051.56×70\%×40\%/28.26$$
$$=10.4根$$

说明：上述计算的是使用ϕ40 PVC线管铺设网线时，管内容纳网线的数量是10根。

具体计算分解如下：

ϕ40 PVC线管的截面积：$\pi D^2/4=36.6×36.6×3.14/4=1\,051.56mm^2$

70%是布线允许的使用空间。

40%是缆线之间的空隙浪费的空间。

缆线的直径D为6mm，它的截面积：$\pi D^2/4=6^2×3.14/4=28.26mm^2$。

5．布线弯曲半径要求

布线中如果不能满足最低弯曲半径要求，双绞线电缆的缠绕节距会发生变化，严重时电缆可能会损坏，直接影响电缆的传输性能。例如，在电缆系统中，布线弯曲半径直接影响回波损耗值，严重时会超过标准规定值。在光纤系统中，则可能会导致高衰减。因此在设计布线路径时，尽量避免和减少弯曲，增加电缆的拐弯曲率半径值。

缆线的弯曲半径应符合下列规定（见表6-4）：

1）非屏蔽、屏蔽4对对绞电缆的弯曲半径应至少为电缆外径的4倍。

2）主干对绞电缆的弯曲半径应至少为电缆外径的10倍。

3）2芯或4芯水平光缆的弯曲半径应大于25mm。

4）其他芯数的水平光缆、主干光缆和室外光缆的弯曲半径应至少为光缆外径的10倍。

表6-4　管线敷设允许的弯曲半径

缆线类型	弯曲半径倍
4对非屏蔽、屏蔽电缆	不小于电缆外径的4倍
大对数主干电缆	不小于电缆外径的10倍
2芯或4芯室内光缆	>25mm
其他芯数和主干室内光缆	不小于光缆外径的10倍
室外光缆、电缆	不小于缆线外径的10倍

注：当缆线采用电缆桥架布放时，桥架内侧的弯曲半径不应小于300mm。

6．网络缆线与电力电缆的间距

在水平子系统中，经常出现综合布线电缆与电力电缆平行布线的情况，为了减少电力电缆电磁场对网络系统的影响，综合布线电缆与电力电缆接近布线时，必须保持一定的距离。GB 50311规定的综合布线电缆与电力电缆的间距见表6-5。

表6-5　综合布线电缆与电力电缆的间距

类别	与综合布线系统缆线接近状况	最小间距/mm
380V以下电力电缆<2kV·A	与缆线平行敷设	130
	有一方在接地的金属线槽或钢管中	70
	双方都在接地的金属线槽或钢管中①	10①
380V电力电缆2~5kV·A	与缆线平行敷设	300
	有一方在接地的金属线槽或钢管中	150
	双方都在接地的金属线槽或钢管中②	80
380V电力电缆>5kV·A	与缆线平行敷设	600
	有一方在接地的金属线槽或钢管中	300
	双方都在接地的金属线槽或钢管中②	150

①当380V电力电缆<2kV·A，双方都在接地的线槽中，且平行长度≤10m时，最小间距可为10mm。
②双方都在接地的线槽中，系指两个不同的线槽，也可在同一线槽中用金属板隔开。

7．电缆与电气设备的间距

综合布线电缆与附近可能产生高电平电磁干扰的电动机、电力变压器、射频应用设备等电气设备之间应保持必要的间距。为了减少电气设备电磁场对网络系统的影响，综合布线电缆与这些设备接近时，必须保持一定的距离。GB 50311规定的综合布线系统电缆与配电箱、变电室、电梯机房、空调机房之间的最小净距见表6-6。

表6-6　综合布线电缆与电气设备的最小净距

名称	最小净距/m	名称	最小净距/m
配电箱	1	电梯机房	2
变电室	2	空调机房	2

当墙壁电缆敷设高度超过6 000mm时，与避雷引下线的交叉间距应按下式计算：

$$S \geqslant 0.05L$$

式中　S——交叉间距（mm）；
L——交叉处避雷引下线距地面的高度（mm）。

8．电缆与其他管线的间距

墙上敷设的综合布线电缆及管线与其他管线的间距应符合表6-7的规定。

表6-7　综合布线电缆及管线与其他管线的间距

其他管线	平行净距/mm	垂直交叉净距/mm
避雷引下线	1 000	300
保护地线	50	20
给水管	150	20
压缩空气管	150	20
热力管（不包封）	500	500
热力管（包封）	300	300
煤气管	300	20

9．其他电气防护和接地

1）综合布线系统应根据环境条件选用相应的缆线和配线设备或采取防护措施，并应符合下列规定：

①当综合布线区域内存在的电磁干扰场强低于3V/m时，宜采用非屏蔽电缆和非屏蔽配线设备。

②当综合布线区域内存在的电磁干扰场强高于3V/m时，或用户对电磁兼容性有较高要求时，可采用屏蔽布线系统和光缆布线系统。

③当综合布线路由上存在干扰源，且不能满足最小净距要求时，宜采用金属管线进行屏蔽，或采用屏蔽布线系统及光缆布线系统。

2）在电信间、设备间及进线间应设置楼层或局部等电位接地端子板。

3）综合布线系统应采用共用接地的接地系统，如单独设置接地体时，接地电阻不应大于4Ω。如布线系统的接地系统中存在两个不同的接地体时，其接地电位差不应大于1Vr.m.s。

4）楼层安装的各个配线柜（架、箱）应采用适当截面的绝缘铜导线单独布线至就近的等电位接地装置，也可采用竖井内等电位接地铜排引到建筑物共用接地装置，铜导线的截面应符合设计要求。

5）缆线在雷电防护区交界处，屏蔽电缆屏蔽层的两端应做等电位联结并接地。

6）综合布线的电缆采用金属线槽或钢管敷设时，线槽或钢管应保持连续的电气连接，并应有不少于两点的良好接地。

7）当缆线从建筑物外面进入建筑物时，电缆和光缆的金属护套或金属件应在入口处就近与等电位接地端子板连接。

8）当电缆从建筑物外面进入建筑物时，应选用适配的信号线路浪涌保护器，信号线路浪涌保护器应符合设计要求。

10．缆线的暗埋设计

水平子系统缆线的路径，在新建筑物设计时宜采取暗埋管线。暗管的转弯角度应大于90°，在路径上每根暗管的转弯角度不得多于2个，并不应有S弯出现，有弯头的管段长度超过20m时，应设置管线过线盒装置；在有2个弯时，不超过15m应设置过线盒。

设置在墙面的信息点布线路径宜使用暗埋穿线钢管，对于信息点较少的区域管线可以直接铺设到楼层的设备间机柜内，对于信息点比较多的区域先将每个信息点管线分别铺设到楼道或者吊顶上，然后集中进入楼道或者吊顶上安装的线槽或者桥架。

新建公共建筑物墙面暗埋管的路径一般有两种做法，第一种做法是从墙面插座向上垂直埋管到横梁，然后在横梁内埋管到楼道本层墙面出口，如图6-2所示。第二种做法是从墙面插座向下垂直埋管到横梁，然后在横梁内埋管到楼道下层墙面出口，如图6-3所示。

如果同一个墙面单面或者两面插座比较多，则水平插座之间串联布管，如图6-2所示。这两种做法管线拐弯少，不会出现U形或者S形路径，土建施工简单。土建中不允许沿墙面斜角布管。

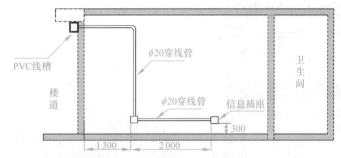

图6-2　同层水平子系统暗埋管

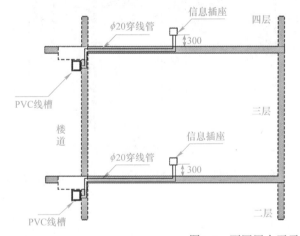

图6-3　不同层水平子系统暗埋管

对于信息点比较密集的网络中心、运营商机房等区域，一般铺设抗静电地板，在地板下安装布线槽，水平布线到网络插座。

11．缆线的明装设计

住宅楼、老式办公楼、厂房进行改造或者需要增加综合布线系统时，一般采取明装布线方式。学生公寓、教学楼、实验楼等信息点比较密集的建筑物一般也采取隔墙暗埋管线、楼道明装线槽或者桥架的方式（工程上也叫暗管明槽方式）。

住宅楼增加综合布线常见的做法是，将机柜安装在每个单元的中间楼层，然后沿墙面安装穿线管或者线槽到每户入户门上方的墙面固定插座，如图6-4所示。使用线槽外观美观，施工方便，但是安全性比较差，使用线管安全性比较好。

楼道明装布线时，宜选择PVC塑料线槽，线槽盖板边缘最好是直角，特别在北方地区不宜选择斜角盖板，斜角盖板容易落灰，影响美观。

采取暗管明槽方式布线时，每个暗埋管在楼道的出口高度必须相同，这样暗管与明装线槽直接连接，布线方便和美观，如图6-5所示。

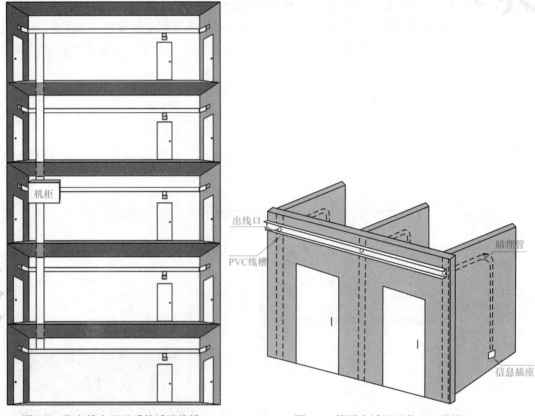

图6-4 住宅楼水平子系统铺设线槽   图6-5 楼道内铺设明装PVC线槽

楼道采取金属桥架时，桥架应该紧靠墙面，高度低于墙面暗埋管口，直接将墙面出来的缆线引入桥架，如图6-6所示。

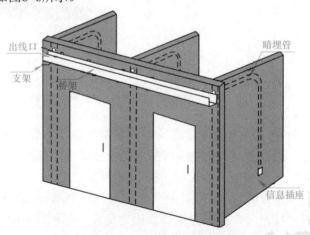

图6-6 楼道安装桥架布线

根据GB 50311国家标准规定,新建筑物必须设计网络综合布线系统。要认真研究和读懂建筑物图纸,特别是与弱电有关的网络系统图、通信系统图、电气图等。

如果土建工程已经开始,则必须到现场实际勘测,并且与建筑物图纸对比。

新建建筑物的水平管线宜暗埋在建筑物的墙面,一般使用金属穿线管。

6.2.6 材料概算和数量统计

综合布线水平子系统材料的概算是指根据施工图纸核算材料使用数量,然后根据定额计算出造价,这就要求用户熟悉施工图纸,掌握定额。本节主要介绍如何对材料进行计算。

对于水平子系统材料的计算,首先确定施工使用布线材料类型,列出一个简单的统计表,统计表主要是针对某个项目分别列出各层使用的材料名称,对数量进行统计,避免计算材料时漏项,从而方便材料的核算。

例如,某6层办公楼网络布线水平子系统施工,线槽明装铺设。水平布线主要材料有线槽、线槽配件、缆线等。具体统计表见表6-8。

表6-8 一层网络信息点材料统计

材料信息点	4-UTP双绞线/m	PVC线槽/m		20×10/个			60×22/个		
		20×10	60×22	阴角	阳角	直角	阴角	阳角	堵头
101-1	64	4	60	1	0	0	0	0	1
101-2	60	4	0	0	0	1	0	0	0
102-1	60	0	0	0	0	0	0	0	0
102-2	56	4	0	0	1	0	0	0	0
103	52	4	0	0	0	1	2	2	0
104	48	4	0	1	0	0	0	0	0
105	44	4	0	1	0	0	0	0	0
106-1	44	0	0	0	0	0	0	0	0
106-2	40	4	0	1	1	0	0	0	0
107	36	4	0	0	0	1	2	2	0
108	32	4	0	1	0	0	0	0	0
109	28	4	0	0	0	1	0	0	0
110	24	4	0	0	0	1	0	0	0
合计	588	44	60	5	2	5	4	4	1

根据表6-9逐个列出2~6层布线统计表,然后进行合计计算出整栋楼水平布线数量。

6.3 水平子系统的设计实例

6.3.1 设计实例1 墙面暗埋穿线管施工图

在设计水平子系统的埋管图时,一定要根据设计信息点的数量确定埋管规格,如图6-7所示。每个房间安装2个信息插座,每侧墙面上安装2个信息插座。

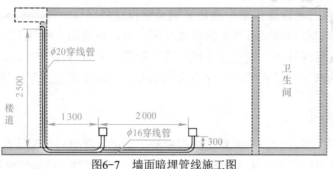

图6-7　墙面暗埋管线施工图

注意： 预埋在墙体中间暗管的最大管外径不宜超过50mm，楼板中暗管的最大管外径不宜超过25mm，室外管道进入建筑物的最大管外径不宜超过100mm。

6.3.2　设计实例2　墙面明装线槽施工图

水平子系统明装线槽安装时要保持线槽的水平，必须确定统一的高度，如图6-8所示。

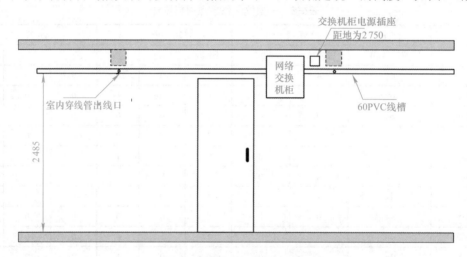

图6-8　墙面明装线槽施工图

6.3.3　设计实例3　地面线槽铺设施工图

地面线槽铺设就是从楼层管理间引出的缆线进入地面线槽到地面出线盒或由分线盒引出的支管到墙上的信息出口，如图6-9所示。由于地面出线盒或分线盒不依赖于墙或柱体直接走地面垫层，这种布线方式适用于大开间或需要隔断的场合。

在地面线槽铺设布线方式中，把长方形的线槽打在地面垫层中，每隔4～8m设置一个过线盒或出线盒，直到信息出口的接线盒。分线盒与过线盒有两槽和三槽两类，均为正方形，每面可接两根或三根地面线槽，这样分线盒与过线盒能起到将2～3路分支缆线汇成一个主路的功能或起到90°转弯的功能。

要注意的是，地面线槽布线方式不适合楼板较薄或楼板为石质地面或楼层中信息点特别多的场合。一般来说，地面线槽布线方式的造价比吊顶内线槽布线方式要贵3～5倍，目前主要应用在资金充裕的金融业或高档会议室等建筑物中。

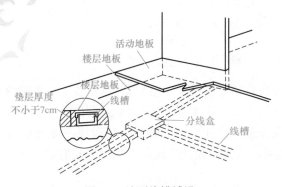

图6-9　地面线槽铺设

注意： 在活动地板下敷设缆线时，地板内净空应为150～300mm。若空调采用下送风方式则地板内净高应为300～500mm。

6.3.4　设计实例4　吊顶上架空线槽布线施工图

吊顶上架空线槽布线由楼层管理间引出来的缆线先进入吊顶内的线槽，到各房间后，经分支线槽从槽梁式电缆管道分叉后将电缆穿过一段支管引向墙壁，沿墙而下到房内信息插座的布线方式，如图6-10所示。

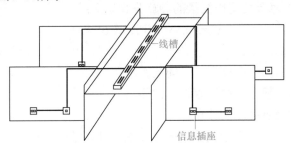

图6-10　吊顶内线槽布线施工图

6.3.5　设计实例5　楼道桥架布线示意图

楼道桥架布线如图6-11所示，主要应用于楼间距离较短且要求采用架空的方式布放干线缆线的场合。

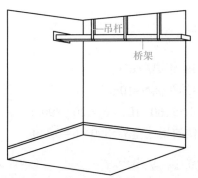

图6-11　楼道桥架布线示意图

6.4 水平子系统的工程技术

6.4.1 水平子系统的标准要求

GB 50311《综合布线系统工程设计规范》第7章安装工艺要求内容中，对水平子系统布线的安装工艺提出了具体要求。水平子系统缆线宜采用在吊顶、墙体内穿管或设置金属密封线槽及开放式（电缆桥架、吊挂环等）敷设，当缆线在地面布放时，应根据环境条件选用地板下线槽、网络地板、高架（活动）地板布线等安装方式。

6.4.2 水平子系统的布线距离的计算

在GB 50311中规定，水平布线系统永久链路的长度不能超过90m，只有个别信息点的布线长度会接近这个最大长度，一般设计的平均长度都在60m左右。在实际工程应用中，因为拐弯、中间预留、缆线缠绕、与强电避让等原因，实际布线的长度往往会超过设计长度。如土建墙面的埋管一般是直角拐弯，实际布线长度比斜角要大一些。因此在计算工程用线总长度时，要考虑一定的余量。

确定电缆的长度：

要计算整座楼宇的水平布线用线量，首先要计算出每个楼层的用线量，然后对各楼层用线量进行汇总即可。每个楼层用线量的计算公式如下：

$$C = [0.55(F + N) + 6] \times M$$

式中　C——每个楼层用线量；

　　　F——最远的信息插座离楼层管理间的距离；

　　　N——最近的信息插座离楼层管理间的距离；

　　　M——每层楼的信息插座的数量；

　　　6——端对容差（主要考虑到施工时缆线的损耗、缆线布设长度误差等因素）。

式中整座楼的用线量：$S=\Sigma MC$；

　　　M——楼层数；

　　　C——每个楼层用线量。

应用示例：已知某一楼宇共有6层，每层信息点数为20个，每个楼层的最远信息插座离楼层管理间的距离均为60m，每个楼层的最近信息插座离楼层管理间的距离均为10m，请估算出整座楼宇的用线量。

解答：根据题目要求知道：

楼层数M=20

最远点信息插座距管理间的距离F=60m

最近点信息插座距管理间的距离N=10m

因此，每层楼用线量C=[0.55（60 +10）+6]×20＝890m

整座楼共6层，因此整座楼的用线量S=890×6＝5 340m

6.4.3 水平子系统的布线曲率半径

在布线施工中，布线曲率半径直接影响永久链路的测试指标，多次的实验和工程测试

网络综合布线系统工程技术实训教程　第5版

经验表明，如果布线曲率半径小于表6-4中的规定，则永久链路测试不合格，特别是在6类布线系统中，曲率半径对测试指标影响非常大。

布线施工中穿线和拉线时缆线拐弯曲率半径往往是最小的，一个不符合曲率半径的拐弯经常会破坏整段缆线的内部物理结构，甚至严重影响永久链路的传输性能，在竣工测试中，永久链路会有多项测试指标不合格，而且这种影响经常是永久性的、无法恢复的。

在布线施工拉线过程中，缆线宜与管中心线尽量相同，如图6-12所示。以现场允许的最小角度按照A方向或者B方向拉线，保证缆线没有拐弯，保持整段缆线的曲率半径比较大，这样不仅施工轻松，而且能够避免缆线护套和内部结构的破坏。

在布线施工拉线过程中，缆线不要与管口形成90°拉线，如图6-13所示。这样就在管口形成了1个90°直角的拐弯，不但施工拉线困难费力，而且容易造成缆线护套和内部结构的破坏。

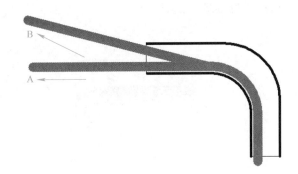 

图6-12　正确拉线　　　　　　　　　　图6-13　不正确拉线

在布线施工拉线过程中，必须坚持直接手持拉线，不允许将缆线缠绕在手中或者工具上拉线，也不允许用钳子夹住缆线拉线，这样操作时缠绕部分的曲率半径会非常小，夹持部分结构变形，直接破坏缆线内部结构或者护套。

如果遇到缆线距离很长或拐弯很多，手持拉线非常困难，则可以将缆线的端头捆扎在穿线器端头或铁丝上，用力拉穿线器或铁丝。缆线穿好后将受过捆扎部分的缆线剪掉。

穿线时，一般从信息点向楼道或楼层机柜穿线，一端拉线，另一端必须有专人放线和护线，保持缆线在管入口处的曲率半径比较大，避免缆线在入口或者箱内弯折形成死结或者曲率半径很小。

6.4.4　水平子系统暗埋缆线的安装和施工

水平子系统暗埋缆线施工程序一般如下：

土建埋管→穿钢丝→安装底盒→穿线→标记→压接模块→标记。

墙内暗埋管一般使用ϕ16或ϕ20的穿线管，ϕ16管内最多穿2条网络双绞线，ϕ20管内最多穿3条网络双绞线。

金属管一般使用专门的弯管器成型，拐弯半径比较大，能够满足双绞线对曲率半径的要求。在钢管现场截断和安装施工中，必须清理干净截断时出现的毛刺，保持截断端面光滑，两根钢管对接时必须保持接口整齐、没有错位，焊接时不要焊透管壁，避免在管内形成焊渣。金属管内的毛刺、错口、焊渣、垃圾等都会影响穿线，甚至损伤缆线的护套或内部结构。

墙内暗埋$\phi16$、$\phi20$ PVC塑料布线管时，要特别注意拐弯处的曲率半径。宜用弯管器现场制作大拐弯的弯头连接，这样既保证了缆线的曲率半径，又方便轻松拉线，降低布线成本，保护缆线结构。

图6-14以在直径20mm的PVC管内穿线为例进行计算和说明曲率半径的重要性。按照GB 50311国家标准的规定，非屏蔽双绞线的拐弯曲率半径不小于电缆外径的4倍。电缆外径按照6mm计算，拐弯半径必须大于24mm。

拐弯连接处不宜使用市场上购买的弯头。市场上通常没有适合网络综合布线使用的大拐弯PVC弯头，只有适合电气和水管使用的90°弯头，因为塑料件注塑脱模原因，无法生产大拐弯的PVC塑料弯头。图6-15表示了市场购买的$\phi20$电气穿线管弯头在拐弯处的曲率半径，拐弯半径只有5mm，只有5/6=0.83倍，远远低于标准规定的4倍。

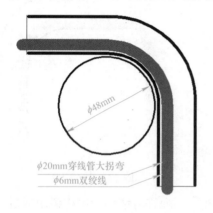

图6-14　穿线管内穿线

图6-15　曲率半径

6.4.5　水平子系统明装线槽布线的施工

水平子系统明装线槽布线施工一般从安装信息插座底盒开始，程序如下：

安装底盒→钉线槽→布线→装线槽盖板→压接模块→标记。

墙面明装布线时宜使用PVC线槽，拐弯处曲率半径容易保证，如图6-16所示。图6-16中以宽度20mm的PVC线槽为例说明单根直径6mm的双绞线缆线在线槽中最大弯曲情况和布线最大曲率半径值为45mm（直径90mm），布线弯曲半径与双绞线外径的最大倍数为45/6=7.5倍。

安装线槽时，首先在墙面测量并且标出线槽的位置，在建工程以1m线为基准，保证水平安装的线槽与地面或楼板平行，垂直安装的线槽与地面或楼板垂直，没有可见的偏差。

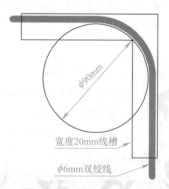

图6-16　布线曲率半径示意

拐弯处宜使用90°弯头或者三通，线槽端头安装专门的堵头。

线槽布线时，先将缆线布放到线槽中，边布线边装盖板，在拐弯处保持缆线有比较大的拐弯半径。完成安装盖板后，不要再拉线，如果拉线力量过大则会改变线槽拐弯处的缆线曲率半径。

安装线槽时，用水泥钉或者自攻螺钉把线槽固定在墙面上，固定距离为300mm左右，必须保证长期牢固。两根线槽之间的接缝必须小于1mm，盖板接缝宜与线槽接缝错开。

6.4.6 水平子系统桥架布线施工

水平子系统桥架布线施工一般用在楼道或者吊顶上，程序如下：

画线确定位置→装支架（吊竿）→装桥架→布线→装桥架盖板→压接模块→标记。

水平子系统在楼道墙面宜安装比较大的塑料线槽，例如，宽度60mm、100mm、150mm白色PVC塑料线槽，具体线槽高度必须按照需要容纳双绞线的数量来确定，选择常用的标准线槽规格，不要选择非标准规格。安装方法是首先根据各个房间信息点出线管口在楼道内的高度，确定楼道大线槽安装高度并且画线，其次按照2或3处/m将线槽固定在墙面，楼道线槽的高度宜遮盖墙面管出口，并且在线槽遮盖的管出口处开孔，如图6-17所示。

如果各个信息点管出口在楼道高度偏差太大，宜将线槽安装在管出口的下边，将双绞线通过弯头引入线槽，这样施工方便，外形美观，如图6-18所示。

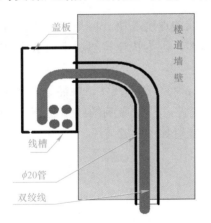

图6-17　线槽安装一

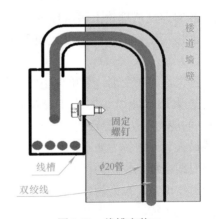

图6-18　线槽安装二

将楼道全部线槽固定好以后，再将各个管口的出线逐一放入线槽，边放线边盖板，放线时注意拐弯处保持比较大的曲率半径。

在楼道墙面安装金属桥架时，安装方法也是首先根据各个房间信息点出线管口在楼道内的高度，确定楼道桥架安装高度并且画线，其次按照2或3个/m安装L形支架或者三角形支架。支架安装完毕后，用螺栓将桥架固定在每个支架上，并且在桥架对应的管出口处开孔，如图6-19所示。

如果各个信息点管出口在楼道内的高度偏差太大，也可以将桥架安装在管出口的下边，将双绞线通过弯头引入桥架，这样施工方便，外形美观。

在楼板吊装桥架时，首先确定桥架安装高度和位置，安装膨胀螺栓和吊杆，其次安装挂板和桥架，然后将桥架固定在挂板上，最后在桥架开孔和布线，如图6-20所示。

缆线引入桥架时，必须穿保护管，并且保持比较大的曲率半径。

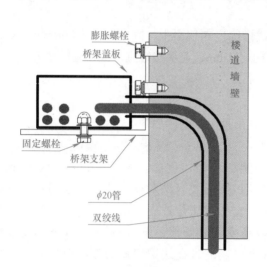

图6-19　在楼道墙面安装桥架

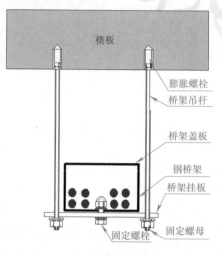

图6-20　在楼板吊装桥架

6.4.7　布线拉力

拉缆线的速度从理论上讲，线的直径越小，拉线的速度越快。但是，有经验的安装者一般会采取慢而平稳的拉线速度，而不是快速地拉线，因为快速拉线通常会造成线的缠绕或被绊住。

拉力过大，缆线变形，会破坏电缆对绞的匀称性，将引起缆线传输性能下降。

拉力过大还会使缆线内的扭绞线对层数发生变化，严重影响缆线抗噪声（NEXT、FEXT等）的能力，从而导致线对扭绞松开，甚至可能对导体造成破坏。

缆线最大允许的拉力如下：

1根4对线电缆，拉力为100N。

2根4对线电缆，拉力为150N。

3根4对线电缆，拉力为200N。

n根线电缆，拉力为（$n \times 50 + 50$）N；不管多少根线对电缆，最大拉力不能超过400N。

6.4.8　施工安全

安全施工是施工过程的重中之重。施工现场工作人员必须严格按照安全生产、文明施工的要求，积极推行施工现场的标准化管理，按施工组织设计，科学组织施工。施工现场全体人员必须严格执行《建筑安装工程安全技术规程》和《建筑安装工人安全技术操作规程》。

使用电气设备、电动工具应有可靠保护接地，随身携带和使用的工具应搁置于顺手稳妥的地方，防止发生事故伤人。

在综合布线施工过程中，使用电动工具的情况比较多，如使用电锤打过墙洞、开孔安装线槽等工作。在使用电锤前必须先检查一下工具的情况，在施工过程中不能用身体顶住电锤。在打过墙洞或开孔时，一定先确定梁位置，并且错过梁，否则打不通，延误工期，同时确定墙面内是否有其他线路，如强电线路等。

使用充电式电钻/起子的注意事项：

1）电钻属于高速旋转工具，600r/min，必须谨慎使用，保护人身安全。

2）禁止使用电钻在工作台、实验设备上打孔。

3）禁止使用电钻玩耍或者开玩笑。

4）首次使用电钻时，必须阅读说明书，并且在老师的指导下进行。

5）装卸劈头或者钻头时，必须注意旋转方向开关。逆时针方向旋转卸钻头，顺时针方向旋转拧紧钻头或者劈头。

将钻头装进卡盘时，请适当地旋紧套筒。如果不将套筒旋紧，则钻头将会滑动或脱落，从而引起人体受伤事故。

6）请勿连续使用充电器。每充完一次电后，需等15min左右让电池降低温度后再进行第2次充电。每个电钻配有2块电池，一块使用，一块充电，轮流使用。

7）电池充电不可超过1h。大约1h，电池即可完全充电。观察充电器指示灯，红灯表示正在充电。绿灯时，应立即将充电器电源插头从交流电插座中拔出。

8）切勿使电池短路。电池短路时，会造成很大的电流和热量，从而烧坏电池。

9）在墙壁、地板或天花板上钻孔时，请检查这些地方，确认没有暗埋的电线和钢管等。

10）常见规格和技术参数，见表6-9。

表6-9　常见规格和技术参数

无负荷状态下的速度			600r/min
能力	钻孔	木材	10mm
		金属	钢、铝：10mm
	驱动	木螺钉	4.5mm（直径）20mm（长）

在施工中使用的高凳、梯子、人字梯、高架车等，在使用前必须认真检查其牢固性。梯外端应采取防滑措施，并不得垫高使用。在通道处使用梯子，应有人监护或设围栏。人字梯距梯脚40～60cm处要设拉绳，施工中，不准站在梯子最上一层工作，且严禁在这上面放工具和材料。

当发生安全事故时，由安全员负责查原因，提出改进措施，上报项目经理，由项目经理与有关方面协商处理；发生重大安全事故时，公司应立即报告有关部门和业主，按政府有关规定处理，做到四不放过，即事故原因不明不放过，事故不查清责任不放过，事故不吸取教训不放过，事故不采取措施不放过。

安全生产领导小组负责现场施工技术安全的检查和督促工作，并做好记录。

6.5 水平子系统工程技术实训项目

6.5.1 实训项目1 PVC穿线管的布线工程技术实训

【实训目的】

1）通过水平子系统布线路径和距离的设计，熟练掌握水平子系统的设计流程。

2）通过PVC穿线管的安装和穿线等，熟练掌握水平子系统的施工方法。

3）通过使用弯管器制作弯头，熟练掌握弯管器的使用方法和布线曲率半径的要求。

4）通过核算、列表、领取材料和工具，训练规范施工的能力。

【实训要求】

1）设计一种水平子系统的布线路径和方式，并且绘制设计图。

2）按照设计图，核算实训材料规格和数量，掌握工程材料核算方法，列出材料清单。

3）按照设计图，准备实训工具，列出实训工具清单，独立领取实训材料和工具。

4）独立完成水平子系统线管安装和布线方法，掌握PVC管卡、穿线管的安装方法和技巧，掌握PVC穿线管弯头的制作。

【实训材料和工具】

1）ϕ20PVC穿线管、管接头、管卡若干。

2）弯管器、穿线器、十字螺丝刀、M6×16十字螺钉。

3）钢锯、管子割刀、登高梯子、编号标签。

【实训设备】

推荐实训设备：IT工程技术实训平台1套，产品型号：KYSYZ—12—1233。该实训设备是国家专利产品，由全钢的12个模块组成"丰"字形结构，构成12个角区域，能够满足12组学生同时进行12个子系统的实训。实训设备上预制有螺钉孔，无尘操作，能够进行万次以上的实训，如图6-21所示。

图6-21 IT工程技术实训平台（见彩图）

【实训步骤】

1）使用PVC穿线管设计一种从信息点到楼层机柜的水平子系统，并且绘制施工图，如图6-22所示。

3或4人成立一个项目组，选举项目负责人，每人设计一种水平子系统布线图，并且绘制设计图。项目负责人指定1种设计方案进行实训。

2）按照设计图，核算实训材料规格和数量，掌握工程材料核算方法，列出材料清单。

3）按照设计图需要，列出实训工具清单，领取实训材料和工具。

4）在需要的位置安装管卡。然后安装PVC穿线管，在两根PVC穿线管连接处使用管接头，拐弯处必须使用弯管器制作大拐弯的弯头连接。

5）明装布线实训时，边布管边穿线。暗装布线时，先把全部穿线管和接头安装到位，并且固定好，然后从一端向另外一端穿线。

6）布管和穿线后，必须做好线标。

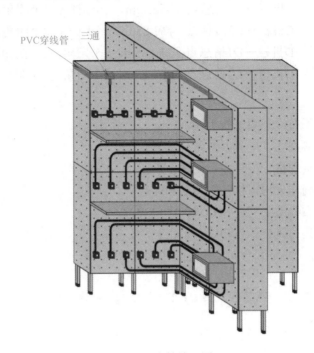

图6-22　布管施工图

【实训分组】

为了满足全班40～50人同时实训和充分利用实训设备，实训前必须进行合理的分组，保证每组的实训内容相同，难易程度相同。分组要求从机柜到信息点完成一个永久链路的水平布线实训，以不同机柜、不同布线高度、不同布线拐弯分别组合成多种布线路径实训，每个小组分配一种布线路径实训，如图6-23所示。以IT工程技术实训平台为例进行分组，具体可以按照实训设备规格和实训人数设计。

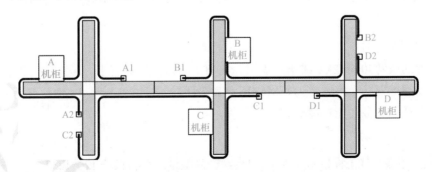

图6-23　分组布线路由

第一组布线路径：A机柜→A1信息点，高2.35m，2个阳角，2个阴角，1个拐弯。

第二组布线路径：A机柜→A2信息点，高1.85m，2个阳角，1个阴角，1个拐弯。

第三组布线路径：B机柜→B1信息点，高2.35m，2个阳角，1个阴角，1个拐弯。

第四组布线路径：B机柜→B2信息点，高1.85m，2个阳角，2个阴角，1个拐弯。

第五组布线路径：C机柜→C1信息点，高2.35m，2个阳角，1个阴角，1个拐弯。

第六组布线路径：C机柜→C2信息点，高1.85m，2个阳角，2个阴角，1个拐弯。

第七组布线路径：D机柜→D1信息点，高2.35m，2个阳角，2个阴角，1个拐弯。

第八组布线路径：D机柜→D2信息点，高1.85m，2个阳角，1个阴角，1个拐弯。

【实训报告】

1）设计一种水平布线子系统施工图。

2）列出实训材料规格、型号、数量清单表。

3）列出实训工具规格、型号、数量清单表。

4）使用弯管器制作大拐弯接头的方法和经验。

5）水平子系统布线施工程序和要求。

6）总结使用工具的体会和技巧。

扫描二维码观看《网络综合布线工程技术实训教学片》视频。

扫码看视频

6.5.2 实训项目2 PVC线槽的布线工程技术实训

【实训目的】

1）通过水平子系统布线路径和距离的设计，熟练掌握水平子系统的设计。

2）通过线槽的安装和穿线等，熟练掌握水平子系统的施工方法。

3）通过核算、列表、领取材料和工具，训练规范施工的能力。

【实训要求】

1）设计一种水平子系统的布线路径和方式，并且绘制施工图。

2）按照设计图，核算实训材料规格和数量，掌握工程材料核算方法，列出材料清单。

3）按照设计图，准备实训工具，列出实训工具清单，独立领取实训材料和工具。

4）独立完成水平子系统线槽安装和布线方法，掌握PVC线槽、盖板、阴角、阳角、三通的安装方法和技巧。

【实训材料和工具】

1）宽度20或者40mmPVC线槽、盖板、阴角、阳角、三通若干。

2）电动螺丝刀、十字螺丝刀、M6×16十字螺钉。

3）登高梯子、多功能角度剪、编号标签。

【实训设备】

推荐实训设备：IT工程技术实训平台1套，产品型号：KYSYZ—12—1233。

该实训设备是国家专利产品，由全钢的12个模块组成"丰"字形结构，构成12个角区域，能够满足12组学生同时进行12个工作区子系统的实训。实训设备上预制有螺孔，无尘操作，能够进行万次以上的实训。

【实训步骤】

1）使用PVC线槽设计一种从信息点到楼层机柜的水平子系统，并且绘制施工图。

3或4人成立一个项目组，选举项目负责人，每人设计一种水平子系统布线图，并且绘制设计图。项目负责人指定1种设计方案进行实训。

2）按照设计图，核算实训材料规格和数量，掌握工程材料核算方法，列出材料清单。

3）按照设计图需要，列出实训工具清单，领取实训材料和工具。

4）首先量好线槽的长度，再使用电动螺钉旋具在线槽上开8mm孔，如图6-24所示。孔位置必须与实训装置安装孔对应，每段线槽至少开两个安装孔。

5）用M6×16螺钉把线槽固定在实训装置上，如图6-25所示。拐弯处必须使用专用接头，例如，阴角、阳角、弯头、三通等。不宜用线槽制作。

6）在线槽布线时，边布线边装盖板。

7）布线和盖板后，必须做好线标。

图6-24　线槽开孔

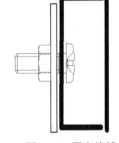

图6-25　固定线槽

【实训分组】

为了满足全班40人同时实训和充分利用实训设备，实训前必须进行合理的分组，保证每组的实训内容相同，难易程度相同。分组要求从机柜到信息点完成一个永久链路的水平布线实训，以不同机柜、不同布线高度、不同布线拐弯分别组合成多种布线路径实训，每个小组分配一种布线路径实训。如图6-26所示，以IT工程技术实训平台为例进行分组，具体可以按照实训设备规格和实训人数设计。

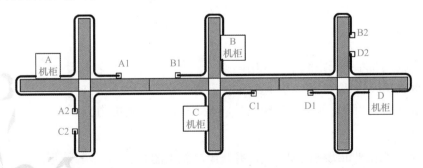

图6-26　分组布线路由

第一组布线路径：A机柜→A1信息点，高2.35m，2个阳角，2个阴角，1个拐弯。
第二组布线路径：A机柜→A2信息点，高1.85m，2个阳角，1个阴角，1个拐弯。
第三组布线路径：B机柜→B1信息点，高2.35m，2个阳角，1个阴角，1个拐弯。
第四组布线路径：B机柜→B2信息点，高1.85m，2个阳角，2个阴角，1个拐弯。
第五组布线路径：C机柜→C1信息点，高2.35m，2个阳角，1个阴角，1个拐弯。
第六组布线路径：C机柜→C2信息点，高1.85m，2个阳角，2个阴角，1个拐弯。
第七组布线路径：D机柜→D1信息点，高2.35m，2个阳角，2个阴角，1个拐弯。
第八组布线路径：D机柜→D2信息点，高1.85m，2个阳角，1个阴角，1个拐弯。
图6-27表示了部分永久链路水平布线路径立体图。

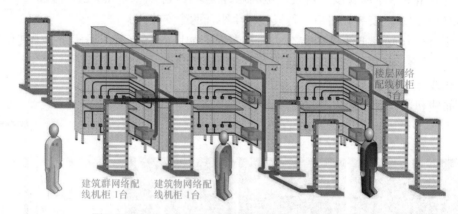

图6-27　部分永久链路水平布线路径立体图（见彩图）

【实训报告】
1）设计一种全部使用线槽布线的水平子系统施工图。
2）列出实训材料规格、型号、数量清单表。
3）列出实训工具规格、型号、数量清单表。
4）总结安装弯头、阴角、阳角、三通等线槽配件的方法和经验。
5）简述水平子系统布线施工程序和要求。
6）简述使用工具的体会和技巧。
扫描二维码观看《网络综合布线工程技术实训教学片》视频。

扫码看视频

6.5.3　实训项目3　桥架安装和布线工程技术实训

【实训目的】
1）掌握桥架在水平子系统中的应用。
2）掌握支架、桥架、弯头、三通等的安装方法。
3）通过核算、列表、领取材料和工具，训练规范施工的能力。

【实训要求】
1）设计一种桥架布线路径和方式，并且绘制施工图。
2）按照施工图，核算实训材料规格和数量，列出材料清单。

3）准备实训工具，列出实训工具清单，独立领取实训材料和工具。

4）独立完成桥架安装和布线。

【实训材料和工具】

1）宽度为100mm的金属桥架、弯头、三通、三角支架、固定螺钉、网线若干。

2）电动螺丝刀、十字螺丝刀、M6×16十字螺钉、登高梯子、卷尺。

【实训设备】

推荐实训设备：IT工程技术实训平台1套，产品型号：KYSYZ—12—1233。

该实训设备是国家专利产品，由全钢的12个模块组成"丰"字形结构，构成12个角区域，能够满足12组学生同时进行12个工作区子系统的实训。实训设备上预制有螺钉孔，无尘操作，能够进行万次以上的实训。

桥架安装如图6-28所示。

图6-28　桥架安装

【实训步骤】

1）设计一种桥架布线路径，并且绘制施工图。

3或4人成立一个项目组，选举项目负责人，项目负责人指定1种设计方案进行实训。

2）按照设计图，核算实训材料规格和数量，掌握工程材料核算方法，列出材料清单。

3）按照设计图需要，列出实训工具清单，领取实训材料和工具。

4）固定支架安装。用M6×16螺钉把支架固定在实训装置上。

5）桥架部件组装和安装。用M6×16螺钉把桥架固定在三角支架上。

6）在桥架内布线，边布线边装盖板。

【实训分组】

按照前面几个实训项目进行分组实训。

【实训报告】

1）设计一种全部使用桥架布线的水平子系统施工图。

2）列出实训材料规格、型号、数量清单表。

3）列出实训工具规格、型号、数量清单表。

4）总结安装支架、桥架、弯头、三通等线槽配件的方法和经验。

6.6　工程经验

1．工程经验一　线槽/线管的铺设

水平子系统主干线槽铺设一般都是明装在建筑物过道的两侧或吊顶之上，这样便于施工和检修。入户部分有暗埋和明装两种。暗埋时多为钢管，明装时使用PVC线槽。

在过道墙面铺设线槽时，为了线槽保持水平，一般先用墨斗放线，然后用电锤打孔安装木楔子之后才开始安装明装线槽。

在吊顶上安装线槽或桥架，必须在吊顶之前完成安装吊杆或支架以及布线工作。

2．工程经验二　布线时携带的工具

水平子系统布线时，一般在楼道内铺设高度比较高，需要携带梯子。

在入户时，暗管内土建方都留有牵引钢丝，但是有时拉牵引钢丝会难以拉出或牵引钢丝留的太短拉不住，这样就需要携带钢丝钳，用钢丝钳夹住牵引钢丝将线拉出。

3．工程经验三　布线拉线速度和拉力

水平子系统布线时，拉缆线的速度从理论上讲，线的直径越小，则拉线的速度越快。但是，有经验的安装者一般会采取慢而平稳的拉线速度，而不是快速拉线，因为快速拉线通常会造成线的缠绕或被绊住，使施工进度缓慢。此外，在从卷轴上拉出缆线时，要注意电缆可能会打结。缆线打结就应视为损坏，应更换缆线。

拉力过大，缆线变形，会破坏电缆对绞的匀称性，将引起缆线传输性能下降。

4．工程经验四　阴角、阳角、堵头的使用

在完成水平子系统布线后，扣线槽盖板时，在铺设线槽有拐弯的地方需要使用相应规格的阴角、阳角，线槽两端需要使用堵头，使其美观。

5．工程经验五　信息插座安装在户外

信息插座安装在户外主要是针对旧住宅楼增加信息点的情况。由于住户各家的装修不同家具摆放位置也有所不同，信息点入户施工会对住户带来不必要的麻烦，例如破坏装修、搬移家具等。所以将信息插座安装在楼道住户门口，入户时由户主自己处理。

互动练习和习题

请扫描二维码，下载第6章互动练习和习题，并按照教师安排按时完成。

互动练习

习题

第7章
管理间子系统工程技术 ■■■■■■■■■

➤ **知识目标** 熟悉管理间子系统的基本概念和设计原则等知识，掌握管理间数量、面积、环境要求和常用连接器件等知识。

➤ **能力目标** 掌握管理间子系统电缆管理器件、光纤光缆器材结构和安装方法，熟悉3个设计实例，掌握管理间子系统机柜、跳线架、配线架、交换机等主要设备安装工程技术。

➤ **素质目标** 通过2个技能训练项目和4个工程经验，培养精工细作、严谨认真的职业习惯。

7.1 管理间子系统的基本概念

7.1.1 什么是管理间子系统

管理间子系统（Administration Subsystem）由交连、互联和I/O（输入/输出）组成。管理间是连接垂直子系统和水平子系统的设备，其主要设备是配线架、交换机、机柜和电源等。管理间子系统示意图如图7-1所示。

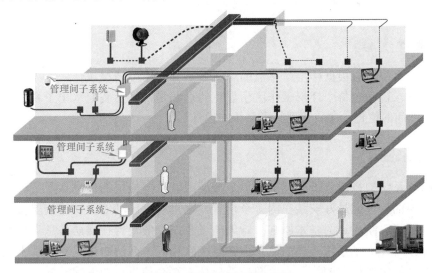

图7-1 管理间子系统示意图

在综合布线系统中，管理间子系统包括了楼层配线间、二级交接间、建筑物设备间的缆线、配线架及相关接插跳线等。通过综合布线系统的管理间子系统，可以直接管理整个应用系统终端设备，从而实现综合布线的灵活性、开放性和扩展性。

7.1.2 管理间子系统的划分原则

管理间主要为楼层安装配线设备和楼层计算机网络交换机和路由器等设备提供场

地，必须考虑在该场地设置缆线竖井、等电位接地体、电源插座、UPS、配电箱等基础设施，配线设备主要有网络配线架、通信配线架、理线架等，这些设备必须安装在机柜机架或机箱中，通过桥架进线和出线。在场地面积允许的情况下，也可设置建筑物安防、消防、建筑设备监控系统、无线信号等系统的线槽和功能模块等。管理间有时也称为电信间，如果综合布线系统与弱电系统设备合并设置在同一场地，从建筑的角度来说，一般也称为弱电间。

现在，大楼的综合布线系统在设计时，通常在每一楼层都设立一个管理间，用来管理该楼层的信息点，改变了以往几层共享一个管理间子系统的做法，这也是综合布线的发展趋势。

管理间子系统也是楼层专门配线的房间，是水平子系统电缆端接的场所，也是主干系统电缆端接的场所。它由大楼主配线架、楼层分配线架、跳线等组成。用户可以在管理间子系统中更改、增加、交接、扩展缆线，从而改变缆线的路由。

管理间子系统中以配线架为主要设备，配线设备可直接安装在19英寸机架或者机柜上。

管理间房间面积的大小一般根据信息点的多少安排和确定，如果信息点多，则考虑使用一个单独的房间来放置；如果信息点很少，则采取在墙面安装机柜的方式。当局部区域信息点比较密集时，也可以设置多个分管理间。

7.2 管理间子系统的设计原则

7.2.1 设计步骤

管理间子系统一般根据楼层信息点的总数量和分布密度情况设计，首先按照各个工作区子系统的需求，确定每个楼层工作区信息点的总数量，然后确定水平子系统缆线长度，最后确定管理间的位置，完成管理间子系统的设计。

7.2.2 需求分析

管理间子系统的需求分析必须围绕单个楼层或者上下楼层的信息点数量和布线距离进行，各个楼层的管理间最好安装在同一个位置，也可以考虑功能不同的楼层安装在不同的位置。管理间子系统设计的基本原则：管理间子系统一般设置在楼层信息点总数的中间位置，也就是说管理间子系统两边的信息点数量大致相同，两边布线距离也基本相近。根据点数统计表分析每个楼层的信息点总数，然后估算每个信息点的缆线长度，特别注意最远信息点的缆线长度，列出最远和最近信息点缆线的长度，宜把管理间布置在信息点的中间位置，同时保证各个信息点双绞线的长度不超过90m。

7.2.3 技术交流

在进行需求分析后，要与用户进行技术交流，重点了解拟规划管理间子系统附近的电源插座、电力电缆、电气设备等情况。

7.2.4 阅读建筑物图纸和管理间编号

在确定管理间位置前，索取和认真阅读建筑物设计图纸是必要的。通过阅读建筑物图纸掌握建筑物的土建结构、强电路径、弱电路径，特别是主要电气设备和电源插座的安装位置，重点掌握管理间附近的电气设备、电源插座、暗埋管线等。

在阅读图纸时，进行记录或者标记，这有助于将网络和电话等插座设计在合适的位置，避免强电或者电气设备对网络综合布线系统的影响。

管理间的命名和编号也是非常重要的一项工作，直接涉及每条缆线的命名，因此管理间命名首先必须准确表达清楚该管理间的位置或者用途，这个名称从项目设计开始到竣工验收及后续维护必须保持一致。如果出现项目投入使用后用户改变名称或者编号的情况，则必须及时制作名称变更对应表，作为竣工资料保存。

管理间子系统必须使用彩色标签，清楚标明配线设备的性质，标明电缆端接区域、物理位置、编号、容量、规格等，以便维护人员在现场一目了然地加以识别。综合布线系统一般采用电缆标记、位置标记、进出线标记等。电缆和光缆的两端应采用不易脱落和磨损的不干胶条标明相同的编号。

管理间子系统的标记或者标识编制，应按下列原则进行：

1）规模较大的综合布线系统应采用计算机进行标识管理，简单的综合布线系统应按图纸资料进行管理，并应做到记录准确、及时更新、便于查阅。

2）综合布线系统的每条电缆、光缆、配线设备、端接点、安装通道和安装空间均应给定唯一的标识。标识中应包括名称、颜色、编号、字符串或其他组合。

3）配线设备、缆线、信息插座等硬件均应设置不易脱落和磨损的标识，并应有详细的书面记录和图纸资料。

4）同一条缆线或者永久链路的两端编号必须相同。

5）设备间、管理间的配线设备宜采用统一的色标，以区别各类用途的配线区。

7.2.5 设计原则

1. 管理间数量的确定

每个楼层一般宜至少设置1个管理间。在特殊情况下，每层信息点数量较少且水平缆线长度不大于90m，则可以把几个楼层合设一个管理间。管理间数量的设置宜按照以下原则：

如果该层信息点数量不大于400个，水平缆线长度在90m范围以内，则宜设置一个管理间，当超出这个范围时宜设两个或多个管理间。

在实际工程应用中，为了方便管理和保证网络传输速度或者节约布线成本，例如，学生公寓，信息点密集，使用时间集中，楼道很长，也可以按照100~200个信息点设置一个管理间的原则将管理间机柜明装在楼道。

2. 管理间的面积

GB 50311中规定管理间的使用面积不应小于5m^2，也可根据工程中配线管理和网络管理的容量进行调整。一般新建楼房都有专门的垂直竖井，楼层的管理间基本都设计在建筑物竖井内，面积在3m^{2}左右。在一般小型网络综合布线系统工程中管理间也可能只是一个网络机柜。

一般旧楼增加网络综合布线系统时，可以将管理间选择在楼道中间位置的办公室，也可以采取壁挂式机柜直接明装在楼道，作为楼层管理间。

管理间安装落地式机柜时，机柜前面的净空不应小于800mm，后面的净空不应小于600mm，方便施工和维修。安装壁挂式机柜时，一般在楼道的安装高度不低于1.8m。

3．管理间电源的要求

管理间应提供不少于两个220V带保护接地的单相电源插座。

管理间如果安装电信管理或其他信息网络管理设施，则管理间的供电应符合相应的设计要求。

4．管理间门的要求

管理间应采用外开防火门，门宽不应小于0.9m。

5．管理间环境的要求

管理间内温度应为10～35℃，相对湿度宜为20%～80%。一般应该考虑网络交换机等设备发热对管理间温度的影响，在夏季必须保持管理间温度不超过35℃。

7.2.6　管理间子系统连接器件

管理间子系统的管理器件分为两大类，即电缆管理器件和光纤管理器件。这些管理器件用于配线间和设备间的缆线端接，构成一个完整的综合布线系统。

1．电缆管理器件

电缆管理器件主要有配线架、理线架、机柜等。配线架主要有110系列跳线架和RJ-45模块化配线架两类。

（1）110系列跳线架

110系列跳线架主要用于电话语音系统和网络综合布线系统，规格和种类也很多，但是不同品牌的产品结构和功能基本相似。有些厂家还根据应用特点的不同细分为不同类型的产品。图7-2为110A型跳线架，图7-3为配套的4对和5对卡接模块。

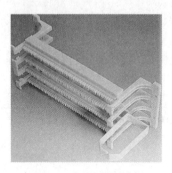

图7-2　110A型跳线架

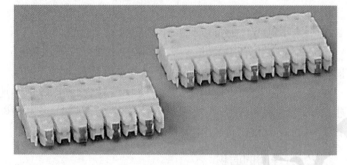

图7-3　4对和5对卡接模块

110跳线架有50对、100对、200对和300对等多种规格，根据安装要求选用或组合使用，图7-4和图7-5为110跳线架及常用安装方式和应用案例。

110跳线架一般由下列部件组成：

1）50对、100对连接块。

2）4对或5对卡接模块。

3）底板。

4）理线环。

5）跳插软线。

6）标签条。

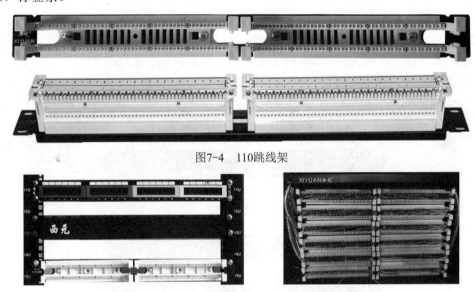

图7-4　110跳线架

图7-5　110跳线架常用安装方式和应用案例

（2）RJ-45模块化配线架

RJ-45模块化配线架主要用于网络综合布线系统，根据传输性能的要求分为5类、超5类、6类等。配线架前端面板为RJ-45接口，可通过RJ-45～RJ-45软跳线连接到计算机或交换机等网络设备，配线架后端为110型连接器，可以端接水平子系统电缆或干线电缆。配线架一般宽度为465mm（19英寸），高度为1U～4U，主要安装在19英寸机柜内。图7-6为模块化网络配线架的前面板和背后结构照片，规格为19英寸、1U、24口、RJ-45型，基本单元为6个RJ-45口组合模块，将4个这样的组合模块安装在19英寸1U的面板上，就组成了24口配线架。如果将8个这样的模块安装在19英寸2U的面板上，就能组成48口配线架。

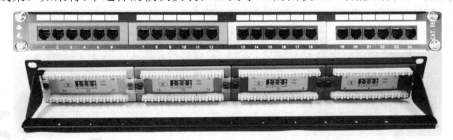

图7-6　模块化网络配线架的前面板和背后结构

配线架前端面板可以安装相应标签以区分各个端口的用途，方便管理。配线架后端的连接器都有清晰的色标，方便按色标顺序端接。

（3）直通式配线架

直通式配线架是一种新型网络配线架，它由直通模块和支架组成。直通模块前后均为RJ-45口，支架为钢板喷塑材质，后部设计有弹性理线锁，适合电缆快速放入、理线和固定。主要用于网络综合布线系统，分为超5类、6类、7类等，根据接口数量分为24口、48口等。图7-7为19英寸1U 24口直通式配线架前面板和背后结构，直接安装在标准19英寸通信集装架内。

直通式配线架可以安装工厂批量标准化生产的跳线，能够即插即用，只需将跳线插入直通模块的前后端口即可完成连接，因此也可称为免打式网络配线架。安装与电缆管理、更换与维护方便快捷，也适用于高密度布线环境或需要快速布线的场所。

这种快速简单的连接方式大大提高了工作效率，减少了连接时间和人力成本。随着人力成本与管理成本的持续增高，以及工期较短项目的需要，直通式配线架将普遍使用。

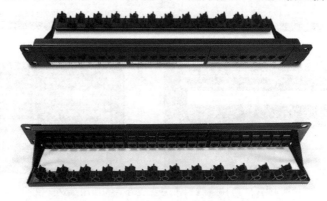

图7-7　直通式配线架结构

（4）卡装式RJ-45屏蔽配线架

卡装式RJ-45屏蔽配线架比较复杂，一般应用在屏蔽布线系统中。每个模块都是屏蔽式结构，能够快速拆卸和安装，外壳为钢或者铝合金等导电金属。端接时将模块拆卸下来，完成端接时再卡装好，方便配线端接和理线。

屏蔽配线架根据传输性能的要求分为5类、6类等。一般24个屏蔽模块并排安装在1个面板上，组成24口配线架。图7-8为卡装式RJ-45屏蔽配线架的前面板和背后结构照片，规格为19英寸、1U、24口、RJ-45型。图7-9为卡装式RJ-45屏蔽模块的结构和零部件照片。

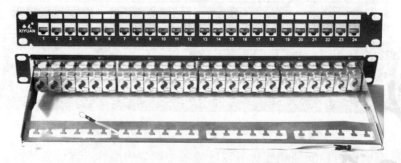

图7-8　卡装式RJ-45屏蔽配线架的前面板和背后结构照片

图7-9　卡装式RJ-45屏蔽模块的结构和零部件照片

扫描二维码观看《6类屏蔽配线架和卡装式免打模块端接方法》视频，建议至少看3遍。

扫码看视频

2．光纤器材

光纤器材的规格和种类很多，一般常用的有光纤接续盒、接线箱和光纤配线架，内部安装有光纤终接单元（俗称盘纤盒）。光纤配线架接口为光纤适配器（也称为耦合器），通过光纤跳线与交换机连接或者互联。下面介绍几种常用光纤器材。

（1）光纤接续盒

光纤接续盒适合于数量较少的光纤接续或者互联使用，图7-10左图为室内光纤接续盒，适合安装在室内；右图为室外光纤接续盒，具有防水、防尘等功能，适合安装在室外墙面或者架空，也适合安装在地下管沟或者城市地下管廊内。

图7-10　室内光纤接续盒和室外光纤接续盒

（2）光纤接线箱

光纤接线箱适合于数量较多的光纤接续或者连接的场合，一般直接安装在墙面或者专门的通信机柜内，如图7-11所示。

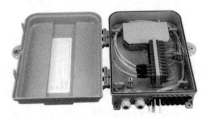

图7-11　光纤接线箱和应用示意

（3）光纤配线架

光纤配线架一般为机架式，适合直接安装在19英寸机柜内，在建筑物的综合布线系统中安装在设备间和管理间的机柜内。常用光纤配线架的规格一般为8口、12口、16口、24口、48口等多种，接口又分为SC口、ST口等规格。

图7-12为19英寸1U机架式16口光纤配线架，上排为8个ST口，下排为8个SC口，特别适合教学与实训。图7-13为19英寸4U机架式48口光纤配线架，共有4层，每层12个SC口，安装时，可以将每层抽出来。

图7-12　19英寸1U机架式16口光纤配线架（8口ST+8口SC）

图7-13　19英寸4U机架式48口光纤配线架（4层×12口SC）

（4）光纤终接单元

光纤接续盒和配线架内一般都设计有专门的终接单元，用于固定和保护光纤熔接点和存放多余光纤。图7-14为几种常用的终接单元。

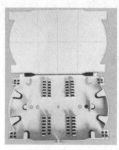

图7-14　几种常用的终接单元

（5）光纤适配器

光纤通信设备和光纤配线架的正面一般都安装有光纤适配器，光纤适配器两端都可以插入光纤接头，两个光纤接头可以在适配器内准确对接，实现两根光纤的光路准确连通，实现光通信。一个光纤适配器只能插接一路光纤。

在计算机网络系统中，一般在光纤配线架内部插接已经与光缆连接的尾纤，外部插接光纤跳线，实现与交换机或者终端设备的通信，也可以实现光纤之间的连接。

光纤适配器型号较多，有SC—SC、SC—ST、SC—FC、SC—LC；ST—ST、ST—FC、

ST—LC；FC—FC、FC—LC；LC—LC等，在综合布线系统中常用SC—SC、SC—ST、ST—ST等型号。SC型两端都为方口，在计算机网络系统中比较常用。ST型两端都为圆形卡接式，视频监控系统常用。FC型两端都为圆形螺纹扣式，一般用螺纹固定在机箱上。LC型为小方口，一般微型化设备使用较多。图7-15为光纤适配器和应用案例照片。

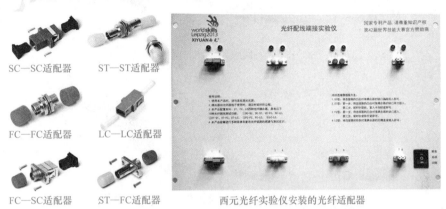

SC—SC适配器　　ST—ST适配器

FC—FC适配器　　LC—LC适配器

FC—SC适配器　　ST—FC适配器

西元光纤实验仪安装的光纤适配器

图7-15　光纤适配器和应用案例

掌握光纤适配器的种类和结构非常重要，有些使用M2螺钉安装，有些采用旋转卡装方式，安装和拆卸有特殊的方法和技巧，必须达到熟练程度，这也是教学实训的难点，因此建议使用图7-16所示的全光网配线端接实训装置（型号KYPXZ—02—06）进行教学与实训，快速掌握光纤适配器的规格和安装方法与技巧。

扫描二维码观看《全光网配线端接实训装置》视频，建议至少看3遍。

扫码看视频

（6）光纤跳线

在计算机网络系统和通信系统大量使用光纤跳线，各种设备有不同的光纤接口，必须安装规定的光纤跳线。光纤跳线必须在工厂专门的洁净车间中进行生产，保证没有灰尘等杂物污染。

光纤跳线根据应用需求分为多种，一般按照接口形状、长度、通信模式等来进行分类。按照光纤跳线的长度分为1m、2m、3m、5m等规格，一般常用1m和3m。按照通信模式分为多模和单模，国际电信联盟规定，多模光纤跳线的外护套为橙色，单模光纤跳线的外护套为黄色。

下面采用光纤跳线示意图和两端接头实物照片直观展示这些光纤照片，如图7-17～图7-26所示。

图7-16　全光网配线端接
实训装置（见彩图）

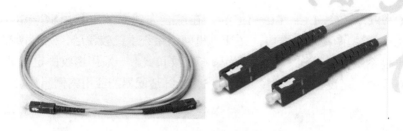

图7-17　SC—SC光纤跳线示意图和两端接头实物照片

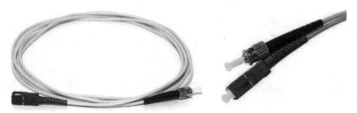

图7-18　SC—ST光纤跳线示意图和两端接头实物照片

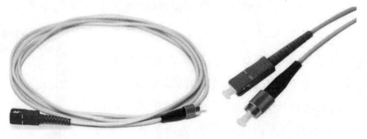

图7-19　SC—FC光纤跳线示意图和两端接头实物照片

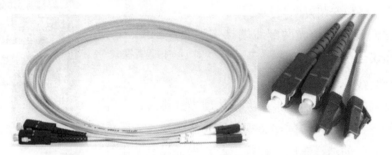

图7-20　SC—LC光纤跳线示意图和两端接头实物照片

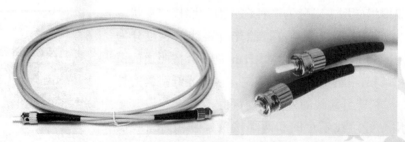

图7-21　ST—ST光纤跳线示意图和两端接头实物照片

图7-22　ST—FC光纤跳线示意图和两端接头实物照片

图7-23　ST—LC光纤跳线示意图和两端接头实物照片

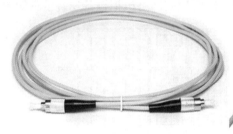

图7-24　FC—FC光纤跳线示意图和两端接头实物照片

图7-25　FC—LC光纤跳线示意图和两端接头实物照片

图7-26　LC—LC光纤跳线示意图和两端接头实物照片

在综合布线系统工程的设计、安装与维护中，需要经常和大量使用各种光纤跳线。不同的光纤跳线有不同的安装、拆卸方法与技巧，因此必须熟练掌握常用光纤跳线的规格和安装方法，达到熟练程度，这也是教学实训的难点。建议使用图7-16所示的全光网配线端接实训装置（型号KYPXZ—02—06）和光缆器材展示柜（型号KYSYZ—01—12—2）进行教学与实训。

扫描二维码观看《光纤连接器和光纤跳线的认识与安装测试》《光纤测试链路的搭建》《光纤复杂链路的搭建》视频，建议至少看3遍。

扫码看视频　　扫码看视频　　扫码看视频

7.3　管理间子系统的设计实例

7.3.1　设计实例1　建筑物竖井内安装方式

近年来，随着网络的发展和普及，在新建的建筑物中每层都考虑设置管理间，并给网络等留有弱电竖井，便于安装网络机柜等管理设备，也方便设备的统一维修和管理。建筑物竖井管理间安装网络机柜示意如图7-27所示。管理间网络机柜设备安装示意如图7-28所示。

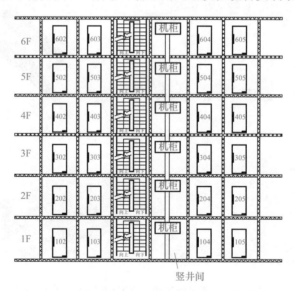

图7-27　建筑物竖井管理间安装网络机柜示意图

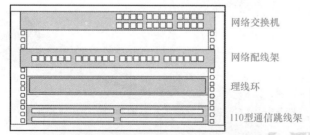

图7-28　管理间网络机柜设备安装示意图

7.3.2 设计实例2 建筑物楼道明装方式

在学校宿舍信息点比较集中、数量相对多的情况下，考虑将网络机柜安装在楼道的两侧，如图7-29所示。这样可以减少水平布线的距离，同时也方便网络布线施工的进行。

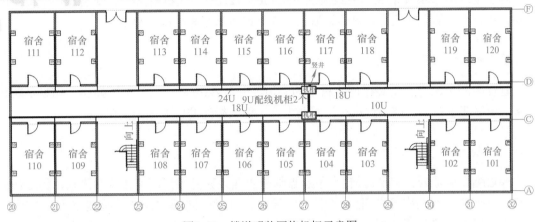

图7-29 楼道明装网络机柜示意图

7.3.3 设计实例3 住宅楼改造增加综合布线系统

在已有住宅楼中需要增加网络综合布线系统时，一般每个住户考虑1个信息点，这样每个单元的信息点数量比较少，一般将一个单元作为一个管理间，把网络管理间机柜设计安装在该单元的中间楼层，如图7-30所示。

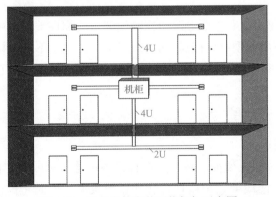

图7-30 旧住宅楼安装网络机柜示意图

7.4 管理间子系统的工程技术

7.4.1 机柜安装要求

根据GB 50311《综合布线系统工程设计规范》第7章安装工艺要求，对机柜的安装有如下要求。

一般情况下，综合布线系统的配线设备和计算机网络设备采用19英寸标准机柜安装。

机柜尺寸通常为600mm（宽）×600mm（深）×2000mm（高），共有42U的安装空间。机柜内可安装光纤配线架、RJ-45电缆配线架、110型通信跳线架、理线架、理线环、网络交换机等设备。19英寸立式机柜必须落地安装，四周预留规定的检修空间。

对于管理间子系统来说，多数情况下采用6～12U壁挂式机柜。一般安装在每个楼层的竖井内或者楼道的中间位置。具体采取三角支架或者膨胀螺栓固定机柜。

7.4.2 电源安装要求

管理间的电源一般安装在网络机柜的旁边，安装220V（三孔）电源插座。如果是新建建筑，一般要求在土建施工过程时按照弱电施工图上标注的位置安装到位。

7.4.3 通信跳线架的安装

通信跳线架是为了满足任何1个信息点都能实现计算机数据高速传输的需求，将工作区信息点过来的全部电缆首先用5对卡接模块端接在110型跳线架的下层。如果该信息点为语音，则上层再端接到语音配线架，然后用跳线连接语音交换机。如果该信息点为计算机数据，则上层再端接到网络配线架，然后用跳线连接网络交换机。如果需要将语音或者数据信息点改变，则在110型跳线架的上层重新进行端接即可。

安装步骤如下：

1）取出110型跳线架和附带的螺钉。

2）利用十字螺丝刀把110型跳线架用螺钉直接固定在网络机柜的立柱上。

3）理线。

4）按打线标准把每个线芯按照顺序压在跳线架下层模块端接口中。

5）把5对卡接模块用力垂直压接在110型跳线架上，完成下层端接。

扫描二维码观看《110型通信跳线架端接方法》视频，建议至少看3遍。

扫码看视频

7.4.4 网络配线架的安装

网络配线架安装要求：

1）在机柜内部安装配线架前，首先要进行设备位置规划或确定图纸规定位置，统一考虑机柜内部的跳线架、配线架、理线环、交换机等设备。同时考虑配线架与交换机之间跳线方便。

2）当电缆采用地面出线方式时，一般从机柜底部穿入机柜内部，配线架宜安装在机柜下部。当电缆顶部桥架进线方式时，一般从机柜顶部穿入机柜内部，配线架宜安装在机柜上部。当电缆从机柜侧面穿入机柜内部时，配线架宜安装在机柜中部。

3）配线架应该安装在左右对应的孔中，水平误差不大于2mm，更不允许左右孔错位安装。

网络配线架的安装步骤如下：

1）检查配线架和配件是否完整。

2）将配线架安装在机柜设计位置的立柱上。

3）理线。

4）端接打线。

5）做好标记，安装标签条。

7.4.5 交换机的安装

在交换机安装前首先检查产品外包装是否完整并开箱检查产品，收集和保存配套资料。一般包括交换机、2个支架、4个橡皮脚垫和4个螺钉、1根电源线、1个电缆跳线。然后准备安装交换机，一般步骤如下：

1）从包装箱内取出交换机设备。

2）给交换机安装两个支架，安装时要注意支架方向。

3）将交换机放到机柜中提前设计好的位置，用螺钉固定到机柜立柱上，一般交换机上下要留一些空间用于空气流通和设备散热。

4）将交换机外壳接地，将电源线拿出来插在交换机后面的电源接口上。

5）完成上面几步操作后就可以打开交换机电源了，开启状态下查看交换机是否出现抖动现象，如果出现则检查脚垫高低或机柜上的固定螺钉松紧情况。

注意：拧取这些螺钉的时候不要过于紧，否则会让交换机倾斜，也不能过于松垮，这样交换机在运行时不会稳定，工作状态下设备会抖动。

7.4.6 理线环的安装

理线环的安装步骤如下：

1）取出理线环和所带的配件——螺钉包。

2）将理线环安装在网络机柜的立柱上。

注意：在机柜内设备之间的安装距离至少留1U的空间，便于设备散热。

7.4.7 编号和标记

管理间子系统一般都安装了大量的缆线、管理器材及跳线。为了方便以后线路的管理工作，管理间子系统的缆线、管理器材及跳线都必须做好标记，标明位置、用途等信息。完整的标记应包含以下信息：建筑物名称、位置、区号、起始点和功能。

综合布线系统一般常用3种标记：电缆标记、场标记和插入标记，其中插入标记用途最广。

1. 电缆标记

电缆标记主要用来标明电缆来源和去处，在电缆的起始端和终端都应做好电缆标记。电缆标记由背面为不干胶的白色材料制成，可以直接贴到各种电缆表面上．其规格尺寸和形状根据需要而定。例如，1根电缆从三楼311房间的第1个计算机网络信息点布线至楼层管理间，则该电缆的两端应标记上"311—D1"的标记，其中"D"表示数据信息点。

2．场标记

场标记又称为区域标记，一般用于设备间、配线间和二级交接间的管理器材之上，以区别管理器件连接缆线的区域范围。它也是由背面为不干胶的材料制成，可贴在设备醒目的平整表面上。

3．插入标记

插入标记一般用在管理器材上，如110型跳线架、网络配线架等。插入标记是硬纸片，可以插在1.27cm×20.32cm的透明塑料夹里。每个插入标记都用彩色标签来指明所连接电缆的来源位置。对于插入标记的色标，综合布线系统有较为统一的规定，见表7-1。

表7-1　综合布线色标规定

色别	设备间	配线间	二级交接间
蓝	设备间至工作区或用户终端线路	连接配线间与工作区的线路	自交换间连接工作区线路
橙	网络接口、多路复用器引来的线路	来自配线间多路复用器的输出线路	来自配线间多路复用器的输出线路
绿	来自电信局的输入中继线或网络接口的设备侧	—	—
黄	交换机的用户引出线或辅助装置的连接线路	—	—
灰	—	至二级交接间的连接电缆	来自配线间的连接电缆端接
紫	来自系统公用设备（如程控交换机或网络设备）连接线路	来自系统公用设备（如程控交换机或网络设备）连接线路	来自系统公用设备（如程控交换机或网络设备）连接线路
白	干线电缆和建筑群间连接电缆	来自设备间干线电缆的端接点	来自设备间干线电缆的点到点端接

通过不同色标可以很好地区别各个区域的电缆，方便管理间子系统的线路管理工作。

7.5　管理间子系统工程技术实训项目

7.5.1　实训项目1　壁挂式机柜的安装

【实训目的】

1）通过常用壁挂式机柜的安装，了解机柜的布置原则和安装方法及使用要求。

2）通过壁挂式机柜的安装，熟悉常用壁挂式机柜的规格和性能。

【实训要求】

1）准备实训工具，列出实训工具清单。

2）独立领取实训材料和工具。

3）完成壁挂式机柜的定位。

4）完成壁挂式机柜墙面固定安装。

【实训材料和工具】

1）实训专用M6×16十字螺钉，用于固定壁挂式机柜，每个机柜使用4个。

2）十字螺丝刀，长度150mm，用于固定螺钉。一般每人1把。

【实训设备】

推荐实训设备一：IT工程技术实训平台1套，产品型号：KYSYZ—12—1233。

该实训装置是国家专利产品，由全钢的12个模块组成"丰"字形结构，构成12个角区域，能够满足12组学生同时进行12个工作区子系统的实训。实训管理上预制有螺钉孔，无尘操作，能够进行万次以上的实训。

推荐实训设备二：壁挂式网络机柜，如图7-31所示。

图7-31　壁挂式网络机柜

【实训步骤】

1）设计一种设备安装图，确定壁挂式机柜的安装位置。

2或3人组成一个项目组，选举负责人，每组设计一种设备安装图，并绘制图纸。项目负责人指定1种设计方案进行实训，如图7-32所示。

2）准备实训工具，列出实训工具清单。

3）领取实训材料和工具。

4）准备好需要安装的设备——壁挂式网络机柜，先将网络机柜的门取掉，方便机柜的安装。

5）使用专用螺钉，在设计好的位置安装壁挂式网络机柜。

6）安装完毕，将门再重新安装到位，如图7-33所示。

7）将机柜进行编号。

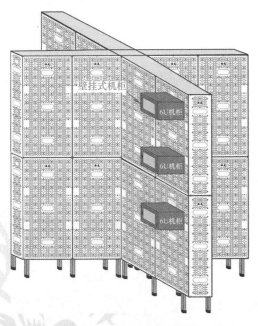

图7-32　设计安装网络机柜

图7-33　安装到位的网络机柜

【实训报告要求】

1）画出壁挂式机柜安装位置布局示意图。

2）写出常用壁挂式机柜的规格。

3）分步陈述实训程序或步骤以及安装注意事项。

4）总结实训体会和操作技巧。

7.5.2 实训项目2 电缆配线设备的安装

【实训目的】

1）通过网络配线设备的安装和压接线实验，了解网络机柜内布线设备的安装方法和使用功能。

2）通过配线设备的安装，熟悉常用工具和配套基本材料的使用方法。

【实训要求】

1）准备实训工具，列出实训工具清单。

2）独立领取实训材料和工具。

3）完成网络配线架的安装和压接线实验。

4）完成理线环的安装和理线实验。

【实训材料和工具】

1）配线架，每个壁挂式机柜内1个。

2）理线环，每个配线架1个。

3）4-UTP网络双绞线，模块压接线实训用。

4）十字螺丝刀，长度150mm，用于固定螺钉。一般每人1把。

5）压线钳，用于压接网络配线架模块，一般每人1把。

【实训设备】

推荐实训设备：IT工程技术实训平台1套，产品型号：KYSYZ—12—1233。

该实训设备是国家专利产品，由全钢的12个模块组成"丰"字形结构，构成12个角区域，能够满足12组学生同时进行12个工作区子系统的实训。实训设备上预制有螺钉孔，无尘操作，能够进行万次以上的实训。

【实训步骤】

1）设计一种机柜内安装设备布局示意图，并且绘制安装图，如图7-34所示。

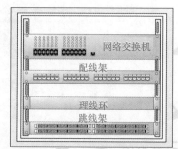

图7-34 安装设备布局

3或4人组成一个项目组，选举项目负责人，每组设计一种设备安装图，并且绘制设计图。项目负责人指定1种设计方案进行实训。

2）按照设计图，核算实训材料规格和数量，掌握工程材料核算方法，列出材料清单。

3）按照设计图，准备实训工具，列出实训工具清单。

4）领取实训材料和工具。

5）确定机柜内需要安装的设备和数量，合理安排配线架、理线环的位置，主要考虑级连线路合理以及施工和维修方便。

6）准备好需要安装的设备，打开设备自带的螺钉包，在设计好的位置安装配线架、理线环等设备，注意保持设备平齐，螺钉固定牢固，并且做好设备编号和标记，如图7-35所示。

7）安装完毕后，开始理线和压接缆线，如图7-36所示。

图7-35　安装到位的设备　　　　　　　　图7-36　完成设备安装

注意： 设备之间的安装距离至少留1U的空间，便于散热。

【实训报告要求】

1）画出机柜内安装设备布局示意图。

2）写出常用理线环和配线架的规格。

3）分步陈述实训程序或步骤以及安装注意事项。

4）总结实训体会和操作技巧。

7.6　工程经验

1．工程经验一　管理间使用机柜规格的确定

一般情况下，根据建筑物中网络信息点的多少来确定管理间的位置和安装网络机柜的规格。有时在规划机柜内安装设备后，必须考虑增加信息点和设备的散热等因素，还要预留出1～2U的空间，以便将来扩充设备。

常用网络机柜规格见表7-2。

表7-2　常用网络机柜规格

规格	高度/mm	宽度/mm		深度/mm	
42U	2 000	600	800		650
37U	1 800	600	800		650
32U	1 600	600	800		650
25U	1 300	600	800		650
20U	1 000	600	800		650
14U	700	600		450	
7U	400	600		450	
6U	350	600		420	
4U	200	600		420	

2. 工程经验二　配线架、交换机端口的冗余

如果在施工中没有考虑交换机端口的冗余，在使用过程中，有些端口突然出现故障，无法迅速解决，则会给用户造成不必要的麻烦和损失。所以为了便于日后的维护和增加信息点，必须在机柜内配线架和交换机端口做相应冗余。在增加用户或设备时，只需简单接入网络即可。

3. 工程经验三　配线架管理

配线架的管理以表格对应方式，根据座位、部门单元等信息，记录布线的路线并加以标识，以方便维护人员识别和管理。

4. 工程经验四　机柜进出线方式

管理间经常使用各种6U和9U等壁挂小机柜，机柜必须能够在多个方向进出线。图7-37为常见的壁挂式机柜出线方式。

图7-37　壁挂式机柜出线方式

互动练习和习题

请扫描二维码，下载第7章互动练习和习题，并按照教师安排按时完成。

互动练习　　　　　　习题

第8章
垂直子系统工程技术 ■■■■■■■■■■■■■■

➤ **知识目标** 熟悉垂直子系统的基本概念和设计原则等知识，掌握确定缆线类型、路径选择、容量配置、保护方式等知识。

➤ **能力目标** 掌握垂直子系统缆线和通道选择、缆线敷设和绑扎等安装方法，熟悉2个设计实例，掌握垂直子系统安装工程技术。

➤ **素质目标** 通过2个技能训练项目和工程经验，提高计划执行能力和组织协调能力，训练追求卓越、精益求精的工匠精神。

8.1 垂直子系统的基本概念

垂直子系统是综合布线系统中非常关键的组成部分，如图8-1所示。它由设备间子系统与管理间子系统的缆线组成，一般采用大对数电缆或光缆，两端分别连接在设备间和管理间的配线架上。它是建筑物内综合布线的主干缆线，是楼层管理间与设备间之间垂直布放缆线的统称。

垂直子系统是一个星形结构，实现建筑物设备间与管理间的通信连接。如果垂直子系统的任何一个永久链路的缆线发生故障，则往往直接影响一层楼全部信息点的上网和信息传输。

垂直子系统通常隐蔽安装在建筑物内部，建议在教学实训中使用综合布线系统工程教学模型（型号KYMX—03—08），该模型为使用透明亚克力材料制造的，各个子系统清晰可见，也配套有语音解说词，能够帮助读者快速学习和掌握垂直子系统。

扫码看视频

扫描二维码观看《综合布线工程教学模型》视频。

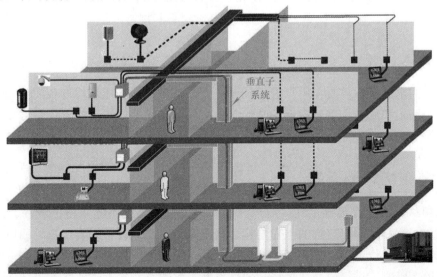

图8-1 垂直子系统示意图

垂直子系统的器材一般包括：

1）建筑物竖井内安装的垂直桥架或者通道。

2）连通楼层管理间的桥架或者通道，这些桥架和通道在楼道或者管理间也常常是水平布置和安装的。

3）连通建筑物设备间的桥架或者通道，这些桥架和通道在楼道或者设备间也可能是水平布置和安装的。

4）垂直子系统安装的缆线，实现管理间与设备间的连接。在网络拓扑图中，实现汇聚交换机与接入层交换机之间的通信。

8.2　垂直子系统的设计原则

8.2.1　设计步骤

垂直子系统设计的步骤一般为：首先进行需求分析，与用户进行充分的技术交流并了解建筑物用途，然后认真阅读建筑物设计图纸，确定管理间位置和信息点数量，其次进行初步规划和设计，确定每条垂直系统布线路径，最后确定布线材料规格和数量，列出材料规格和数量统计表。一般工作流程如下：

需求分析→技术交流→阅读建筑物图纸→规划和设计→完成材料规格和数量统计表

8.2.2　需求分析

需求分析是综合布线系统设计的首项重要工作，垂直子系统是综合布线系统工程中最重要的一个子系统，直接决定每个楼层全部信息点的稳定性和传输速度。主要包括布线路径、布线方式和材料的选择，对后续水平子系统的施工是非常重要的。

需求首先按照楼层高度进行分析，逐层分析设备间到每个楼层管理间的垂直布线距离、布线路径，逐层确定和计算垂直子系统的布线材料和规格。

8.2.3　技术交流

在进行需求分析后，要与用户进行技术交流，重点了解从建筑物设备间到每层管理间之间的各个路由和通道，以及附近安装的其他电气设备和设施等情况，尽量减少电磁干扰和高温等外部因素对垂直子系统的干扰和影响。

8.2.4　阅读建筑物图纸

索取和认真阅读建筑物土建、电气、水暖等设计图纸是不能省略的程序。通过阅读这些图纸，了解和掌握建筑物的土建结构、强电路径、配电设备安装位置、弱电路径、水暖管道安装路径和位置等，重点掌握在综合布线路径上的电气设备、电源插座、暗埋管线等。在阅读图纸时，进行记录或者标记，这有助于将综合布线系统的竖井设计在合适的位置，避免强电或者电气设备对网络综合布线系统的影响。

8.2.5 垂直子系统的规划和设计

垂直子系统缆线组成的永久链路和信道实现汇聚交换机与接入层交换机之间的通信，涉及一个楼层的几十个用户。任何一根缆线发生故障都影响巨大，因此必须十分重视垂直子系统的设计工作，并且预留一定数量的缆线作为冗余。

根据相关标准及规范，应按下列设计要点进行垂直子系统的设计工作。

1. 确定缆线类型及线对

垂直子系统缆线主要有电缆和光缆两种类型，具体选择要根据布线环境的限制和用户对综合布线系统设计等级的考虑。计算机网络系统的垂直子系统缆线可以选用4对双绞线电缆或25对大对数电缆或光缆，电话语音系统的电缆可以选用3类大对数电缆，有线电视系统的电缆一般采用75Ω同轴电缆。电缆的线对要根据水平布线缆线对数以及应用系统类型来确定。

垂直子系统所需要的电缆总对数和光纤总芯数应满足工程的实际需求，并留有适当的备份容量。垂直子系统宜设置电缆与光缆，并互相作为备份路由。

2. 垂直子系统路径的选择

垂直子系统缆线布置应选择最短、最安全和最经济的路由。路由的选择要根据建筑物的结构以及建筑物内预留的电缆孔、电缆竖井等通道位置而决定。建筑物内一般有封闭型和开放型两大类型的通道，宜选择带门的封闭型通道敷设垂直子系统的缆线。

开放型通道是指从建筑物的地下室到楼顶的一个开放空间，中间没有任何楼板隔开。封闭型通道是指一连串上下对齐的空间，每层楼都有一间，电缆竖井、电缆孔、电缆管道、电缆桥架等垂直穿过这些房间的楼板。

垂直子系统的电缆宜采用点对点端接。如果电话交换机和网络交换机设置在建筑物内不同的设备间，则宜采用不同的缆线来分别满足语音和数据的需要。

3. 缆线容量配置

垂直子系统的电缆和光缆所需的容量要求及配置应符合以下规定：

1）对语音业务，大对数主干电缆的对数应按每一个电话8位模块通用插座配置1对线，并在总需求线对的基础上至少预留约10%的备用线对。

2）对于数据业务应以每台以太网交换机（SW）设备设置1个主干端口和1个备份端口配置。主干端口为电接口时，应按4对线对容量，为光端口时则按1芯或2芯光纤容量配置。

4. 垂直子系统缆线敷设保护方式应符合下列要求

1）垂直子系统的缆线必须敷设在专门的竖井内，并且安装在桥架或者管道内保护，不得安装在电梯或供水、供气、供暖管道竖井中，更不应该安装在强电竖井中。

2）每个楼层的管理间和布线通道必须与建筑物的设备间连通。

5．垂直子系统的缆线中间不允许有接头

为了保证综合布线系统传输性能以及后续管理和维护，垂直子系统的电缆在设备间和管理间直接端接到电缆跳线架与配线架，光缆熔接尾纤后直接插接在光纤配线架上，组成垂直子系统的永久链路。垂直子系统的电缆和光缆必须使用整根缆线，一般中间不允许有接头。

6．垂直子系统缆线的端接

电缆采用点对点端接，点对点端接是最简单、最直接的接合方法，如图8-2所示。垂直子系统每根电缆从设备间直接敷设延伸到指定的楼层管理间，在管理间端接在跳线架或者配线架上。

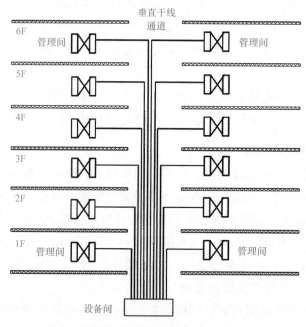

图8-2　垂直子系统电缆点对点端接方式

7．确定垂直子系统敷设通道的规模

垂直子系统是建筑物内的主干电缆。在大型建筑物内，通常使用的垂直子系统通道是由一连串穿过管理间地板并且垂直对准的通道组成，穿过地板的缆线井和缆线孔，如图8-3所示。

确定垂直子系统的通道规模，主要就是确定通道和管理间的数目。确定的依据就是综合布线系统所要覆盖的可用楼层面积。如果给定楼层的所有信息插座都在管理间附近的75m范围之内，则一般采用单垂直子系统。单垂直子系统就是采用一条垂直干线通道，每个楼层只设一个管理间。如果有楼层的信息插座超出管理间的75m范围之外，则建议采用双垂直子系统。如果同一幢大楼的管理间上下不对齐，则可采用大小合适的缆线管道系统将其连通，如图8-4所示。

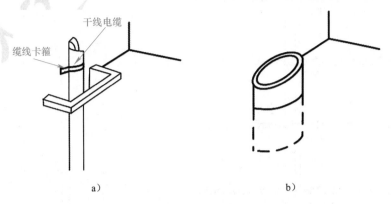

图8-3　穿过管理间地板的缆线井和缆线孔

a）缆线井　b）缆线孔

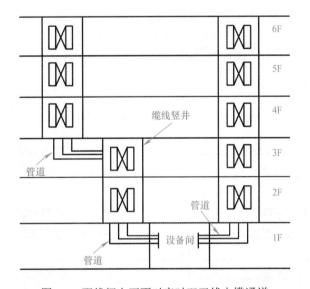

图8-4　配线间上下不对齐时双干线电缆通道

新建建筑物的垂直子系统管线宜安装在弱电竖井中，一般使用金属桥架或者PVC线槽。

8.3　垂直子系统的设计实例

8.3.1　设计实例1　垂直子系统竖井位置

在设计垂直子系统的时候，必须先确定竖井的位置，从而方便施工的进行。竖井位置的设计如图8-5所示。

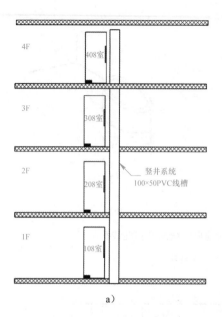
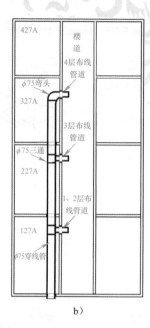

图8-5　竖井位置示意图

a）PVC线槽布线方式　b）穿线管布线方式

8.3.2　设计实例2　布线系统示意图

综合布线系统规划、设计中往往需要设计一些布线系统图，垂直系统布线设计如图8-6所示。

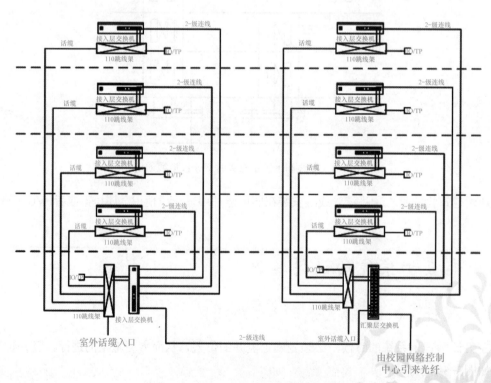

图8-6　网络、电话系统布线系统图

8.4 垂直子系统的工程技术

8.4.1 标准要求

GB 50311《综合布线系统工程设计规范》第7章安装工艺要求内容中，对垂直子系统的安装工艺提出了具体要求。垂直子系统垂直通道穿过楼板时宜采用电缆竖井方式，也可采用电缆孔、管槽的方式。电缆竖井的位置应上、下对齐。

8.4.2 垂直子系统布线缆线的选择

根据建筑物的结构特点以及应用系统的类型，决定选用垂直子系统缆线的类型，在垂直子系统设计中常用以下5种缆线：

1）4对非屏蔽双绞线电缆（UTP）、4对屏蔽双绞线电缆（STP）。

2）大对数电缆（UTP）、屏蔽大对数电缆（STP）。

3）62.5/125μm多模光缆。

4）8.3/125μm单模光缆。

5）75Ω同轴电缆。

目前，针对电话语音传输一般采用3类大对数电缆（25对、50对、100对等规格）。针对数据和图像传输采用光缆或5类以上4对双绞线电缆以及5类大对数电缆，电缆长度不宜超过90m，否则宜选用单模或多模光缆。针对有线电视信号的传输采用75Ω同轴电缆。

8.4.3 垂直子系统布线通道的选择

垂直子系统布线路由的选择主要依据建筑的结构以及建筑物内预埋的管道确定。目前垂直子系统布线路由主要采用电缆孔和电缆井两种方法。对于单层平面建筑物的垂直子系统布线路由主要用金属管道和电缆托架两种方法。

垂直子系统垂直通道有下列3种方式可供选择。

1. 电缆孔方式

通道中所用的电缆孔是很短的管道，通常用一根或数根外径63~102mm的金属管预埋在楼板内，金属管高出地面25~50mm，也可直接在地板中预留一个大小适当的孔洞。电缆往往捆在钢绳上，而钢绳固定在墙上已铆好的金属条上。当楼层管理间上下都对齐时，一般可采用电缆孔方法，如图8-7所示。

2. 管道方式

包括明管敷设和暗管敷设。

3. 电缆竖井方式

在新建工程中，推荐使用电缆竖井的方式。电缆竖井是指在每层楼板上开出一些方孔，一般宽度为30cm，并有2.5cm高的井栏，具体大小要根据电缆数量确定，如图8-8所示。与电缆孔方法一样，电缆也是捆扎或箍在支撑用的钢绳上，钢绳靠墙上的金属条或地板三角架固定。电缆竖井比电缆孔更为灵活，可以让各种粗细的电缆以任何方式敷设通过。

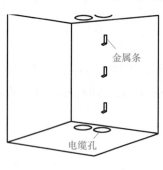

图8-7 电缆孔方式

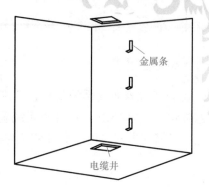

图8-8 电缆竖井方式

8.4.4 垂直子系统缆线容量的计算

在确定缆线类型后，就可以进一步确定每个楼层的缆线容量。一般要根据楼层水平子系统所有语音、数据、图像等信息插座的数量来进行计算。具体计算的原则如下：

1）语音垂直子系统的电缆按一个电话信息插座至少配1个线对的原则进行计算。

2）计算机网络数据垂直子系统的电缆容量计算原则是：按24个信息插座配2根双绞线电缆，每一个交换机配置1根双绞线电缆；光缆按每48个信息插座配2芯光纤。

3）当楼层信息插座较少时，在规定长度范围内，可以多个楼层共用交换机，合并计算光纤芯数。

4）垂直子系统应留有足够的余量，以作为垂直子系统的备份，确保系统的可靠性。

下面对垂直子系统缆线容量计算进行举例说明。

例： 已知某建筑物需要实施综合布线工程，根据用户需求分析得知，其中第6层有60个计算机网络信息点，各信息点要求接入速率为100Mbit/s，另有45个电话语音点，而且第6层楼层管理间到楼内设备间的距离为60m，请确定该建筑物第6层的垂直子系统电缆类型及线对数。

解答：

1）60个计算机网络信息点要求该楼层应配置3台24口交换机，通过超5类非屏蔽双绞线电缆连接到建筑物的设备间。因此计算机网络的垂直子系统配备3条超5类非屏蔽双绞线电缆，每台交换机1根，备用3根，共计从6层向设备间敷设6条超5类非屏蔽双绞线电缆。

2）45个电话语音点，按每个语音点配1个线对的原则，电缆应为45对。根据语音信号传输的要求，配备1根3类50对非屏蔽大对数电缆。

8.4.5 垂直子系统缆线的绑扎

垂直子系统敷设缆线时，应对缆线进行绑扎。电缆、光缆及其他信号电缆应根据缆线的类别、数量、缆径、芯数分束绑扎。绑扎间距不宜大于1.5m，间距应均匀，防止因重量产生拉力造成缆线变形，不宜绑扎过紧或使缆线受到挤压。在绑扎缆线的时候特别注意的是应该按照楼层进行分组绑扎。

8.4.6 垂直子系统缆线的敷设方式

垂直子系统是建筑物的主要缆线，它为从设备间到每层楼上的管理间之间传输信号提供通路。垂直子系统的布线方式有垂直型的，也有水平型的，这主要根据建筑物的结构而定。大多数建筑物都是垂直向高空发展的，因此很多情况下会采用垂直型的布线方式。但是也有很多建筑物是横向发展的，如飞机场候机厅、工厂仓库等建筑，这时也会采用水平型的垂直子系统布线方式。因此垂直子系统缆线的布线路由大多数是垂直型的，也可能是水平型的或是两者的综合。

在新的建筑物中，通常利用竖井通道敷设垂直子系统缆线。在竖井中敷设时，一般有两种方式，向下垂放电缆和向上牵引电缆。相比较而言，向下垂放电缆比较容易。

1. 向下垂放缆线的一般步骤

1）把缆线卷轴放到最顶层。

2）在离开口（孔洞处）3～4m处安装缆线卷轴。

3）在缆线卷轴处安排所需的布线施工人员，每层楼上要有一个工人，以便引寻下垂的缆线。

4）旋转卷轴，将缆线从卷轴上拉出。

5）将拉出的缆线引导进竖井中的孔洞。在此之前，先在孔洞中安放一个塑料的套状保护物，以防止孔洞不光滑的边缘擦破缆线的外皮。

6）慢慢地从卷轴上放缆并进入孔洞向下垂放，注意速度不要过快。

7）继续放线，直到下一层布线人员将缆线引到下一个孔洞。

8）按前面的步骤继续慢慢地放线，并将缆线引入各层的孔洞，直至缆线到达指定楼层进入横向通道。

2. 向上牵引缆线的一般步骤

向上牵引缆线需要使用电动牵引绞车，其主要步骤如下：

1）按照缆线的质量选定绞车型号，并按绞车制造厂家的说明书进行操作。先往绞车中穿一条绳子。

2）启动绞车，并往下垂放一条拉绳（确认此拉绳的强度能保护牵引缆线），直到安放缆线的底层。

3）如果缆上有一个拉眼，则将绳子连接到此拉眼上。

4）启动绞车，慢慢地将缆线通过各层的孔向上牵引。

5）缆的末端到达顶层时，停止绞车。

6）在地板孔边沿上用夹具将缆线固定。

7）当所有连接制作好之后，从绞车上释放缆线的末端。

8.5 垂直子系统工程技术实训项目

8.5.1 实训项目1 PVC线槽/穿线管布线实训

【实训目的】

1）通过设计垂直子系统布线路径和距离，熟练掌握垂直子系统的设计方法。

2）通过线槽/线管的安装和穿线等，熟练掌握垂直子系统的施工方法。

3）通过核算、列表、领取材料和工具，训练规范施工的能力。

【实训要求】

1）计算和准备好实验需要的材料和工具。

2）完成竖井内模拟布线实训，合理设计施工布线系统，路径合理。

3）垂直布线平直、美观，接头合理。

4）掌握垂直子系统线槽/线管的接头和三通连接以及大线槽开孔、安装、布线、盖板的方法和技巧。

5）掌握锯弓、螺丝刀、电动螺丝刀等工具的使用方法和技巧。

【实训材料和工具】

1）PVC塑料穿线管、管接头、管卡若干。

2）40PVC线槽、接头、弯头等。

3）锯弓、锯条、钢卷尺、十字螺丝刀、电动螺丝刀、人字梯等。

【实训设备】

推荐实训设备：IT工程技术实训平台1套，产品型号：KYSYZ—12—1233。

该实训设备是国家专利产品，由全钢的12个模块组成"丰"字形结构，构成12个角区域，能够满足12组学生同时进行12个工作区子系统的实训。实训设备上预制有螺孔，无尘操作，能够进行万次以上的实训。

【实训步骤】

1）设计一种使用PVC线槽/穿线管从管理间到楼层设备间—机柜的垂直子系统，并且绘制施工图。

3或4人成立一个项目组，选举项目负责人，每人设计一种垂直子系统布线图，并且绘制设计图。项目负责人指定一种设计方案进行实训。

2）按照设计图，核算实训材料规格和数量，掌握工程材料核算方法，列出材料清单。

3）按照设计图需要，列出实训工具清单，领取实训材料和工具。

4）PVC线槽安装方法如图8-9所示。PVC穿线管安装方法如图8-10所示。

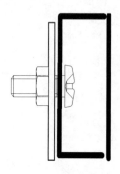
图8-9　线槽安装图

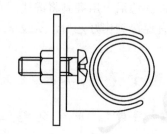
图8-10　线管安装图

5）明装布线实训时，边布管边穿线。

【实训分组】

为了满足全班40人同时实训并充分利用实训设备，实训前必须进行合理的分组，保证每组的实训内容相同，难易程度相同。布线方法如下所述：

1）根据规划和设计好的布线路径准备好实验材料和工具，从货架上取下以下材料（任意一组）：

组一：40PVC穿线管、直接头、三通、管卡、M6螺栓、锯弓等材料和工具备用。

组二：40PVC线槽、直接头、三通、M6螺栓、锯弓等材料和工具备用。

2）根据设计的布线路径在墙面安装管卡，在垂直方向每隔500～600mm安装1个管卡。

3）在拐弯处用90°弯头连接，安装PVC线槽。两根PVC线槽之间用直接头连接，3根线槽之间用三通连接。同时在槽内安装4-UTP网线。安装线槽前，根据需要在线槽上开直径为8mm的孔，用M6螺栓固定。

对于PVC穿线管，在拐弯处用90°弯头连接、安装PVC穿线管。两根PVC穿线管之间用直接头连接，3根管之间用三通连接。同时在PVC管内穿4-UTP网线。

4）机柜内必须预留网线1.5m。

5）分组实训路径如图8-11所示。

实训装置有长1.2m、宽1.2m的角共12个，可以模拟12个建筑物竖井进行垂直子系统布线实验。12个小组可以同时进行实验。

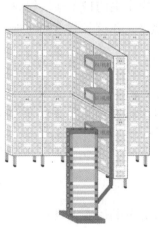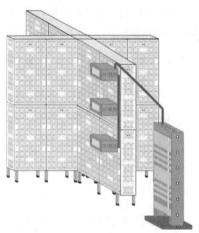

图8-11 垂直布线系统实训——分组布线示意图

【实训报告】

1）画出垂直子系统PVC线槽或管布线路径图。

2）计算出布线需要的弯头、接头等材料和工具。

3）总结使用工具的体会和技巧。

8.5.2 实训项目2 钢缆扎线实训

【实训目的】

1）通过设计垂直子系统布线路径和距离，熟练掌握垂直子系统的设计方法。

2）通过墙面安装钢缆，熟练掌握垂直子系统的施工方法。

3）通过核算、列表、领取材料和工具，训练规范施工的能力。

【实训要求】

1）计算和准备好实训需要的材料和工具。

2）完成竖井内钢缆扎线实训，合理设计施工布线系统，路径合理。

3）垂直布线平直、美观，扎线整齐合理。

4）掌握垂直子系统支架、钢缆和扎线的方法和技巧。

5）掌握活扳手、U形卡、线扎等工具和材料的使用方法和技巧。

6）掌握扎线的间距要求。

【实训材料和工具】

1）直径5mm钢缆、U形卡、支架若干。

2）锯弓、锯条、钢卷尺、十字螺丝刀、活扳手、人字梯等。

【实训设备】

推荐实训设备：IT工程技术实训平台1套，产品型号：KYSYZ—12—12。

该实训设备是国家专利产品，由全钢的12个模块组成"丰"字形结构，构成12个角区域，能够满足12组学生同时进行12个工作区子系统的实训。实训设备上预制有螺孔，无尘操作，能够进行万次以上的实训。

【实训步骤】

1）规划和设计布线路径，确定在建筑物竖井内安装支架和钢缆的位置和数量。

2）计算和准备实训材料和工具。

3）安装和布线。

【实训分组】

为了满足全班40人同时实训并充分利用实训设备，实训前必须进行合理的分组，保证每组的实训内容相同，难易程度相同。以IT工程技术实训平台为例进行分组，具体可以按照实训设备规格和实训人数设计。布线方法如下所述：

1）根据规划和设计好的布线路径准备好实验材料和工具，从货架上取下支架、钢缆、U形卡、活扳手、线扎、M6螺栓、锯弓等材料和工具备用。

2）根据设计的布线路径在墙面安装支架，在水平方向每隔500～600mm安装1个支架，在垂直方向每隔1 000mm安装1个支架。支架安装方法如图8-12所示。

3）支架安装好以后，根据需要的长度用钢锯裁好合适长度的钢缆，必须预留两端绑扎长度。用U形卡将钢缆按照图8-12所示固定在支架上。

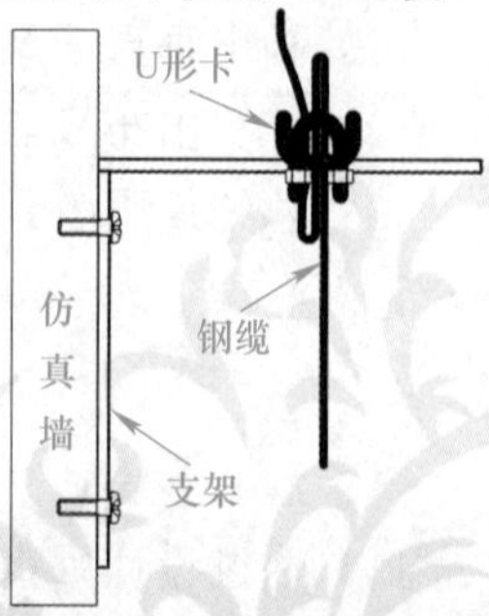

图8-12　钢缆固定示意图

4）用线扎将缆线绑扎在钢缆上，间距500mm左右。在垂直方向均匀分布缆线的重量。绑扎时不能太紧，以免破坏网线的绞绕节距；也不能太松，避免缆线的重量将缆线拉伸。

5）每个小组实训路径如图8-13所示。

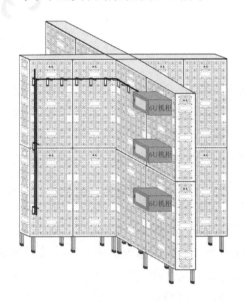 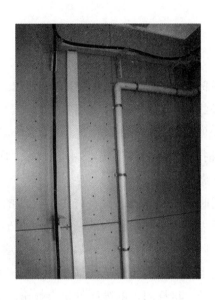

图8-13　垂直布线系统实训——钢缆扎线布线实训示意图

6）分组实训路径如图8-14所示。

实训装置有长1.2m、宽1.2m的角共12个，可以模拟12个建筑物竖井进行垂直子系统布线实训。12个小组可以同时进行实训。

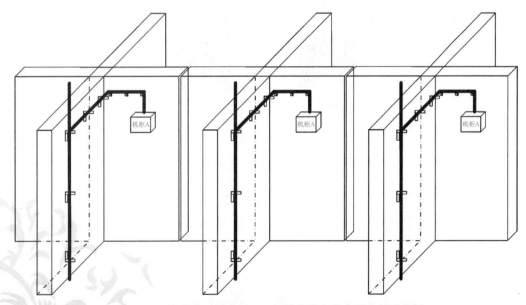

图8-14　垂直布线系统实训——钢缆扎线布线实训分组示意图

【实训报告】

1）写出钢缆绑扎缆线的基本要求和注意事项。

2）计算出需要的U形卡、支架等材料和工具的数量。

8.6　工程经验

举例来说，在一次网络综合布线工程施工过程中，将一栋5层公寓楼的垂直布线所有的缆线绑扎在了一起，在测试时，发现有一层的缆线无法测通，经过排查发现是垂直子系统的布线出现了问题，需要重新布线。在换线的过程中无法抽动该层的缆线，又将所有绑扎的缆线逐层放开，才更换好。因此在施工过程中，垂直子系统的缆线要分层绑扎，并做好标记。

同时值得注意的是，在许多捆缆线的场合，位于外围的缆线受到的压力比线束里面的大，压力过大会使缆线内的扭绞线对变形，影响性能，表现为回波损耗，成为主要的故障模式。回波损耗的影响能够累积下来，这样每一个过紧的系缆带造成的影响都累加到总回波损耗上。可以想象最坏的情况，在长长的悬线链上固定着一根缆线，每隔300mm就有一个系缆带。这样固定的缆线如果有40m，那么缆线就有134处被挤压着。所以，当使用系缆带时，要注意系带时的力度，系缆带只要足以束住缆线就足够了。

互动练习和习题

请扫描二维码，下载第8章互动练习和习题，并按照教师安排按时完成。

　　互动练习　　　　　　　习题

第9章
设备间子系统工程技术 ■■■■■■■■■

> ➤ **知识目标** 熟悉设备间子系统的基本概念和设计原则等知识，掌握设备间位置、面积、结构、环境要求、安全分类等知识。

> ➤ **能力目标** 掌握设备间子系统的机柜安装、防雷器安装，以及配电、防静电等安装方法，熟悉2个设计实例，掌握设备间子系统安装工程技术。

> ➤ **素质目标** 通过2个技能训练项目和工程经验，培养良好的职业作风规范，坚持按图施工，安全生产。

9.1 设备间子系统的基本概念

设备间子系统是一个集中化设备区，连接系统公共设备及通过垂直子系统连接至各个楼层的管理间子系统，如局域网、主机、建筑自动化设备和保安系统等。

设备间子系统是大楼中数据、语音垂直子系统缆线终接的场所，也是建筑群的缆线进入建筑物终接的场所，更是各种数据和语音主机设备及保护设施的安装场所，如图9-1所示。设备间子系统一般设在建筑物中部或在建筑物的一、二层，避免设在顶层或地下室，位置不应远离电梯，并为以后的扩展留下余地。建筑群的缆线进入建筑物时应有相应的过流、过压保护设施。

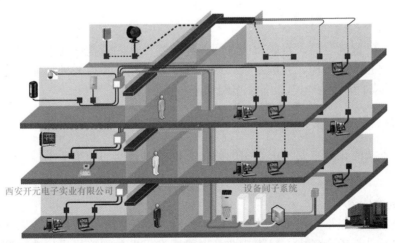

图9-1 设备间子系统示意图

设备间子系统的场所必须按照相关国际或者国家标准要求进行设计。设备间子系统空间用于安装网络和电信设备、连接器件、接头套管等，为接地和连接设施、保护装置提供控制环境，也是系统进行管理、控制、维护的场所。设备间子系统所在的空间还有对门窗、天花板、电源、照明、接地的要求。

在计算机网络系统中，设备间安装的主要设备有网络汇聚交换机、数字程控交换机、不间断电源、网络配线架、语音配线架、机柜等。设备间的面积、空间高度、开门尺寸等必须符合相关标准的规定，例如，必须符合GB 50311《综合布线系统工程设计规范》中的规定等。

9.2 设备间子系统的设计原则

9.2.1 设计步骤

设计人员应与用户一起商议，根据用户要求及现场情况具体确定设备间的位置。只有确定了设备间的位置后，才可以设计综合布线的其他子系统。因此，设计人员在进行需求分析时，确定设备间位置是一项重要的工作内容。

9.2.2 需求分析

设备间子系统是一幢建筑物综合布线系统的大脑中枢，设备间的需求分析围绕整幢建筑物的全部信息点数量、设备数量、网络构成等进行，每幢建筑物内应至少设置1个独立的设备间。如果电话交换机与计算机网络设备分别安装在不同的场所或有安全要求，也可设置2个或2个以上设备间，以满足不同业务的设备安装需要。

9.2.3 技术交流

在进行需求分析后，要与用户进行技术交流，重点了解设备间子系统附近的电源插座、电力电缆、电气设备等情况。

9.2.4 阅读建筑物图纸

在设备间的位置确定前，索取和认真阅读建筑物设计图纸是必要的。通过阅读建筑物图纸掌握建筑物的土建结构、强电路径、弱电路径，特别是主要与外部配线连接接口的位置，重点掌握设备间附近的电气设备、电源插座、暗埋管线等。

9.2.5 设计原则

设备间子系统的设计主要考虑设备间的位置以及设备间的环境要求。具体设计要点请参考下列内容。

1. 设备间的位置

设备间的位置及大小应根据建筑物的结构、综合布线规模、管理方式以及应用系统设备的数量等方面进行综合考虑，择优选取。一般而言，设备间应尽量建在建筑平面及其综合布线系统的中间位置。在高层建筑内，设备间也可以设置在1、2层。

确定设备间的位置可以参考以下设计规范：

1）应尽量建在综合布线垂直子系统的中间位置，并尽可能靠近建筑物电缆引入区和网络接口，以方便垂直子系统缆线的进出。

2）应尽量避免设在建筑物的高层或地下室以及用水设备的下层。

3）应尽量远离强振动源和强噪声源。

4）应尽量避开强电磁场的干扰。

5）应尽量远离有害气体源以及易腐蚀物、易燃物、易爆物。

6）应方便接地装置的安装。

2．设备间的面积

GB 50311规定设备间内应有足够的设备安装空间，其使用面积不应小于10m²，该面积不包括程控用户交换机、计算机网络设备等设施所需的面积在内。

设备间的使用面积要考虑所有设备的安装面积，还要考虑预留工作人员管理操作设备的地方。设备间的使用面积可按照下述两种方法之一确定。

方法一：已知S_b为综合布线有关的并安装在设备间内的设备所占面积（m²），S为设备间的使用总面积（m²），那么

$$S=（5\sim7）\Sigma S_b$$

方法二：当设备尚未选型时，设备间使用总面积S为

$$S=KA$$

式中　A——设备间的所有设备台（架）的总数；

　　　K——系数，取值（4.5～5.5）m²/台（架）。

3．建筑结构

设备间的建筑结构主要依据设备大小、设备搬运以及设备重量等因素而设计。设备间的高度一般为2.5～3.2m。设备间门的大小至少为高2.1m、宽1.5m。

设备间的楼板承重设计一般分为两级：

A级≥500kg/m²；

B级≥300kg/m²。

4．设备间的环境要求

设备间内安装了计算机、计算机网络设备、电话程控交换机、建筑物自动化控制设备等硬件设备。这些设备的运行需要相应的温度、湿度、供电、防尘等要求。设备间内的环境设置可以参照国家计算机用房设计标准GB 50174—2017《数据中心设计规范》、程控交换机的CECS09:89《工业企业和程控用户交换机工程设计规范》等相关标准及规范。

（1）温、湿度

综合布线有关设备的温、湿度要求可分为A、B、C三级，设备间的温、湿度也可参照3个级别进行设计。3个级别具体要求见表9-1。

表9-1　设备间温、湿度要求

项目	A级	B级	C级
温度/℃	夏季：22±4 冬季：18±4	12～30	8～35
相对湿度/%	40～65	35～70	20～80

设备间的温、湿度控制可以通过安装降温或加温、加湿或除湿功能的空调设备来实现。选择空调设备时，南方地区主要考虑降温和除湿功能，北方地区要具有降温、升温、除湿、加湿功能。空调的功率主要根据设备间的大小及设备多少而定。

（2）尘埃

设备间内的电子设备对尘埃指标要求较高，尘埃过多会影响设备的正常工作，降低设备的工作寿命。设备间的尘埃指标一般可分为A、B两级，见表9-2。

表9-2　设备间尘埃指标要求

项目	A级	B级
粒度/μm	>0.5	>0.5
个数/粒/dm³	<10 000	<18 000

要降低设备间的尘埃度关键在于定期清扫灰尘，工作人员进入设备间应更换干净的鞋具。

（3）空气

设备间内应保持空气洁净，有良好的防尘措施，并防止有害气体侵入。允许有害气体限值分别见表9-3。

表9-3　有害气体限值

有害气体/（mg/m³）	二氧化硫（SO_2）	硫化氢（H_2S）	二氧化氮（NO_2）	氨（NH_3）	氯（Cl_2）
平均限值	0.2	0.006	0.04	0.05	0.01
最大限值	1.5	0.03	0.15	0.15	0.3

（4）照明

为了方便工作人员在设备间内操作设备和维护相关综合布线器件，设备间内必须安装足够光照度的照明系统，并配置应急照明系统。设备间内距地面0.8m处，光照度不应低于200lx。设备间配备的事故应急照明，在距地面0.8m处，光照度不应低于5lx。

（5）噪声

为了保证工作人员的身体健康，设备间内的噪声应小于70dB。长时间在70～80dB噪声的环境下工作，不但影响人的身心健康和工作效率，还可能造成人为的噪声事故。

（6）电磁场干扰

根据综合布线系统的要求，设备间无线电干扰的频率应在0.15～1 000MHz范围内，不大于120dB，磁场干扰场强不大于800A/m。

（7）供电系统

设备间供电电源应满足以下要求：

1）频率：50Hz。

2）电压：220V/380V。

3）相数：三相五线制或三相四线制/单相三线制。

设备间供电电源允许变动的范围见表9-4。

表9-4　设备间供电电源允许变动的范围

项目	A级	B级	C级
电压变动/%	−5～+5	−10～+7	−15～+10
频率变动/%	−0.2～+0.2	−0.5～+0.5	−1～+1
波形失真率/%	<±5	<±7	<±10

根据设备间内设备的使用要求，设备要求的供电方式分为3类：

1）需要建立不间断供电系统。

2）需建立备用的供电系统。

3）按一般用途供电考虑。

5. 设备间的设备管理

设备间内的设备种类繁多，而且缆线布设复杂。为了管理好各种设备及缆线，设备间内的设备应分类分区安装，设备间内所有进出线装置或设备应采用不同的色标，以区别各类用途的配线区，方便线路的维护和管理。

6. 安全分类

设备间的安全分为A、B、C三个类别，具体规定见表9-5。

表9-5　设备间的安全要求

安全项目	A类	B类	C类
场地选择	有要求或增加要求	有要求或增加要求	无要求
防火	有要求或增加要求	有要求或增加要求	有要求或增加要求
内部装修	要求	有要求或增加要求	无要求
供配电系统	要求	有要求或增加要求	有要求或增加要求
空调系统	要求	有要求或增加要求	有要求或增加要求
火灾报警及消防设施	要求	有要求或增加要求	有要求或增加要求
防水	要求	有要求或增加要求	无要求
防静电	要求	有要求或增加要求	无要求
防雷击	要求	有要求或增加要求	无要求
防鼠害	要求	有要求或增加要求	无要求
电磁波的防护	有要求或增加要求	有要求或增加要求	无要求

A类：对设备间的安全有严格的要求，设备间有完善的安全措施。

B类：对设备间的安全有较严格的要求，设备间有较完善的安全措施。

C类：对设备间的安全有基本的要求，设备间有基本的安全措施。

根据设备间的要求，设备间安全可按某一类执行，也可按某几类综合执行。综合执行是指一个设备间的某些安全项目可按不同的安全类型执行。例如，某设备间按照安全要求可选防电磁干扰A类，火灾报警及消防设施为B类。

7. 结构防火

为了保证设备使用安全，设备间应安装相应的消防系统，配备防火防盗门。

8. 火灾报警及灭火设施

安全级别为A、B类设备间内应设置火灾报警装置。在机房内、基本工作房间、活动地板下、吊顶上方及易燃物附近都应设置烟感和温感探测器。

A类设备间内设置二氧化碳（CO_2）自动灭火系统，并备有手提式二氧化碳（CO_2）灭火器。

B类设备间内在条件许可的情况下，应设置二氧化碳自动灭火系统，并备有手提式二氧化碳灭火器。

C类设备间内应备有手提式二氧化碳灭火器。

A、B、C类设备间除纸介质等易燃物质外，禁止使用水、干粉或泡沫等易产生二次破坏的灭火器。

为了在发生火灾或意外事故时方便设备间工作人员迅速向外疏散，对于规模较大的建筑物，在设备间或机房应设置直通室外的安全出口。

9．接地要求

设备间设备安装过程中必须考虑设备的接地。根据综合布线相关规范要求，接地要求如下：

1）直流工作接地电阻一般要求不大于4Ω，交流工作接地电阻也不应大于4Ω，防雷保护接地电阻不应大于10Ω。

2）建筑物内部应设有一套网状接地网络，保证所有设备共同的参考等电位。如果综合布线系统单独设置接地系统，且能保证与其他接地系统之间有足够的距离，则接地电阻值规定为小于或等于4Ω。

3）为了获得良好的接地，推荐采用联合接地方式。所谓联合接地方式就是将防雷接地、交流工作接地、直流工作接地等统一接到共用的接地装置上。当综合布线采用联合接地系统时，通常利用建筑钢筋作为防雷接地引下线，而接地体一般利用建筑物基础内钢筋网作为自然接地体，使整幢建筑的接地系统组成一个笼式的均压整体。联合接地电阻要求小于或等于1Ω。

4）接地所使用的铜线电缆规格与接地的距离有直接关系，一般接地距离在30m以内，接地导线采用直径为4mm的带绝缘套的多股铜缆线。接地电缆规格与接地距离的关系见表9-6。

表9-6　接地电缆规格与接地距离的关系

接地距离/m	接地导线直径/mm	接地导线截面积/mm²
小于30	4.0	12
30～48	4.5	16
49～76	5.6	25
77～106	6.2	30
107～122	6.7	35
123～150	8.0	50
151～300	9.8	75

10．内部装饰

设备间装修材料使用符合GB 50016《建筑设计防火规范》标准中规定的难燃材料或阻燃材料，应能防潮、吸音、不起尘、抗静电等。

（1）地面

为了方便敷设电缆线和电源线，设备间的地面最好采用抗静电活动地板，其接地电阻应在0.11～1 000MΩ之间。具体要求应符合国家标准GB/T 36340—2018《防静电活动地板通用规范》。

带有走线口的活动地板为异型地板。其走线口应光滑，防止损伤电线、电缆。设备间地面所需异形地板的块数由设备间所需引线的数量来确定。设备间地面禁止铺设全毛、化纤和塑料类地毯，因为这些地毯容易产生静电，而且容易产生积灰。设备间的建筑地面应平整、光洁、防潮、防尘。

网络综合布线系统工程技术实训教程　第5版

（2）墙面

墙面应选择不易产生灰尘也不易吸附灰尘的材料。目前，大多数是在平滑的墙壁上涂阻燃漆或在墙面上覆盖耐火的装饰板。

（3）顶棚

为了吸音及布置照明灯具，一般在设备间顶棚下加装一层吊顶。吊顶材料应满足防火要求。目前，我国大多数采用铝合金或轻钢作龙骨，安装吸音铝合金板、阻燃铝塑板、喷塑石英板等。

（4）隔断

根据设备间放置的设备及工作需要，可用玻璃将设备间隔成若干个房间。隔断可以选用防火的铝合金或轻钢作龙骨，安装10mm厚钢化透明玻璃，或从地板面至1.2m处安装难燃装饰板，1.2m以上再安装10mm厚钢化透明玻璃。

9.2.6 设备间内的缆线敷设

1．活动地板方式

这种方式是缆线在活动地板下的空间敷设，由于地板下空间大，因此缆线容量和条数多，路由自由短捷，节省电缆费用，缆线敷设和拆除简单方便，能适应线路增减变化，有较高的灵活性，便于维护管理。但造价较高，会减少房屋的净高，对地板表面材料也有一定要求，如耐冲击性、耐火性、抗静电、稳固性等。

2．地板或墙壁内沟槽方式

这种方式是缆线在建筑中预先建成的墙壁或地板内沟槽中敷设，沟槽的断面尺寸大小根据缆线终期容量来设计，上面设置盖板保护。这种方式造价较活动地板低，便于施工和维护，也有利于扩建，但沟槽设计和施工必须与建筑设计和施工同时进行，在配合协调上较为复杂。沟槽方式因是在建筑中预先制成，因此在使用中会受到限制，缆线路由不能自由选择和变动。

3．预埋管路方式

这种方式是在建筑的墙壁或楼板内预埋管路，其管径和根数根据缆线需要来设计。穿放缆线比较容易，维护、检修和扩建均有利，造价低廉，技术要求不高，是一种最常用的方式。但预埋管路必须在建筑施工中进行，缆线路由受管路限制，不能变动。

4．机架走线架方式

这种方式是在设备（机架）上沿墙安装走线架（或槽道）的敷设方式，走线架和槽道的尺寸根据缆线需要设计，它不受建筑的设计和施工限制，可以在建成后安装，便于施工和维护，也有利于扩建。机架上安装走线架或槽道时，应结合设备的结构和布置来考虑，在层高较低的建筑中不宜使用。

9.3 设备间子系统的设计实例

9.3.1 设计实例1 设备间布局设计图

在设计设备间布局时，一定要将安装设备区域和管理人员办公区域分开考虑，这样不但便于管理人员的办公，而且便于设备的维护，如图9-2所示。设备区域与办公区域使用玻璃隔断分开。

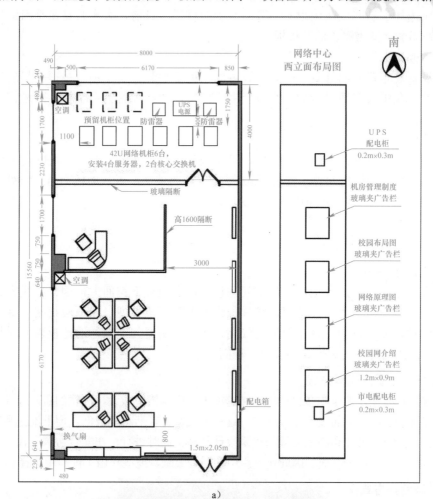

a）

b）

图9-2　设备间布局设计图

a）设备间布局平面图　b）设备间装修效果图

9.3.2　设计实例2　设备间预埋管路图

设备间的布线管道一般采用暗敷预埋方式，如图9-3所示。

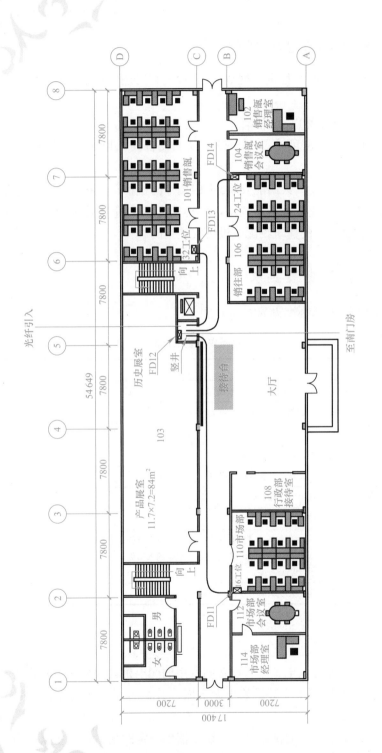

图9-3　设备间到管理间预埋管道图

9.4 设备间子系统的工程技术

9.4.1 设备间子系统的标准要求

GB 50311《综合布线系统工程设计规范》第7章安装工艺要求中，对设备间的设置要求如下：

每幢建筑物内应至少设置1个设备间，如果电话交换机与计算机网络设备分别安装在不同的场地或有安全要求，也可设置2个或2个以上设备间，以满足不同业务的设备安装需要。

如果一个设备间以10m²计，大约能安装5个19英寸的机柜。在机柜中安装电话大对数电缆多对卡接式模块、数据缆线配线设备模块，大约能支持总量为6 000个信息点所需（其中电话和数据信息点各占50%）的建筑物配线设备安装空间。

9.4.2 设备间机柜的安装要求

设备间内机柜的安装要求标准见表9-7。

表9-7 机柜安装要求标准

项目	标准
安装位置	应符合设计要求，机柜应离墙1m，便于安装和施工。所有安装螺钉不得有松动，保护橡皮垫应安装牢固
底座	安装应牢固，应按设计图的防震要求进行施工
安放	安放应竖直，柜面水平，垂直偏差≤1‰，水平偏差≤3mm，机柜之间缝隙≤1mm
表面	完整，无损伤，螺钉坚固，每平方米表面凹凸度应＜1mm
接线	接线应符合设计要求，接线端子各种标志应齐全，保持良好
配线设备	接地体保护接地，导线截面、颜色应符合设计要求
接地	应设接地端子，并良好连接接入楼宇的接地端排
缆线预留	1）对于固定安装的机柜，在机柜内不应有预留线长，预留线应预留在可以隐蔽的地方，长度在1~1.5m之间 2）对于可移动的机柜，连入机柜的全部缆线在连入机柜的入口处，应至少预留1m，同时各种缆线的预留长度相互之间的差别应不超过0.5m
布线	机柜内走线应全部固定，并要求横平竖直

9.4.3 配电要求

设备间供电由大楼市电提供电源进入设备间专用的配电柜。设备间设置设备专用的UPS插座。为了便于维护，在墙面上安装维修电源插座，其他房间根据设备的数量安装相应的维修电源插座。

配电柜除了满足设备间设备的供电以外，还要留出一定的余量，以备以后的扩容。

在综合布线工程施工中涉及室内照明、设备供电、电气箱接线、稳压电源安装等电工技术，在视频监控和报警等弱电工程中，信号传输必须使用BNC头、RCA头、PCB端子等，都需要熟练的专业技能才能保证可靠连接。如果电力电缆接头发热、开路、短路等，则会影响计算机网络系统的正常运行，严重时会造成系统瘫痪甚至损坏交换机和终端设备。

常用电力电缆的分类和选用，以及电工配线端接技术和实训项目，请参考本书配套的《综合布线实训指导书 第3版》，实训单元8电工配线端接技术实训。该书由王公儒主编，机械工业出版社出版，封面和书号详见本书封底。

9.4.4 设备间安装防雷器

1. 防雷基本原理

所谓雷击防护就是通过合理、有效的手段将雷电流的能量尽可能地引入大地，防止其进入被保护的电子设备。其原理是疏导，而不是堵雷或消雷。

根据国际电工委员会的防雷理论，外部和内部的雷电保护已采用面向电磁兼容性（EMC）的雷电保护新概念。对于感应雷的防护，已经同直击雷的防护同等重要。

在雷电流的冲击下，防雷器在极短时间内与接地网形成通路，使雷电流在到达设备之前，通过防雷器和接地网快速泄放入地。当雷电流脉冲泄放完成后，防雷器自动恢复为正常高阻状态，使被保护设备继续工作。

直击雷的防护已经是一个很早就被重视的问题。现在的直击雷防护基本采用有效的避雷针、避雷带或避雷网作为接闪器，通过引下线使直击雷能量泄放入地。

2. 防雷设计

依据GB 50057《建筑物防雷设计规范》中的有关规定，对计算机网络中心设备间电源系统采用三级防雷设计，如图9-4所示。

第一、二级电源防雷：防止从室外窜入的雷电过电压、防止开关操作过电压、感应过电压、反射波效应过电压。一般在设备间总配电处，选用电源防雷器分别在L-N、N-E间进行保护，可最大限度确保被保护对象不因雷击而损坏，更大限度地保护设备安全。

第三级电源防雷：防止开关操作过电压、感应过电压。主要考虑到设备间的重要设备（服务器、交换机、路由器等）多，必须在其前端安装电源防雷器。

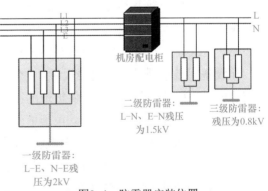

图9-4 防雷器安装位置

设备间的防雷非常重要，完善的防雷系统不仅能够保护昂贵和重要的网络汇聚交换机和服务器等关键设备，始终保持网络系统正常运行，也能避免发生人身伤害事件。由于计算机类专业学生缺乏强电和电磁场等专业知识，建议在教学实训中使用图9-5所示的网络工程防雷展示与实训装置，型号为KYDG—03—06。请扫描二维码观看《网络工程防雷展示与实训装置简介》，快速了解和熟悉设备间防雷知识、器材和应用案例。

扫码看视频

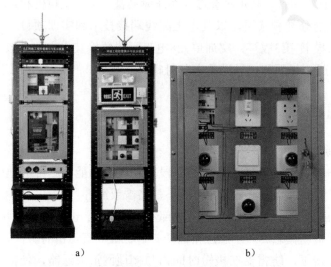

a)   b)

图9-5 网络工程防雷展示与实训装置及实训箱

a）网络工程防雷展示与实训装置（见彩图） b）实训箱

9.4.5 设备间防静电措施

为了防止静电带来的危害，更好地保护机房设备，更好地利用布线空间，应在中央机房等关键的房间内安装高架防静电地板。

设备间用防静电地板有钢结构和木结构两大类，其要求是既能提供防火、防水和防静电功能，又要轻、薄并具有较高的强度和适应性，且有微孔通风。防静电地板下面或防静电吊顶板上面的通风道应留有足够余地以作为机房敷设线槽、缆线的空间，这样既便于大量线槽、缆线施工，同时也使机房整洁美观。

在设备间装修铺设防静电地板时，同时要安装静电泄漏系统。铺设静电泄漏地网，通过把静电泄漏接地排和机房安全保护地的接地端子连接在一起，将静电泄漏掉。

中央机房、设备间的高架防静电地板的安装注意事项：

1）清洁地面。用水冲洗或拖湿地面，必须等到地面完全干了以后才可以施工。

2）画地板网格线和缆线管槽路径标识线，这是确保地板横平竖直的必要步骤。

首先将每个支架的位置正确标注在地面坐标上，然后将地板下大量线槽、缆线的出口、安放方向、距离等一同标注在地面上，其次准确地画出定位螺钉的孔位，最后按照定位坐标安装线槽、支架、铺设地板。

3）敷设线槽、缆线：先敷设防静电地板下面的线槽，这些线槽都是金属可锁闭和开启的，因而这一工序是将线槽位置全面固定，并同时安装接地引线，然后布放缆线。

4）支架及线槽系统的接地保护：这一工序对于网络系统的安全至关重要。特别注意连接在地板支架上的接地铜带，作为防静电地板的接地保护。注意，一定要等到所有支架安放完成后再统一校准支架高度。

9.5 设备间子系统工程技术实训项目

9.5.1 实训项目1 立式机柜的安装

【实训目的】

1）通过立式机柜的安装，了解机柜的布置原则、安装方法及使用要求。

2）通过立式机柜的安装，掌握机柜门板的拆卸和重新安装。

【实训要求】

1）准备实训工具，列出实训工具清单。

2）独立领取实训材料和工具。

3）完成立式机柜的定位、地脚螺钉的调整、门板的拆卸和重新安装工作。

【实训材料和工具】

1）立式机柜1个。

2）十字螺丝刀，长度150mm，用于固定螺钉。一般每人1把。

3）5m卷尺，一般每组1把。

【实训管理】

推荐实训设备一：网络综合布线实训室。

推荐实训设备二：教学用教室。

【实训步骤】

1）准备实训工具，列出实训工具清单。

2）领取实训材料和工具。

3）确定立式机柜安装位置。

立式机柜在管理间、设备间或机房的布置必须考虑远离配电箱，四周保证有1m的通道和检修空间。

2或3人组成一个项目组，选举项目负责人，每组设计一种设备安装图，并且绘制设计图。项目负责人指定1种设计方案进行实训，如图9-6所示。

4）实际测量尺寸。

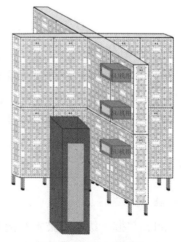

图9-6 机柜安装示意

5）准备好需要安装的设备——立式网络机柜，将机柜就位，然后将机柜底部的定位螺栓向下旋转，将4个辊辖悬空，保证机柜不能转动，如图9-7所示。

6）安装完毕后，学习机柜门板的拆卸和重新安装，如图9-8所示。

说明：
① 机柜下围框
② 机柜锁紧螺母
③ 机柜地脚
④ 压板锁紧螺母

图9-7 机柜地脚锁紧示意图

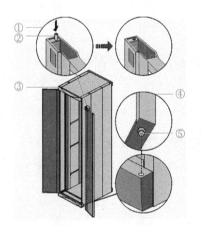

说明：
① 安装门的顶部轴销放大示意图
② 顶部轴销
③ 机柜上门楣
④ 安装门的底部轴销放大示意图
⑤ 底部轴销

图9-8 门安装示意图

【实训报告要求】

1）画出立式机柜安装位置布局示意图。

2）分步陈述实训程序或步骤以及安装注意事项。

3）总结实训体会和操作技巧。

9.5.2 实训项目2 计算机防雷系统电气一、二、三级防雷实训

【实训目的】

1）掌握一级防雷技术及接线路由图。

2）掌握二级防雷技术及接线路由图。

3）掌握三级防雷技术及接线路由图。

【实训要求】

1）检查计算机电气一、二、三级防雷设备的安装是否正确无误。

2）学习掌握电工布线技术，检查各个设备的安装及线路是否正确无误。

3）保证线路完整、正确后上电。

4）掌握计算机房电气一、二、三级防雷接线等操作。

5）2人1组，2课时完成。

【实训材料和工具】

1）网络工程防雷展示与实训装置，型号为KYDG—03—06，如图9-9所示。

2）智能化系统工具箱，型号为KYGJX—16。

【实训步骤】

1）打开电气一级防雷箱，检查实训箱内设备的安装是否正确无误，如图9-10所示。学习掌握电工布线技术，检查连接各个设备的线路是否正确无误。

图9-9　网络工程
防雷展示与实训装置

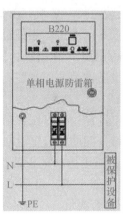

图9-10　电气一级防雷箱安装及接线图

2）打开电气二级防雷箱，检查实训箱内设备的安装是否正确无误，如图9-11所示。学习掌握电工布线技术，检查连接各个设备并检查线路是否正确无误。

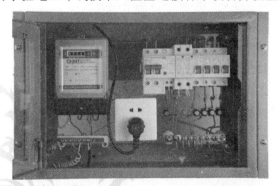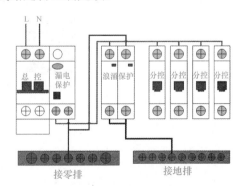

图9-11　电气二级防雷箱安装及接线图

3）认识电气三级防雷设备，防雷电源分配单元以及防雷电源分配单元上的SPD浪涌保护单元，如图9-12所示。

图9-12　电气三级防雷设备

4）检查无误，将各级防雷单元串联，并接通外部电源。

5）启动电源开关，观察各个单元的工作状况。

【实训报告】

1）描述雷击后电气一、二、三级防雷设备的工作状态。

2）总结电气一、二、三级防雷技术以及防雷设备安装在机房的位置。

3）总结电气一、二、三级防雷技术的布线经验。

9.6　工程经验

设备间设备的进场

在安装之前，必须对设备间的建筑和环境条件进行检查，具备下列条件方可开工：

1）设备间的土建工程已全部竣工，室内墙壁已充分干燥。设备间门的高度和宽度应不妨碍设备的搬运，房门锁和钥匙齐全。

2）设备间地面应平整光洁，预留暗管、地槽和孔洞的数量、位置、尺寸均应符合工艺设计要求。

3）电源已经接入设备间，应满足施工需要。

4）设备间的通风管道应清扫干净，空气调节设备应安装完毕，性能良好。

5）在铺设活动地板的设备间内，应对活动地板进行专门检查，地板板块铺设严密坚固，符合安装要求，每平方米水平误差应不大于2mm，地板应接地良好，接地电阻和防静电措施应符合要求。

互动练习和习题

请扫描二维码，下载第9章互动练习和习题，并按照教师安排按时完成。

互动练习

习题

第10章
进线间和建筑群子系统工程技术 ■■■■■■■■

在第1章中已经介绍了进线间子系统和建筑群子系统的基本概念，在本章主要介绍进线间子系统、建筑群子系统的设计原则和施工的工程技术。

➤ **知识目标** 熟悉进线间子系统的基本概念和设计原则等知识，熟悉建筑群子系统的基本概念和设计原则等知识。

➤ **能力目标** 掌握建筑群子系统的架空布线、直埋布线、管道布线等安装工程技术。

➤ **素质目标** 通过2个技能训练项目和4个工程经验，提升有效沟通能力和团队协作能力，以精益求精的工匠精神不断改进和创新，提高工程质量。

10.1 进线间子系统的设计原则

进线间主要作为室外电、光缆引入楼内的成端与分支及光缆的盘长空间位置。光缆至大楼、至用户、至桌面的应用及容量日益增多，进线间就显得尤为重要。

1. 进线间的位置

一般一个建筑物宜设置1个进线间，提供给多家电信运营商和业务提供商使用，通常设于地下一层。外线宜从两个不同的路由引入进线间，有利于与外部管道沟通。进线间与建筑物红外线范围内的人孔或手孔采用管道或通道的方式互连。

由于许多商用建筑物地下一层环境条件大大改善，可安装电、光的配线架设备及通信设施。在不具备设置单独进线间或入楼电、光缆数量及入口设施较少的建筑物也可以在入口处采用挖地沟或使用较小的空间完成缆线的成端与盘长，入口设施则可安装在设备间，最好是单独设置场地，以便进行功能区分。

2. 进线间面积的确定

进线间因涉及因素较多，难以统一提出具体所需面积，可根据建筑物实际情况，并参照通信行业和国家的现行标准要求进行设计。

进线间应满足缆线的敷设路由、成端位置及数量、光缆的盘长空间和缆线的弯曲半径、充气维护设备、配线设备安装所需要的场地空间和面积。

进线间的大小应按进线间的进入管道最终容量及入口设施的最终容量设计，同时应考虑满足多家电信业务经营者安装入口设施等设备的面积。

3. 缆线配置要求

建筑群主干电缆和光缆、公用网和专用网电缆、光缆及天线馈线等室外缆线进入建筑物时，应在进线间成端转换成室内电缆、光缆，并在缆线的终端处由多家电信业务经营者设置入口设施，入口设施中的配线设备应按引入的电、光缆容量配置。

电信业务经营者或其他业务服务商在进线间设置安装入口配线设备应与建筑物配线设备（BD）或建筑群配线设备（CD）之间敷设相应的连接电缆、光缆，实现路由互通。缆线类型与容量应与配线设备相一致。

4. 入口管孔数量

进线间应设置管道入口。在进线间缆线入口处的管孔数量应留有充分的余量，以满足建筑物之间、建筑物弱电系统、外部接入业务及多家电信业务经营者和其他业务服务商缆线接入的需求，建议留有2～4孔的余量。

5. 进线间的设计

进线间宜靠近外墙和在地下设置，以便于缆线引入。进线间设计应符合下列规定：

1）进线间应防止渗水，宜设有抽排水装置。

2）进线间应与布线系统垂直竖井互通。

3）进线间应采用相应防火级别的防火门，门向外开，宽度不小于1 000mm。

4）进线间应设置防有害气体措施和通风装置，排风量按每小时不小于5次容积计算。

5）进线间安装配线设备和信息通信设施时，应符合设备安装设计的要求。

6）与进线间无关的管道不宜通过。

6. 进线间入口管道处理

进线间入口管道所有布放缆线和空闲的管孔应采取防火材料封堵，做好防水处理。

10.2 建筑群子系统的设计原则

10.2.1 设计步骤

1）确定敷设现场的特点。包括确定整个工地的大小、工地的地界、建筑物的数量等。

2）确定电缆系统的一般参数。包括确认起点、端接点位置、所涉及的建筑物及每座建筑物的层数、每个端接点所需的双绞线对数、有多个端接点的每座建筑物所需的双绞线总对数等。

3）确定建筑物的电缆入口。建筑物入口管道的位置应便于连接公用设备，根据需要在墙上穿过一根或多根管道。

4）确定明显障碍物的位置。包括确定土壤类型、电缆的布线方法、地下公用设施的位置、查清拟定的电缆路由中沿线各个障碍物位置或地理条件、对管道的要求等。

5）确定主电缆路由和备用电缆路由。包括确定可能的电缆结构、所有建筑物是否共用一根电缆，查清在电缆路由中哪些地方需要获准后才能通过，选定最佳路由方案等。

6）选择所需电缆的类型和规格。包括确定电缆长度、画出最终的结构图、画出所选定路由的位置和挖沟详图，确定入口管道的规格，选择每种设计方案所需的专用电缆，保证电缆可进入口管道。

7）确定每种选择方案所需的劳务成本。包括确定布线时间、计算总时间、计算每种设计方案的成本，用总时间乘以当地的工时费以确定成本。

8）确定每种选择方案的材料成本。包括确定电缆成本、所有支持结构的成本、所有支撑硬件的成本等。

9）选择最经济、最实用的设计方案。把每种选择方案的劳务费成本加在一起，得到每种方案的总成本，比较各种方案的总成本，选择成本较低者；确定比较经济的方案是否有重大缺点，以致抵消了经济上的优点。

10.2.2 需求分析

用户需求分析是方案设计的重要环节，设计人员要通过多次反复地与用户沟通详细掌握用户的具体需求情况。在建筑群子系统设计时进行需求分析的内容应包括工程的总体概况、工程各类信息点统计数据、各建筑物信息点分布情况、各建筑物平面设计图、现有系统的状况、设备间位置等。了解以上情况后，具体分析从一个建筑物到另一个建筑物之间的布线距离、布线路径，逐步明确和确认布线方式和布线材料的选择。

10.2.3 技术交流

在进行需求分析后，要与用户进行技术交流。由于建筑群子系统往往覆盖整个建筑物的平面，布线路径也经常与室外的强电线路、给（排）水管道、道路和绿化等项目线路有多次交叉或者并行实施，因此不仅要与技术负责人交流，还要与项目或者行政负责人进行交流。在交流中重点了解每条路径上的电路、水路、气路的安装位置等详细信息。在交流过程中必须进行详细的书面记录，每次交流结束后要及时整理书面记录。

10.2.4 阅读建筑物图纸

建筑物布线系统的缆线较多，路由集中，是综合布线系统的重要线路，索取和认真阅读建筑物设计图纸是不能省略的程序，通过阅读建筑物图纸掌握建筑物的土建结构、强电路径、弱电路径，重点掌握在综合布线路径上的强电管道、给（排）水管道、其他暗埋管线等。在阅读图纸时，进行记录或者标记，正确处理建筑群子系统布线与电路、水路、气路和电气设备的直接交叉或者路径冲突问题。

10.2.5 建筑群子系统的规划和设计

建筑群子系统主要应用于多幢建筑物组成的建筑群综合布线场合，单幢建筑物的综合布线系统可以不考虑建筑群子系统。建筑群子系统的设计主要考虑布线路由选择、缆线选择、缆线布线方式等内容。建筑群子系统应按下列要求进行设计：

1. 考虑环境美化要求
建筑群子系统设计应充分考虑建筑群覆盖区域的整体环境美化要求，建筑群缆线尽量采用地下管道或电缆沟敷设方式。因客观原因最后选用了架空布线方式的，也要尽量选用原已架空布设的电话线或有线电视电缆的路由，与这些电缆一起敷设，以减少架空敷设的电缆线路。

2. 考虑建筑群未来发展需要

在缆线布线设计时，要充分考虑各建筑物需要安装的信息点种类、信息点数量，选择相对应的电缆的类型以及电缆敷设方式，使综合布线系统建成后保持相对稳定，能满足今后一定时期内各种新的信息业务发展的需要。

3. 路由的选择

考虑到节省投资，缆线应尽量选择距离短、线路平直的路由。但具体的路由还要根据建筑物之间的地形或敷设条件而定。在选择路由时，应考虑原有已敷设的地下各种管道，缆线在管道内应与电力缆线分开敷设，并保持一定的间距。

4. 电缆引入要求

建筑群干线电缆、光缆进入建筑物时，都要设置引入设备，并在适当位置终端转换为室内电缆、光缆。引入设备应安装必要的保护装置以达到防雷击和接地的要求。干线电缆引入建筑物时，应以地下引入为主，如果采用架空方式，应尽量采取隐蔽方式引入。

5. 干线电缆、光缆交接要求

建筑群的干线电缆、主干光缆布线的交接不应多于两次。从每幢建筑物的楼层配线架到建筑群设备间的配线架之间只应通过一个建筑物配线架。

6. 建筑群子系统布线缆线的选择

建筑群子系统敷设的缆线类型及数量由综合布线连接应用系统种类及规模来决定。一般来说，计算机网络系统常采用光缆作为建筑群布线缆线，在网络工程中，经常使用 $62.5\mu m/125\mu m$ 规格的多模光缆，有时也用 $50\mu m/125\mu m$ 和 $100\mu m/140\mu m$ 规格的多模光纤。户外布线大于2km时可选用单模光纤。电话系统常采用3类大对数电缆作为布线缆线。有线电视系统常采用同轴电缆或光缆作为干线电缆。

10.3 建筑群子系统的设计实例

10.3.1 设计实例1 室外管道的铺设

在设计建筑群子系统的埋管图时，一定要根据建筑物之间数据或语音信息点的数量来确定埋管规格，如图10-1所示。

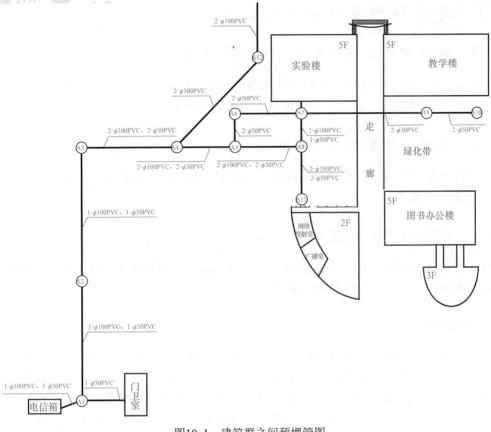

图10-1 建筑群之间预埋管图

注意： 室外管道进入建筑物的最大管外径不宜超过100mm。

10.3.2 设计实例2 室外架空图

建筑物之间线路的连接还有一种方式就是架空方式。设计架空路线时，需要考虑建筑物的承受能力和角度，如图10-2所示。

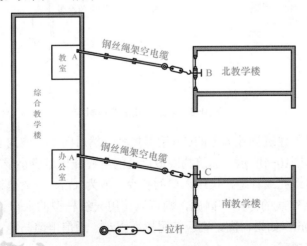

图10-2 室外架空图

10.4 建筑群子系统的工程技术

10.4.1 建筑群子系统缆线布放的标准要求

GB 50311《综合布线系统工程设计规范》第7章安装工艺要求内容中的第7.6.2条规定：建筑群之间的缆线宜采用地下管道或电缆沟敷设方式。

10.4.2 建筑群子系统的布线距离

建筑群子系统的布线距离主要通过两栋建筑物之间的距离来确定。一般在每个室外接线井里预留1m的缆线。

10.4.3 建筑群子系统缆线布线方法

建筑群子系统的缆线布设方法有4种：架空布线法、直埋布线法、地下管道布线法和隧道内电缆布线法，下面将详细介绍这4种方法。

1. 架空布线法

架空布线法通常应用于有现成电杆、对电缆的走线方式无特殊要求的场合。这种布线方式造价较低，但影响环境美观且安全性和灵活性不足。架空布线法要求用电线杆将缆线在建筑物之间悬空架设，一般先架设钢丝绳，然后在钢丝绳上挂放缆线。架空布线使用的主要材料和配件有：缆线、钢缆、固定螺栓、固定拉攀、预留架、U形卡、挂钩、标志管等，如图10-3所示。在架设时需要使用滑车、安全带等辅助工具。

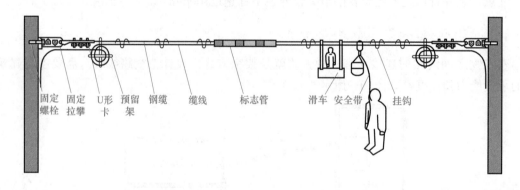

固定螺栓　固定拉攀　U形卡　预留架　钢缆　缆线　标志管　滑车　安全带　挂钩

图10-3　架空布线主要材料

架空电缆通常穿入建筑物外墙上的U形钢保护套，然后向下（或向上）延伸，从电缆孔进入建筑物内部，如图10-4所示。建筑物到最近处的电线杆相距应小于30m。建筑物的电缆入口可以是穿墙的电缆孔或管道，电缆入口的孔径一般为5cm。一般建议另设一根同样口径的备用管道，如果架空线的净空有问题，则可以使用天线杆型的入口。该天线的支架一般不应高于屋顶1 200mm，如果再高，则应使用拉绳固定。通信电缆与电力电缆之间的间距应遵守当地有关部门的规定。

架空缆线敷设时，一般步骤如下：

1）电线杆以30～50m的间隔距离为宜。

2）根据缆线的质量选择钢丝绳，一般选8芯钢丝绳。

3）接好钢丝绳。

4）架设缆线。

5）每隔0.5m架一个挂钩。

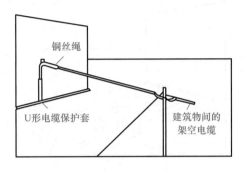

图10-4 架空布线法

2. 直埋布线法

直埋布线法根据选定的布线路由在地面上挖沟，然后将缆线直接埋在沟内。直埋布线的电缆除了穿过基础墙的那部分电缆有保护外，电缆的其余部分直埋于地下，没有保护，如图10-5所示。直埋电缆通常应埋在距地面0.6m以下的地方，或按照当地有关部门的规定去施工。

当建筑群子系统采用直埋沟内敷设时，如果在同一个沟内埋入了其他图像、监控电缆，则应设立明显的共用标志。

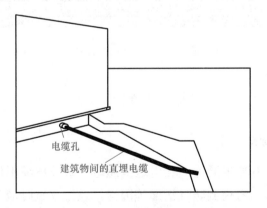

图10-5 直埋布线法

直埋布线法的路由选择受到土质、公用设施、天然障碍物（如木、石头）等因素的影响。直埋布线法具有较好的经济性和安全性，总体优于架空布线法，但更换和维护电缆不方便且成本较高。

3. 地下管道布线法

地下管道布线是一种由管道和入孔组成的地下系统，它把建筑群的各个建筑物进行互连。如图10-6所示，1根或多根管道进入建筑物内部的结构。地下管道对电缆起到很好的保护作用，因此电缆受损坏的机会减少，且不会影响建筑物的外观及内部结构。

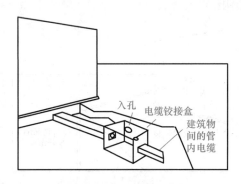

图10-6　地下管道布线法

管道埋设的深度一般在0.8～1.2m，或符合当地有关部门规定的深度。为了方便后续的布线，管道安装时应预埋1根拉线。为了方便缆线的管理，地下管道应间隔50～180m设立一个接合井，以方便人员维护。接合井可以是预制的，也可以是现场浇筑的。

此外安装时至少应预留1～2个备用管孔，以供扩充之用。

地埋布线材料如图10-7所示。

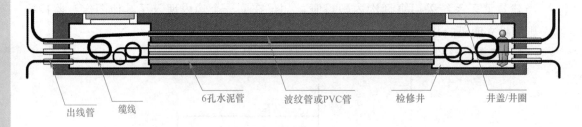

图10-7　地埋布线材料图

4. 隧道内电缆布线法

在建筑物之间通常有地下通道，利用这些通道来敷设电缆不仅成本低，还可以利用原有的安全设施。例如，考虑到暖气泄漏等因素，电缆安装时应与供气、供水、供暖的管道保持一定的距离，安装在尽可能高的地方，可根据民用建筑设施的有关条件进行施工。

以上介绍了管道内、直埋、架空、隧道4种建筑群的布线方法，它们的优缺点见表10-1。

表10-1　4种建筑群布线方法比较

方法	优点	缺点
管道内	提供最佳的机械保护 任何时候都可敷设电缆 敷设、扩充和加固都很容易 保持建筑物的外貌	挖沟、开管道和入孔的成本很高
直埋	提供某种程度的机械保护 保持建筑物的外貌	挖沟成本高 难以安排电缆的敷设位置 难以更换和加固
架空	如果本来就有电线杆，则成本最低	没有提供任何机械保护 灵活性差 安全性差 影响建筑物美观
隧道	保持建筑物的外貌，如果本来就有隧道，则成本最低且安全	热量或泄漏的热气可能会损坏电缆、可能被水淹没

10.5　进线间和建筑群子系统工程技术实训项目

10.5.1　实训项目1　进线间子系统入口管道铺设实训

【实训目的】

1）通过实训，了解进线间的位置和进线间的作用。

2）通过实训，了解进线间的设计要求。

3）掌握进线间入口管道的处理方法

【实训要求】

1）学习掌握进线间的作用。

2）确定综合布线系统中进线间的位置。

3）准备实训工具，列出实训工具清单。

4）独立领取实训材料和工具。

5）独立完成进线间的设计。

6）独立完成进线间入口的处理。

【实训设备、材料和工具】

1）IT工程技术实训平台1套。

2）直径40mm的PVC穿线管、管卡、接头等若干。

3）锯弓、锯条、钢卷尺、十字螺丝刀等。

【实训步骤】

1）准备实训工具，列出实训工具清单。

2）领取实训材料和工具。

3）确定进线间的位置，如图10-8所示。

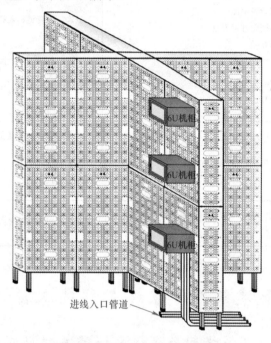

图10-8　进线间管道铺设示意图

进线间在确定位置时要考虑到便于缆线的铺设以及供电方便。

2或3人组成一个项目组，选举项目负责人，每组设计进线间的位置、进线间入口管道数量以及入口处理方式，并且绘制设计图。项目负责人指定1种设计方案进行实训。

4）铺设进线间入口管道。将进线间所有进线管道根据用途划分，并按区域放置。

5）对进线间所有入口管道进行防水等处理。

6）实训完后，学习进线间在面积、入口管孔数量的设计要求。

【实训报告】

1）写出进线间在综合布线系统中的重要性以及设计原则要求。

2）分步陈述在综合布线系统中设置进线间的要求和出入口的处理办法。

10.5.2　实训项目2　建筑群子系统光缆铺设实训

【实训目的】

通过架空光缆的安装，掌握建筑物之间架空光缆操作方法。

【实训要求】

1）准备实训工具，列出实训工具清单。

2）独立领取实训材料和工具。

3）完成光缆的架空安装。

【实训设备、材料和工具】

1）IT工程技术实训平台1套。

2）直径5mm钢缆、光缆、U形卡、支架、挂钩若干。

3）锯弓、锯条、钢卷尺、十字螺丝刀、活扳手、人字梯等。

【实训步骤】

1）准备实训工具，列出实训工具清单。

2）领取实训材料和工具，使用材料见图10-3中的标注。

3）实际测量尺寸，完成钢缆的裁剪。

4）固定支架，根据设计布线路径，在网络综合布线实训装置上安装固定支架。

5）连接钢缆。安装好支架以后，开始铺设钢缆，在支架上使用U形卡来固定。

6）铺设光缆。钢缆固定好之后开始铺设光缆，使用挂钩每隔0.5m架一个。

7）安装完毕。

【实训报告】

1）设计一种光缆布线施工图。

2）分步陈述实训程序或步骤以及安装注意事项。

3）总结实训体会和操作技巧。

10.6 工程经验

1. 工程经验一 路径的勘察

建筑群子系统的布线工作开始之前，首先要勘察室外施工现场，确定布线的路径和走向，同时避开强电管道和其他管道。

2. 工程经验二 避开动力线，谨防线路短路

某中学敷设一路室外缆线的时候，由于当时在施工中没有将网络和广播系统分管道布线。在使用了两年以后，由于广播系统电缆中间的接头出现老化，并且发生了短路，把该管道内的所有线路都损坏了。经过这样的教训，值得注意的是在室外布线中，一定将弱电缆线的信号线和供电缆线分管道敷设。

3. 工程经验三 管道的敷设

敷设室外管道时要采用直径较大的，要留有余量。敷设光缆时要特别注意转弯半径，转弯半径过小会导致链路损耗。仔细检查每一条光缆，特别是光纤熔接点的面板盒，有的面板盒深度不够，光纤熔接好以后，面板没装到盒上时是好的，装上去以后测试就不好，

原因是装上去后光缆转角半径太小，造成严重损耗。

4．工程经验四　缆线的敷设

为防止意外破坏，室外电缆一般应穿入埋在地下的管道内，如需架空，则应架高（高4m以上），而且一定要固定在墙上或电线杆上，切勿搭架在电线杆上、电线上、墙头上甚至门框、窗框上。

在条件允许的情况下，弱电应走自己的弱电井，减少受电磁干扰的概率。

<h1 style="text-align:center">互动练习和习题</h1>

请扫描二维码，下载第10章互动练习和习题，并按照教师安排按时完成。

互动练习　　　　　　　习题

网络综合布线系统工程技术实训教程　第5版

第11章

光纤熔接工程技术 ■■■■■■■■■■■■■■■■■■

> 知识目标　了解光纤传输特点和传输原理，熟悉光纤熔接技术知识。
> 能力目标　熟悉光纤熔接机技术参数和正确使用方法，掌握光纤熔接质量检查和盘纤等安装工程技术。
> 素质目标　通过1个技能训练项目和4个工程经验，培养严谨认真、精益求精的工作习惯。

11.1　光纤概述

11.1.1　光纤

光纤是一种将信息从一端传送到另一端的传输媒介。光纤和同轴电缆相似，只是没有网状屏蔽层，中心是光传播的玻璃芯。在多模光纤中，芯的直径是15～50μm，与人的头发的粗细相当，而单模光纤芯的直径为8～10μm。玻璃芯外面包围着一层折射率比芯低的玻璃封套，保持光线只能在光纤芯内传输。再外面的是一层薄的塑料外套，用来保护封套。光纤通常被扎成束，外面有护套保护。光纤芯通常是由石英玻璃制成的横截面积很小的双层同心圆柱体，它质地脆、易断裂，因此需要外加一个保护层。

11.1.2　光纤与光缆的区别

通常光纤与光缆两个名词会被混淆。光纤就是在石英玻璃制成的纤芯外面包覆透明封套和塑料护套组成的信息传输介质，光纤比较柔软、也比较脆，容易折断，无法在工程中实际使用。光缆就是将多根光纤组合在一起，增加缓冲层、保护层和外护套等，光缆的多层保护结构能够始终保持内部的光纤不被损坏，也能防止外部的碾压、砸、电击等外界因素损坏光缆。

11.2　光纤的传输特点

由于光纤是一种传输媒介，它可以像一般电缆线传送电话通话或计算机数据等。有所不同的是，光纤传送的是光信号而非电信号，光纤传输具有同轴电缆无法比拟的优点而成为远距离信息传输的首选媒介。

（1）传输损耗低

损耗是传输介质的重要特性，它只决定了传输信号所需中继的距离。光纤作为光信号的传输介质具有低损耗的特点。如使用62.5/125μm的多模光纤，850nm波长的衰减约为3.0dB/km，1 300nm波长更低，约为1dB/km。如果使用9/125μm单模光纤，1 300nm波长的衰减仅为0.4dB/km，1 550nm波长衰减为0.3dB/km，所以一般的LD光源可传输15～20km。目前已经出现传输100km的产品。

（2）传输频带宽

光纤的频宽可达1GHz以上。一般图像的带宽为6MHz左右，所以用一芯光纤传输一个通道的图像绰绰有余。光纤高频宽的好处是不仅可以同时传输多通道图像，还可以传输语音、控制信号或接点信号，有的甚至可以用一芯光纤通过特殊的光纤被动元件达到双向传输功能。

（3）抗干扰性强

光纤传输中的载波是光波，它是频率极高的电磁波，远高于一般电波通信所使用的频率，所以不受干扰，尤其是强电干扰。同时由于光波受束于光纤之内，因此无辐射、对环境无污染，传送信号无泄露，保密性强。

（4）安全性能高

光纤采用玻璃材质，不导电，防雷击；光纤传输不像传统电路因短路或接触不良而产生火花，因此在易燃易爆场合下特别适用。光纤无法像电缆一样进行窃听，一旦光缆遭到破坏马上就会发现，因此安全性更高。

（5）重量轻，机械性能好

光纤细小如丝，重量相当轻。即使是多芯光缆，重量也不会因为芯数增加而成倍增长，而电缆的重量一般都与外径成正比。

（6）使用寿命长

普通视频缆线最多使用10～15年，光缆的使用寿命长达30～50年。

11.3 光纤的传输原理和工作过程

光纤是光波传输的介质，是由介质材料构成的圆柱体，分为芯子和包层两部分。光波沿芯子传播。在实际工程应用中，光纤是指由预制棒拉制出纤丝经过简单被覆后的纤芯，纤芯再经过被覆、加强和防护，成为能够适应各种工程应用的光缆。

11.3.1 光纤传输原理

光波在光纤中的传播过程是利用光的折射和反射的原理来进行的，一般来说，光纤芯子的直径要比传播光的波长高几十倍以上，因此利用几何光学的方法定性分析是足够的，而且对问题的理解也很简明、直观。

当一束光线投射到两个不同折射率的介质交界面上时，会发生折射和反射现象。对于多层介质形成的一系列界面，其折射率 $n_1 > n_2 > n_3 \cdots > n_m$，入射光线在每个界面的入射角逐渐加大，直到形成全反射。由于折射率的变化，入射光线受到偏转的作用，传播方向改变。

光纤由芯子、包层和套层组成。套层的作用是保护光纤，对光的传播没有什么作用。芯子和包层的折射率不同，其折射率的分布主要有两种形式：连续分布型（又称梯度分布型）和间断分布型（又称阶跃分布型）。

当入射光经过光纤端面的折射后进入光纤，除了与轴向方向一致的光沿直线传播外，其余的光线则投射到芯子和包层的交界面：一种在界面形成全反射，这些光线将与光轴保持不变的夹角，呈锯齿状无损耗地在光纤芯子内向前传播，称为传播光；另外一种在界面处只有一部分形成反射，还有一部分折射进入包层，最后被套层吸收，反射的光线再次到达界面时又会有一部分损耗，因而不能传播，称为非传播光。

实际上进入光纤的大部分不是轴面光。还有一种是泄漏光，如果芯子和包层的界面十分平坦，则这些光线将形成全反射而得到传播，但事实上仅部分反射。尽管损耗比非传播光小，还是不能很好地传播。对于长距离传输来说只有传播光是有意义的。

进入光纤的光线在向芯子包层界面传播时，由于芯子折射率逐渐减小，受到一个向心偏转的作用，与轴线夹角θ小于一定值的光纤不能到达界面或到达界面形成全反射，因而受束于芯子内、呈波浪状无损耗地向前传播，成为传播光。其余的光由于有一部分在界面处折射进入包层，逐渐被吸收掉而不能传播。

因此，光纤芯子和包层的折射率及折射率的分布与光纤的转播特性有密切关系。

11.3.2　光纤传输过程

首先由发光二极管（LED）或注入型激光二极管（ILD）发出光信号沿光媒体传播，在另一端则有PIN或APD（光电二极管）作为检波器接收信号。对光载波的调制为幅移键控法，又称亮度调制（Intensity Modulation）。典型的做法是在给定的频率下，以光的出现和消失来表示两个二进制数字。发光二极管和注入型激光二极管的信号都可以用这种方法调制，PIN和ILD检波器直接响应亮度调制。功率放大是指将光放大器置于光发送端之前，以提高入纤的光功率，使整个线路系统的光功率得到提高。在线中继放大可在建筑群较大或楼间距离较远时，起中继放大作用，提高光功率。前置放大是指在接收端的光电检测器之后将微信号进行放大，以提高接收能力。

11.4　光纤熔接工程技术

光纤传输具有传输频带宽、通信容量大、损耗低、不受电磁干扰、光缆直径小、重量轻、原材料来源丰富等优点，因而正成为新的传输媒介。光在光纤中传输时会产生损耗，这种损耗主要是由光纤自身的传输损耗和光纤接头处的熔接损耗组成。光缆的传输损耗是基本固定的，而光纤接头处的熔接损耗则与光纤本身及现场施工有关。努力降低光纤接头处的熔接损耗，则可增大光纤中继放大传输距离和提高光纤链路的衰减富余量。

11.4.1　光纤熔接技术原理

光纤接续采用熔接方式。熔接是将光纤的端面熔化后把两根光纤连接到一起。这个过程与金属线焊接类似，通常要用电弧来完成。熔接的示意图如图11-1所示。

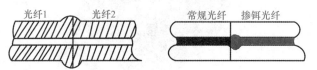

图11-1　光纤熔接示意图

熔接接续光纤不产生缝隙，因此不会引入反射损耗，入射损耗也很小，在0.01～0.15dB之间。在光纤进行熔接前要把它的涂敷层剥离。机械接头本身是保护连接光纤的护套，但熔接在连接处却没有任何保护。因此，熔接光纤设备包括重新涂敷器，它涂敷熔接区域。

目前普遍使用热缩套管，它是一种两层的保护套管，其基本结构和通用尺寸如图11-2所示。内管直径为2.5mm，长度为40mm，外管直径为3.5mm，长度为40mm，内管和外管之间有1根直径1mm的金属棒或陶瓷棒保持熔接点平直。内管和外管为热收缩材料，加热后自动收缩，紧紧包裹光纤，保护熔接点不会因为拉力或者弯曲而损坏。

将热缩套管直接套在熔接部位处，然后对它们进行加热。内管是由热缩材料制成的，因此这些套管就可以牢牢地固定在需要保护的地方，加固件可避免光纤在这一区域受到弯曲。

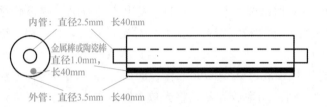

图11-2　光纤熔接热缩套管的基本结构和通用尺寸

11.4.2　光纤熔接的过程和步骤

1. 认识光纤熔接机产品结构

在综合布线工程中，光纤熔接必须使用光纤熔接机，只要掌握了光纤熔接机的使用方法，也就掌握了光纤熔接技术。下面以西元光纤熔接机为例，介绍光纤熔接机的结构和使用方法，该产品为横屏，配套有详细的操作视频，非常适合教学实训。图11-3和图11-4为西元光纤熔接机的实物照片。

请扫描二维码观看《光纤熔接技术》视频，提前进行预习。

扫码看视频

图11-3　西元光纤熔接机实物照片1

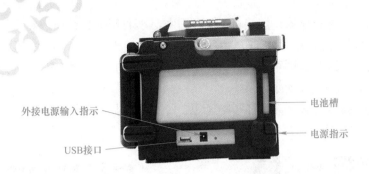

外接电源输入指示

USB接口

电池槽

电源指示

图11-4　西元光纤熔接机实物照片2

2．光纤熔接的过程和步骤

1）开剥光缆，并将光缆固定到接续盒内。在开剥光缆之前必须剪掉受损变形的部分，使用专用开剥工具，将光缆外护套开剥长度1m左右。如果遇到铠装光缆，则用钢丝钳将钢丝夹住，利用钢丝将光缆外护套开剥，并将光缆固定到接续盒内，用卫生纸将油膏擦拭干净后，穿入接续盒。固定钢丝时一定要压紧，不能有松动。否则，有可能造成光缆打滚折断纤芯。注意剥光缆时不要伤到保护束管。注意，在剥除光纤的套管时要使套管长度足够伸进光纤终接单元（盘纤盒）内，并有一定的滑动余地，避免操作时损伤光纤。

2）分纤。将光纤分别穿过热缩套管。将不同束管、不同颜色的光纤分开，穿过热缩套管。剥去涂覆层的光纤很脆弱，使用热缩套管，可以保护光纤熔接头，如图11-5所示。

图11-5　光纤穿热缩保护套管

3）准备熔接机。打开熔接机电源，采用预置的程序进行熔接，并在使用中和使用后及时去除熔接机中的灰尘，特别是夹具、各镜面和V形槽内的粉尘和光纤碎末。熔接前要根据系统使用的光纤和工作波长来选择合适的熔接程序。如没有特殊情况，则一般都选用自动熔接程序。

4）制作对接光纤端面。光纤端面制作的好坏将直接影响光纤对接后的传输质量，所以在熔接前一定要做好要熔接光纤的端面。首先用光纤熔接机配置的光纤专用剥线钳剥去光纤纤芯上的涂覆层，再用沾酒精的清洁棉在裸纤上擦拭三次，用力要适度，如图11-6所示。然后用精密光纤切割刀切割光纤，切割长度一般为10～15mm，如图11-7所示。

图11-6　用剥线钳去除纤芯涂覆层

图11-7　用光纤切割刀切割光纤

5）放置光纤。将光纤放在熔接机的V形槽中，小心压上光纤压板和光纤夹具，要根据光纤切割长度设置光纤在压板中的位置，一般将对接的光纤的切割面靠近电极尖端位置。盖上防风罩，按"SET"键即可自动完成熔接。需要的时间一般根据使用的熔接机而不同，一般需要8～10s，如图11-8所示。

6）移出光纤加热热缩套管。打开防风罩，把光纤从熔接机上取出，再将热缩套管放在裸纤中间，放到加热器中加热，如图11-9所示。

图11-8　熔接光纤放置光纤　　　　　图11-9　用加热器加热热缩套管

7）盘纤固定。将接续好的光纤小心安装到光纤终接单元（盘纤盒）内，在盘纤时，盘圈的半径越大，弧度越大，整个线路的损耗越小。所以一定要保持一定的半径，使激光在光纤中传输时，避免产生一些不必要的损耗。

8）密封和挂起。在野外熔接时，接续盒一定要密封好，防止进水。熔接盒进水后，由于光纤及光纤熔接点长期浸泡在水中，可能会出现部分光纤衰减增加。最好将接续盒做好防水措施并用挂钩挂在吊线上，至此，光纤熔接完成。

请扫描二维码观看《光纤熔接技术》视频。

扫码看视频

在工程施工过程中，光纤接续是一项细致的工作，此项工作做得好与坏直接影响整套系统的运行情况，它是整套系统的基础，这就要求在现场操作时仔细观察、规范操作，这样才能提高实践操作技能，全面提高光纤熔接质量。

11.4.3　光缆接续质量检查

在熔接的整个过程中，保证光纤的熔接质量、减小因盘纤带来的附加损耗和封盒可能对光纤造成的损害，决不能仅凭肉眼进行判断。

1）熔接过程中对每一芯光纤进行实时跟踪监测，检查每一个熔接点的质量。

2）每次盘纤后，对所盘光纤进行例检，以确定盘纤带来的附加损耗。

3）封熔接盒前对所有光纤进行统一测定，查明有无漏测和光纤预留空间对光纤及接头有无挤压。

4）封盒后，对所有光纤进行最后监测，以检查封盒是否对光纤有损害。

11.4.4　影响光纤熔接损耗的主要因素

影响光纤熔接损耗的因素较多，大体可分为光纤本征因素和光纤非本征因素两类。

1．光纤本征因素

光纤本征因素是指光纤自身因素，主要有4点。

1）光纤模场直径不一致。

2）两根光纤芯径失配。

3）纤芯截面不圆。

4）纤芯与包层同心度不佳。

其中光纤模场直径不一致影响最大，按CCITT建议，单模光纤的容限标准如下。

模场直径：（9～10μm）±10%，即容限约±1μm；包层直径：125±3μm；模场同心度误差≤6%，包层不圆度≤2%。

2．光纤非本征因素

影响光纤接续损耗的非本征因素即接续技术。

1）轴心错位：单模光纤纤芯很细，两根对接光纤轴心错位会影响接续损耗。当错位1.2μm时，接续损耗达0.5dB。

2）轴心倾斜：当光纤断面倾斜1°时，约产生0.6dB的接续损耗，如果要求接续损耗≤0.1dB，则单模光纤的倾角应为≤0.3°。

3）端面分离：活动连接器的连接不好，很容易产生端面分离，造成连接损耗较大。当熔接机放电电压较低时，也容易产生端面分离。

4）端面质量：光纤端面的平整度差时也会产生损耗，甚至气泡。

5）接续点附近光纤物理变形：光缆在架设过程中的拉伸变形，熔接盒中夹固光缆压力太大等，都会对接续损耗有影响，甚至熔接几次都不能改善。

3．其他因素的影响

接续人员操作水平、操作步骤、盘纤工艺水平、熔接机中电极清洁程度、熔接参数设置、工作环境清洁程度等均会影响熔接损耗的值。

11.4.5　降低光纤熔接损耗的措施

1．一条线路上尽量采用同一批次的优质光缆

对于同一批次的光纤，其模场直径基本相同，光纤在某点断开后，两端间的模场直径可视为一致，因而在此断开点熔接可使模场直径对光纤熔接损耗的影响降到最低程度。所以要求光缆生产厂家用同一批次的裸纤，按要求的光缆长度连续生产，在每盘上顺序编号并分清A、B端，不得跳号。敷设光缆时须按编号沿确定的路由顺序布放，并保证前盘光缆的B端要和后一盘光缆的A端相连，从而保证接续时能在断开点熔接，并使熔接损耗值达到最小。

2．光缆架设按要求进行

在光缆敷设施工中，严禁光缆打小圈及折、扭曲，3km的光缆必须80人以上施工，4km必须100人以上施工，并配备6～8部对讲机；使用"前走后跟，光缆上肩"的放缆方法，

能够有效地防止打背扣的发生。牵引力不超过光缆允许的80%，瞬间最大牵引力不超过100%，牵引力应加在光缆的加强件上。敷放光缆应严格按光缆施工要求，从而最低限度地降低光缆施工中光纤受损伤的概率，避免光纤芯受损伤导致熔接损耗增大。

3. 挑选经验丰富训练有素的光纤接续人员进行接续

现在熔接大多是熔接机自动熔接，但接续人员的水平直接影响接续损耗的大小。接续人员应严格按照光纤熔接工艺流程图进行接续，并且在熔接过程中应一边熔接一边用OTDR测试熔接点的接续损耗。不符合要求的应重新熔接，对熔接损耗值较大的点，反复熔接次数以3或4次为宜，多根光纤熔接损耗都较大时，可剪除一段光缆重新开缆熔接。

4. 接续光缆应在整洁的环境中进行

严禁在多尘及潮湿的环境中露天操作，光缆接续部位及工具、材料应保持清洁，不得让光纤接头受潮，准备切割的光纤不得有污物。切割后光纤不得在空气中暴露时间过长，尤其是在多尘潮湿的环境中。

5. 选用精度高的光纤端面切割器来制备光纤端面

光纤端面的好坏直接影响到熔接损耗大小，切割的光纤应为平整的镜面，无毛刺，无缺损。光纤端面的轴线倾角应小于1°，高精度的光纤端面切割器不但提高光纤切割的成功率，也可以提高光纤端面的质量。这对OTDR测试不到的熔接点（即OTDR测试盲点）和光纤维护及抢修尤为重要。

6. 熔接机的正确使用

熔接机的功能就是把两根光纤熔接到一起，所以正确使用熔接机也是降低光纤接续损耗的重要措施。根据光纤类型正确合理地设置熔接参数、预放电电流、时间及主放电电流、主放电时间等，并且在使用中和使用后及时去除熔接机中的灰尘，特别是夹具、各镜面和V形槽内的粉尘和光纤碎末的去除。每次使用前应使熔接机在熔接环境中放置至少15min，特别是在放置与使用环境差别较大的地方（如冬天的室内与室外），根据当时的气压、温度、湿度等环境情况，重新设置熔接机的放电电压及放电位置，以及使V形槽驱动器复位等调整。

11.4.6 光纤接续点损耗的测量

光损耗是度量一个光纤接头质量的重要指标，有几种测量方法可以确定光纤接头的光损耗，例如使用光时域反射仪（OTDR）或熔接接头的损耗评估方案等。

1. 熔接接头损耗评估

某些熔接机使用一种光纤成像和测量几何参数的断面排列系统。通过从两个垂直方向观察光纤、计算机处理并分析该图像来确定包层的偏移、纤芯的畸变、光纤外径的变化和其他关键参数，使用这些参数来评价接头的损耗。依赖于接头和它的损耗评估算法求得的接续损耗可能和真实的接续损耗有相当大的差异。

2．使用光时域反射仪

光时域反射仪（Optical Time Domain Reflectometer，OTDR）又称背向散射仪，其原理是：往光纤中传输光脉冲时，在光纤中散射微量光，返回光源侧后，可以利用时基来观察反射的返回光程度。由于光纤的模场直径影响它的后向散射，因此在接头两边的光纤可能会产生不同的后向散射，从而遮蔽接头的真实损耗。如果从两个方向测量接头的损耗，并求出这两个结果的平均值，则可消除单向OTDR测量的人为因素误差。然而，多数情况是操作人员仅从一个方向测量接头损耗，其结果并不十分准确。事实上，由具有失配模场直径的光纤引起的损耗可能比内在接头损耗自身大10倍。

11.5　盘纤

盘纤是一门技术，也是一门艺术。科学的盘纤方法可使光纤布局合理、附加损耗小、经得住时间和恶劣环境的考验，可避免因挤压造成的断纤现象。

11.5.1　盘纤规则

1）沿松套管或光缆分支方向为单元进行盘纤，前者适用于所有的接续工程；后者仅适用于主干光缆末端，且为一进多出，分支多为小对数光缆。该规则是每熔接和热缩完一个或几个松套管内的光纤或一个分支方向光缆内的光纤后，盘纤一次。优点是避免了光纤松套管间或不同分支光缆间光纤的混乱，使之布局合理、易盘、易拆，更便于日后维护，如图11-10所示。

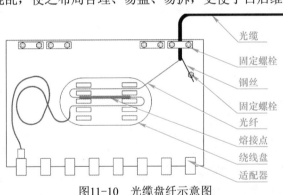

图11-10　光缆盘纤示意图

2）以预留盘中热缩套管安放单元为单位盘纤，此规则是根据接续盒内预留盘中某一小安放区域内能够安放的热缩套管数目进行盘纤。避免了由于安放位置不同而造成的同一束光纤参差不齐、难以盘纤和固定，甚至出现急弯、小圈等现象。

3）特殊情况，如在接续中出现光分路器、上/下路尾纤、尾缆等特殊器件时要先熔接、热缩、盘绕普通光纤。在依次处理上述情况后，为了安全常另盘操作，以防止挤压引起附加损耗的增加。

11.5.2　盘纤的方法

1）先中间后两边，即先将热缩套管逐个放置于固定槽中，再处理两侧余纤。优点：有利于保护光纤接点，避免盘纤可能造成的损害。在光纤预留盘空间小、光纤不易盘绕和固定时，常用此种方法。

2）从一端开始盘纤，固定热缩套管，再处理另一侧余纤。优点：可根据一侧余纤长度灵活选择铜管安放位置，方便、快捷，可避免出现急弯、小圈现象，如图11-11所示。

图11-11　盘纤固定

3）特殊情况的处理，如个别光纤过长或过短时，可将其放在最后，单独盘绕；带有特殊光器件时，可将其另一盘处理，与普通光纤共盘时，应将其轻置于普通光纤之上，两者之间加缓冲衬垫，以防止挤压造成断纤，且特殊光器件尾纤不可太长。

4）根据实际情况采用多种图形盘纤。按余纤的长度和预留空间大小，顺势自然盘绕，切勿生拉硬拽，应灵活地采用圆、椭圆、"CC"、"～"多种图形盘纤（注意$R \geqslant 4cm$），尽可能最大限度利用预留空间和有效降低因盘纤带来的附加损耗。

11.6　光纤熔接工程技术实训项目

实训项目　光纤熔接

【实训目的】

1）熟悉和掌握光缆的种类和区别。

2）熟悉和掌握光缆工具的用途、使用方法和技巧。

3）熟悉光缆跳线的种类。

4）熟悉光纤适配器的种类和安装方法。

5）熟悉和掌握光纤的熔接方法和注意事项。

【实训要求】

1）完成光缆的两端剥线。不允许损伤光缆光芯，而且长度合适。

2）完成光缆的熔接实训。要求熔接方法正确，并且熔接成功。

3）完成光缆在光纤熔接盒的固定。

4）完成光纤适配器的安装。

5）完成光纤收发器与光纤跳线的连接。

【实验设备主要工具】

1）西元光纤熔接机如图11-12所示。

2）西元光纤工具箱如图11-13所示。

图11-12 西元光纤熔接机（见彩图）

图11-13 西元光纤工具箱（见彩图）

【实训项目和步骤】

1）光缆的两端剥线。

2）光缆在熔接盒内的固定。

3）光缆熔接。

4）光纤适配器的安装。

5）完成布线系统光纤部分的连接。

【实训报告要求】

1）以表格形式写清楚实训材料和工具的数量、规格、用途。

2）分步陈述实训程序或步骤以及安装注意事项。

3）总结实训体会和操作技巧。

11.7 工程经验

1. 工程经验一 光纤涂覆层的剥除

首先用左手大拇指和食指捏紧纤芯将光纤纤芯持平，所露长度以8cm为准，将余纤放在无名指、小拇指之间，以增加力度，防止打滑。右手握紧剥纤钳，剥纤钳应与光纤垂直，上方向内倾斜一定角度，然后用钳口轻轻卡住光纤随之用力，顺光纤轴向平推出去。这里需注意的是力度的把握，用力过大会将纤芯弄断，力度太小，光纤涂覆层取不掉。

2. 工程经验二 裸纤的清洁

在工程的实际应用中，裸纤的清洁在光纤的熔接中起到非常重要的作用，这就要求在实际工程中真正做好裸纤的清洁，在实际工作中应按下面两步操作：

1）观察光纤剥除部分的涂覆层是否全部剥除，若有残留，则应重新剥除。如有极少量不易剥除的涂覆层，则可用绵球蘸适量酒精，一边浸渍，一边逐步擦除。

2）将棉花撕成层面平整的小块，蘸少许酒精（以两指相捏无溢出为宜），折成V形，夹住已剥覆的光纤，顺光纤轴向擦拭，力争一次成功。一块棉花使用2～3次后要及时更换，每次要使用棉花的不同部位和层面，这样即提高了棉花利用率，又防止了裸纤的二次污染。

3．工程经验三　裸纤的切割

裸纤的切割是光纤端面制备中最为关键的部分，精密、优良的切刀是基础，而严格、科学的操作规范是保证。

1）切刀的选择。切刀有手动和电动两种。前者操作简单，性能可靠，随着操作者水平的提高，切割效率和质量可大幅度提高，且要求裸纤较短，但该切刀对环境温差要求较高。后者切割质量较高，适宜在野外寒冷条件下作业，但操作较复杂，工作速度恒定，要求裸纤较长。熟练的操作者在常温下进行快速光缆接续或抢险，采用手动切刀为宜；初学者或在野外较寒冷条件下作业时，可采用电动切刀。

2）操作规范。操作人员应经过专门训练掌握动作要领和操作规范。首先要清洁切刀和调整切刀位置，切刀的摆放要平稳，切割时，动作要自然、勿重、勿急，避免断纤、斜角、毛刺及裂痕等不良端面的产生。合理分配和使用自己的右手手指，使之与切口的具体部件相对应、协调，提高切割速度和质量。

3）谨防端面污染。热缩套管应在剥覆前穿入，严禁在端面制备后穿入。裸纤的清洁、切割和熔接的时间应紧密衔接，不可间隔过长，特别是已制备的端面，切勿放在空气中。移动时要轻拿轻放，防止与其他物件擦碰。在接续前，应根据环境对切刀"V"形槽、压板、刀刃进行清洁，谨防端面污染。

4．工程经验四　光纤的熔接

光纤熔接是接续工作的中心环节，因此高性能熔接机和在熔接过程中科学操作是十分必要的。

应根据光缆工程要求，配备蓄电池容量和精密度合适的熔接设备。

熔接前根据光纤的材料和类型，设置好最佳预熔主熔电流和时间以及光纤送入量等关键参数。熔接过程中还应及时清洁熔接机V形槽、电极、物镜、熔接室等，随时观察熔接时有无气泡、过细、过粗、虚熔、分离等不良现象，注意OTDR测试仪表跟踪监测结果，及时分析产生上述不良现象的原因，采取相应的改进措施。如果多次出现虚熔现象，则应检查熔接的两根光纤的材料、型号是否匹配，切刀和熔接机是否被灰尘污染，并检查电极氧化状况，若均无问题则应适当提高熔接电流。

互动练习和习题

请扫描二维码，下载第11章互动练习和习题，并按照教师安排按时完成。

互动练习

习题

第12章
综合布线系统工程测试 ■■■■■■■■■■■■■

在综合布线工程的测试中主要包括永久链路测试和信道测试两种测试过程，利用电阻法判断缆线的质量和长度。本章简单介绍综合布线工程的测试方法，并简单介绍标准中新增的几个测试对象（MPTL、E2E、DAC等）。

➤ **知识目标** 了解测试系统指标，掌握双绞线电缆的电阻计算和质量评判标准。
➤ **能力目标** 熟悉永久链路测试、信道测试和工程测试技术和方法。
➤ **素质目标** 通过2个技能训练项目和4个工程经验，坚持以科学态度和严谨方法探索和实践创新，发现和解决问题。

12.1 测试系统指标

本节规定的系统指标，均参考GB 50311《综合布线系统工程设计规范》中的第6条内容。有关电缆、连接器件等产品标准也应符合国际标准。

1. 机械性能指标

综合布线系统产品技术指标在工程的安装设计中应考虑机械性能指标，如缆线结构、直径、材料、承受拉力、弯曲半径等。

2. 相应等级的布线系统信道及永久链路、CP链路的具体指标

应包括下列内容：

1）3类、5类布线系统应考虑指标项目为衰减、近端串音（NEXT）。

2）5e类、6类、7类布线系统，应考虑指标项目有插入损耗（IL）、近端串音、衰减串音比（ACR）、等电平远端串音（ELFEXT）、近端串音功率和（PS NEXT）、衰减串音比功率和（PS ACR）、等电平远端串音功率和（PS ELFXT）、回波损耗（RL）、时延、时延偏差等。

3）屏蔽的布线系统还应考虑非平衡衰减、传输阻抗、耦合衰减及屏蔽衰减。

3. 综合布线系统工程设计中，系统信道的指标值包括以下12项内容

1）回波损耗（RL）。

2）插入损耗（IL，旧称衰减值）。

3）线对间的近端串扰（NEXT，又称近端串音）。

4）近端串音功率和（PS NEXT）。

5）线对间的衰减串音比（ACR-N，属于信噪比参数，串音来源为NEXT）。

6）衰减串扰比功率和（PS ACR-N）。

7）线对间衰减串扰比（ACR-F，串音来源FEXT，旧称等电平远端串扰ELFEXT）。

8）衰减远端串扰比功率和（PS ACR-F，旧称等电平远端串音功率和PS ELFEXT）。

9）信道的直流电阻（直流环路电阻、不平衡电阻UBL）。

10）信道传播时延。

11）信道传播时延偏差。

12）信道非平衡衰减（TCL/ELTCTL，抗干扰指标）。

4．综合布线系统工程中，永久链路的指标参数值包括以下12项内容

1）最小回波损耗（RL）。

2）插入损耗（IL，旧称衰减值）。

3）线对间的近端串扰（NEXT，又称近端串音）。

4）近端串音功率和（PS NEXT）。

5）线对间的衰减串音比（ACR-N，属于信噪比参数，串音来源为NEXT）。

6）衰减串扰比功率和（PS ACR-N）。

7）线对间衰减串扰比（ACR-F，串音来源FEXT，旧称等电平远端串扰ELFEXT）。

8）衰减远端串扰比功率和（PS ACR-F，旧称等电平远端串音功率和PS ELFEXT）。

9）信道的直流电阻（直流环路电阻、不平衡电阻UBL）。

10）最大传播时延。

11）最大传播时延偏差。

12）信道非平衡衰减（TCL/ELTCTL，抗干扰指标）。

5．各等级的光纤信道衰减值应符合表12-1的规定

表12-1　信道衰减值

（单位：dB）

信道	多模		单模	
	850nm	1300nm	1310nm	1550nm
OF-300	2.55	1.95	1.80	1.80
0F-500	3.25	2.25	2.00	2.00
OF-2000	8.50	4.50	3.50	3.50

6．光缆标称的波长，每千米的最大衰减值应符合表12-2的规定

表12-2　最大光缆衰减值

（单位：dB/km）

项目	OM1、OM2、OM3及OM4多模		单模光纤OS1		单模光纤OS2		
波长	850nm	1300nm	1310nm	1550nm	1310nm	1383nm	1550nm
衰减	3.5	1.5	1.0	1.0	0.4	0.4	0.4

7．多模光纤的最小模式带宽应符合表12-3的规定

表12-3　多模光纤最小模式带宽

光纤类型	光纤直径/μm	最小模式带宽/MHz·km		
		满注入带宽		有效激光发射带宽
		波长		
		850nm	1300nm	850nm
OM1	50或62.5	200	500	
OM2	50或62.5	500	500	
OM3	50	1500	500	2000
OM4	50	3500	500	4700

12.2 网络双绞线电缆电阻的计算和质量判断

1. 长度90m永久链路的电阻

GB 50311《综合布线系统工程设计规范》中规定，双绞线电缆永久链路的最大长度为90m。网络双绞线的导体都是用铜导体，5类双绞线电缆的线芯直径为0.5mm，半径为0.25mm，不考虑每对线绞绕后增加的长度，就按照90m长度计算如下：

已知，铜材料的电阻率为$1.75 \times 10^{-8} \Omega m$，长度$l = 90m$。

面积$S = \pi \times R^2 = 3.14 \times (0.25 \times 10^{-3}) = 0.1962 \times 10^{-6} m^2$

$$R = \rho \frac{l}{S} = 1.75 \times 10^{-8} \times \frac{90}{0.1962 \times 10^{-6}} = 8.02 \Omega$$

最后，计算出90m双绞线电缆每芯线的电阻值为8.02Ω。

同样，知道一段网线的电阻值，也可以套用该公式计算出网络双绞线的长度。

2. 长度305m整箱网络双绞线电缆的电阻

整箱网络双绞线一般为1 000ft，也就是305m。因为网线由4对绞绕，每对绞绕的节距不同，4对线的长度都大于305m，每对线芯的电阻值也不同。

以5类双绞线电缆为例计算整箱网线的电阻。5类网络双绞线电缆的线芯直径为0.5mm，导体直径为0.5mm，半径为0.25mm，铜材料的电阻率为$1.75 \times 10^{-8} \Omega m$，按照公式计算的电阻值如下：

1、2线对颜色为白蓝、蓝，实际长度约为307.7m，计算的电阻值为27.37Ω。

3、4线对颜色为白橙、橙，实际长度约为319m，计算的电阻值为28.42Ω。

5、6线对颜色为白绿、绿，实际长度约为311.6m，计算的电阻值为27.76Ω。

7、8线对颜色为白棕、棕，实际长度约为314.9m，计算的电阻值为28.06Ω。

3. 判断网络双绞线的质量

利用电阻值也可以判断出网络双绞线的质量。采用数字万用表的电阻档或二极管档对网线的相对应芯线进行测量，所得阻值可以根据表12-4所给的参数进行比较，从而得知网络双绞线质量的好坏。

表12-4 不同材质双绞线的电阻值

类型	单芯标准阻值/Ω	类型	单芯标准阻值/Ω
超5类全铜	28	超5类铝	44
6类全铜	21～23	超5类铁	170

相同长度相同线径缆线，铁的电阻是铜的7倍，铝是铜的1.7倍；超5类线整箱的测试电阻值超过30Ω，就肯定是非铜或线径不足；超5类线整箱的测试电阻值超过100Ω，就肯定是铁的；6类线整箱的测试电阻值超过26Ω，就肯定是非铜或线径不足。

12.3 永久链路测试

永久链路测试（Permanent Link Test）一般是指从配线架上的跳线插座算起，到工作区墙面板插座位置，对这段链路进行的物理性能测试，如图12-1所示。

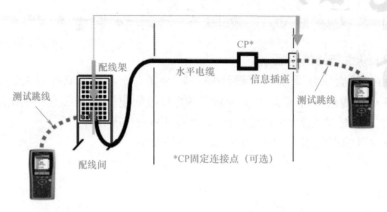

图12-1　永久链路测试

一般来说，等级越高需要测试的参数种类就越多。但也不总是这样，比如Cat6$_A$电缆链路需要测试外部串音ANEXT等参数，而Class F（7类）链路就不需要测试外部串音参数。

例如，一条典型的实际安装的水平布线系统结构如图12-2所示。

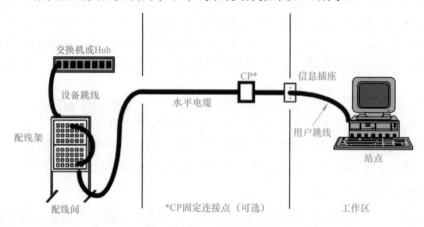

图12-2　典型的水平链路应用图

在测试永久链路时，要注意以下问题。

1. 如何选择测试标准

最常用的标准是"通用型测试标准"，少部分用户还要求使用"应用型测试标准"或者"供应商自定义型标准"进行测试。

通用标准是直接与电缆物理性质相关的标准，一般都高于应用标准。其中TIA 568B、ISO 11801和GB/T 50312是使用最多的测试标准，基本涵盖了被检测链路总数的99%以上。这些标准要求对电缆链路本身的物理参数进行测试，例如，线序、长度、串扰、衰减、回波损耗（RL）、衰减串音比（ACR）等参数。

2. 如何读取仪器存储的数据

请用基于PC的通信和数据管理软件"Link Ware"从仪器中取出测试后存储的数据，并用此软件来管理测试数据。也可以用此软件将数据输出为多种报告格式供用户使用，包括文本格式、CSV格式、PDF格式等。

仪器操作程序提示如下。

仪器一般的操作程序：开机，选择测试标准（Setup），安装测试适配器（信道或永久链路），实施测试（按测试键），存数据（取文件名字），测试下一条链路，用计算机（或读卡器）取出仪器中存储的结果（使用LinkWare软件），管理（整理、分析、输出、打印）报告等。

3. 如何判读带星号（"*"）的检测结果

由于任何仪器都有测试的精度范围，故靠近精度边沿的数据将会被标注为带星号的数据。例如，仪器在100MHz的测试精度是±0.2dB，当测试结果为+0.5dB时，测试结果肯定是合格的，而当测试结果为+0.1dB（合格）时，实际的真实值是-0.05dB（不合格），此时就会将测试结果作为可疑结果，标注为+0.1dB（pass*）。如果一项综合布线工程测试结果有比较多的"*"，通常表示此工程的"余量"比较小。

4. 如何测试含110型跳线架的永久链路

可以在标准永久链路测试适配器选件上更换个性化模块选件。

5. 如何测试Class F链路（俗称7类链路）

由于7/7$_A$类链路模块与6类完全不兼容，是非RJ-45结构，目前已被TIA标准委员会批准的是Siemon公司的Tera F结构和Nexans公司的GG-RJ结构，此时需要使用7类测试适配器（比如DTX—PLA011）来进行测试。

6. 如何测试Cat6$_A$或者Class E$_A$链路

如果被测链路使用屏蔽电缆（FTP），则可以直接使用支持Cat6$_A$或者Class E$_A$的永久链路适配器即可进行测试。如果是非屏蔽电缆（UTP）链路，则还需要增加测试电缆之间的干扰，如图12-3所示。电缆束中心的一根电缆会最大强度地被周围的6根电缆工作时辐射出来的电磁波干扰（外部串扰），这些干扰会破坏中心电缆中传递的信号，导致误码率上升。

图12-3　UTP缆间干扰（6包1仿真样本测试）

测试外部串扰方法是：用一个仪器单元在周围电缆中仿真发送信号，然后用另一个仪器单元在中心电缆中接收感应到的外部串扰信号，两个仪器单元之间使用同步跳线连接起来，如图12-4所示。一个（主机）单元所连接的链路就是6包1电缆束的中心电缆，负责感应接收来自另一个（远端）单元所连接的链路辐射出的"外来干扰"信号。当6根外包电缆依次将干扰信号都传递给主机单元所连接的中心电缆后，外部近端串扰参数的测试工作就告一段落，接下来使用AxTALK软件（基于PC）将干扰信号"求和"即可得出外部近端串扰的各种参数（PS ANEXT）。由于外部串扰的测试工作量大，不是所有链路都做缆间干扰现场测试，而是抽样测试，抽样的比例在5%以内（或遵标准建议）。对于选型测试，抽样对象就是6包1仿真样本链路。如果合格，则其他非6包1链路可被推定为合格。

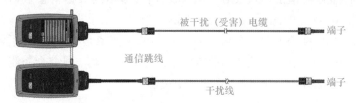

图12-4　测试外部近端串扰ANEXT的方法

测试外部远端串扰AFEXT的方法如图12-5所示。此方法使用已有的链路作为同步通信链路，适合仪器分置于与链路两端的远端串扰测试模式。测试结果仍然使用AxTALK软件进行分析和输出PA AACR-F参数报告。

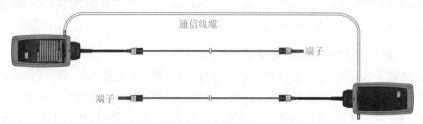

图12-5　测试外部远端串扰AFEXT的方法

7. 如何确定外部串音链路的测试数量

上面介绍的外部串音测试方法是以6包1仿真样本为例来进行测试的，这种测试被较多地运用在生产或选型测试当中。在实际链路的测试当中则每12根电缆打成一捆，或者将24根、48根电缆打成一捆。测试时将测试仪主机用来接收干扰信号（信号接收机），测试仪副机（远端机）作为干扰信号发送源（信号发生器）。那么，如何选择被干扰链路，测试多少数量才算合适呢？

由于测试工作量较大，不会将所有电缆都进行外部干扰测试，否则测试总量将是一个天文数字。先来介绍如何选择被干扰链路。首先，在链路中选择比较长的被干扰链路，其次，从配线架处目视观察后选择比较容易被干扰的链路（基本上就是居中的链路），再次，选择比较"粗壮"的电缆捆（12、24甚至48根/捆）作为最差被干扰链路，这些链路如果测试均合格，则一般不再进行更多链路的选择测试。

选定了被干扰链路，就可以方便地选择干扰链路了。方法一，与被干扰链路同在"一捆"的链路可以作为干扰链路；方法二，由于配线架处是干扰密度最大、干扰进入最多的地方，所以被干扰链路周围上下几个插座链连接的链路也可以作为干扰链路。

12.4 信道测试

信道测试（Channel Test）又译作通道测试，一般是指从交换机端口上设备跳线的RJ-45水晶头算起，到服务器网卡前用户跳线的RJ-45水晶头结束，对这段链路进行的物理性能测试，如图12-6所示。

一条链路中连接的"元器件"越多，链路质量就越差。每增加一个连接器件，比如增加一根跳线，整个链路的参数都会向下降一些。信道是在永久链路的基础上增加两端的设备跳线和用户跳线后构成的真实链路，所以信道的测试参数"标准"要比永久链路低一些。

通常，用户最终使用的链路都是信道，但在系统刚建成的时候，多数链路还是永久链路而非信道，只有当设备投入使用后信道才会成立。构建信道的方法异常简单，只需要在永久链路的基础上增加设备跳线和用户跳线就可以。如果准备使用的跳线不合格，即便在合格的永久链路上增加跳线，也可能不能构建成合格的信道。有趣的是，少数不合格的永久链路在加上高质量的跳线后有可能刚好能构建成一条合格的信道。所以，需要控制链路质量的用户会格外关注永久链路的质量检查，只需要增加合格的跳线，就基本上可以100%地构建一条合格的信道。

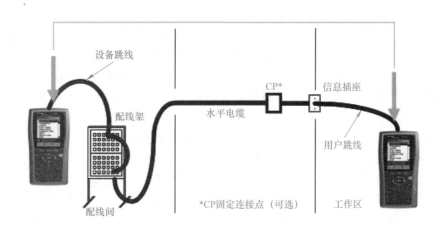

图12-6　信道测试模型（见彩图）

上面讨论的是关于是否需要用信道测试来作为质量验收的依据。基本上，对布线系统质量要求最高的用户会坚持采用"永久链路+信道测试"的方法来检验最终完成系统的质量。多数用户则只需关注永久链路的质量，跳线的质量合格，就可以构建一个合格的系统，链路测试验收的工作量会降低。一般应重点关注部分核心链路的信道测试或者对跳线的质量控制。

信道测试与永久链路的测试方法相似，取出数据的方法也完全相同。不同的是选取的测试模式不一样，使用的测试适配器不同而已，在此不作详细讨论。信道测试适配器对于Cat6$_A$链路级别以下的形状和参数都相似，但7/7$_A$类链路由于接口是非RJ-45结构，所以适配器也是专门的GG45/Tera结构。

12.5　综合布线系统工程的测试

综合布线系统工程的测试主要针对各个子系统（如水平布线子系统、垂直布线子系统等）当中的物理链路进行质量检测。测试的对象有电缆和光缆。系统设备开通时部分用户会选择进行"信道测试"或者"跳线测试"。以上讨论或涉及的这些测试对象均可以在测试仪器中选定对应标准进行。

1．如何测试电缆跳线

永久链路作为质量验收的必测内容被广泛使用，信道的测试多数在开通应用的链路中会被使用。为了保证信道质量总能合乎要求，用户只需要重点把握好跳线的质量就可以了。因为只要跳线质量合格，那么合格的永久链路加上合格的跳线就几乎能保证由此构成的信道100%合格。为此，需要对准备投入使用的跳线进行质量检测，有时候这种测试还是以批量的方式进行的，使用跳线测试适配器即可轻松地进行。

特别提示，不能用信道测试代替跳线测试，因为两者的标准、模式、补偿等完全不同。

2．如何测整卷线

整卷线购入后有时需要做进货验收，此时可以使用整卷线测试适配器进行测试。方法很简单，更换测试适配器（如LABA/MN），将整卷线的4个线对剥去外皮（1cm），插入适配器测试连接孔中，选择整卷线测试标准（如Cat6 spool），按下测试键并保存结果即可。

3．如何测试光纤

光纤的现场工程测试分为一级测试（tier 1）和二级测试（tier 2）。一级测试是用光源和光功率计测试光纤的衰减值，并依据标准判断是否合格，附带测试光纤的长度；二级测试是"通用型"测试和"应用型"测试，主要就是测试光纤的衰减值和长度是否符合标准规定的要求，以此判断安装的光纤链路是否合格。在仪器中先选择上述某个测试标准，然后安装光纤测试模块后即可进行测试。测试结果存入仪器中或稍后用软件导入计算机中进行保存和处理，仪器会根据选择的标准自动进行判定是否合格。

应用型测试是主要诊断具体某种应用进行的测试。比如，计划要上千兆光纤设备，需要测试一根光纤是否能支持1000Base—F（千兆以太网光纤链路）这种具体应用，就可以在仪器中选择对应的应用标准进行测试，并自动进行合格判定。

用测试光纤衰减值的方法来认证光纤链路质量，这种方法被称作"一级测试"。对于要求高的用户，为了保证光纤链路的结构合格，确保高速应用的质量，只用一级测试方法还不够，需要增加光纤的OTDR曲线测试，以此判断链路中熔接点、连接点等质量是否符合要求，这种测试就叫"二级测试"。

进行二级测试需要选择具备二级测试功能（OTDR+衰减+长度测试）的测试仪。

除了一级测试和二级测试外，对光纤链路还有视频检测和链路结构测试的需求。可以用光纤显微镜检查跳线插头端面的洁净度、椭圆度、同心度、光洁度、突台高度，以此帮助确认跳线的质量水平是否合乎要求，也可以根据OTDR曲线指示的位置检查插座的类似质量指标。

4．如何测试综合布线的接地

综合布线系统的接地主要是机架接地和屏蔽电缆接地，机架接地和一般的弱电设备接地方式和接地电阻要求是相同的，一般使用接地电阻测试仪进行测试。

屏蔽电缆的接地端一般与机架或者机架接地端相连，对于屏蔽层的直流/交流连通性测试，标准中没有数值要求，只要求连通即可。测试方法：在电缆认证测试仪设置菜单中选择测试电缆类型为FTP，即可在测试电缆参数的同时自动增加对屏蔽层连通性的测试，结果自动合并保留在参数测试报告中。

5. 如何测试含防雷器的电缆链路

为了防止服务器和交换机端口不被雷击感应电压和浪涌电压损坏，可以在电缆链路中串入防雷器。

接入防雷器的链路一般按照通道模式进行测试。某些特殊的防雷器是按照固定安装模式接入链路的，这种防雷器则可以纳入永久链路的测试模式。建议用户先对无防雷器的链路进行测试，然后对加装防雷器后的链路进行测试，测试参数合并或并列到验收测试报告中。

6. 如何测试新增的MPTL、E2E、DAC和工业以太网电缆链路

MPTL是指一端为插头的永久链路，测试时需使用永久链路适配器和跳线适配器来进行测试。E2E是端到端通道（测试结果包含两端连接器参数，一般在工业场合被要求使用），测试时需使用跳线适配器。DAC是跳线直连链路，测试时需使用跳线适配器。以上对应的标准可在测试仪器的标准库中选择对应的标准即可。

工业以太网增加了M12、IX等接口，测试时相应选择对应的接口适配器。

12.6 链路故障诊断与分析实训

12.6.1 实训项目1 光缆链路故障诊断与分析

【典型工作任务】

实践证明，计算机网络系统70%的故障发生在综合布线系统，因此综合布线工程的质量非常重要，在安装施工中必须规范施工并掌握链路测试方法和故障维修方法。

【岗位技能要求】

1）了解并掌握光缆链路故障的形成原因和预防办法。

2）掌握线缆分析仪测试光缆链路故障的方法。

3）掌握常见光缆链路故障的维修方法。

【实训任务】

使用DTX（带单模光纤模块）缆线分析仪，检测综合布线故障检测与维护实训装置（产品型号XIYUAN KYGJZ—07—02）上安装的光纤故障模拟箱中的12个光纤永久链路，按照GB/T 50312标准判断每个永久链路检测结果是否合格，判断和分析故障主要原因。

【评判标准】

1）故障检测结果正确。

2）故障类型判断准确全面。

3）主要原因分析正确。

【实训器材和工具】

1）实训器材：西元综合布线故障检测与维护实训装置1套，型号KYGJZ—07—02，如图12-7所示。

2）实训工具：红光笔1个，缆线分析仪（带单模光纤模块）1台。

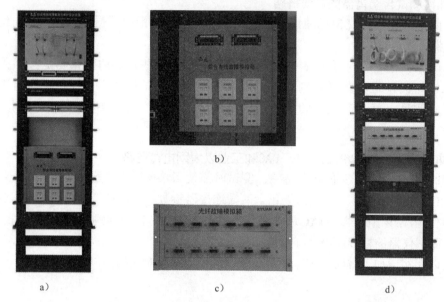

图12-7 西元综合布线故障检测与维护实训装置

a）实训装置正面（见彩图） b）综合布线故障模拟箱 c）光纤故障模拟箱 d）实训装置背面（见彩图）

【实训步骤】

1）打开西元综合布线故障检测与维护实训装置电源。

2）取出缆线分析仪。

3）按照缆线分析仪的操作说明及连接方法进行测试。

用测试仪逐条测试链路，根据测试仪显示数据，判定各条链路的故障位置和故障类型。

4）填写故障检测分析表，完成故障测试分析。

5）故障维修。

根据故障检测结果，采取不同的故障维修方法进行故障维修。

【实训报告】

根据实训要求和检测情况，将检测结果填写在表12-5中，填写要求如下。

检测结果：填写"失败"或"通过"。

主要故障类型：填写"××故障"。

主要故障原因分析：填写具体故障原因和位置。

表12-5 光缆故障检测分析表

序号	链路名称	检测结果	主要故障类型	主要故障位置和原因分析
1	A1链路			
2	A2链路			

序号	链路名称	检测结果	主要故障类型	主要故障位置和原因分析
3	A3链路			
4	A4链路			
5	A5链路			
6	A6链路			
7	A7链路			
8	A8链路			
9	A9链路			
10	A10链路			
11	A11链路			
12	A12链路			

检测分析人：　　　　　　　　　时间：　　年　月　日

12.6.2　实训项目2　电缆链路故障诊断与分析

【典型工作任务】

实践证明，计算机网络系统70%的故障发生在综合布线系统，因此综合布线工程的质量非常重要，在安装施工中必须规范施工掌握链路测试方法和故障维修方法。

【岗位技能要求】

1）了解并掌握电缆链路故障的形成原因和预防办法。

2）掌握缆线分析仪测试电缆链路故障的方法。

3）掌握常见电缆链路故障的维修方法。

【实训任务】

请使用DTX 1800缆线分析仪，检测综合布线故障检测与维护实训装置（型号XIYUAN KYGJZ—07—02）上安装的电缆故障模拟箱中的12个电缆永久链路，按照GB/T 50312标准判断每个永久链路检测结果是否合格，判断和分析故障主要原因。

【评判标准】

1）故障检测结果正确。

2）故障类型判断准确全面。

3）主要原因分析正确。

【实训器材和工具】

1）实训器材：综合布线故障检测与维护实训装置1套，型号KYGJZ—07—02，如图12-7所示。

2）实训工具：红光笔1个，DTX 1800缆线分析仪1台。

【实训步骤】

1）打开西元综合布线故障检测与维护实训装置电源。

2）取出缆线分析仪。

3）按照缆线分析仪的操作说明及连接方法进行测试。

用测试仪逐条测试链路，根据测试仪显示数据，判定各条链路的故障位置和故障类型。

4）填写故障检测分析表，完成故障测试分析。

5）故障维修。

根据故障检测结果，采取不同的故障维修方法进行故障维修。

【实训报告】

根据实训要求和检测情况，将检测结果填写在表12-6中，填写要求如下。

检测结果：填写"失败"或"通过"。

主要故障类型：填写"××故障"。

主要故障原因分析：填写具体故障原因和位置。

表12-6　电缆故障检测分析表

序号	链路名称	检测结果	主要故障类型	主要故障位置和原因分析
1	A1链路			
2	A2链路			
3	A3链路			
4	A4链路			
5	A5链路			
6	A6链路			
7	B1链路			
8	B2链路			
9	B3链路			
10	B4链路			
11	B5链路			
12	B6链路			

检测分析人：　　　　　　　　　时间：　年　月　日

12.7　工程经验

1．工程经验一　用130m长的6类线运行百兆网能通过FLUKE测试吗

不能通过6类链路测试，但百兆网可以正常使用。衰减值（插入损耗）、长度、时延、ACR等多数参数均不会通过测试。如果用百兆应用标准进行测试，除了"长度/时延"指标稍差外，其他指标基本上都能通过测试。

2．工程经验二　综合布线时为什么要重视综合串音、平衡性和回波损耗

在进行综合布线系统测试时，应注意综合串音、平衡性和回波损耗等问题。综合串扰是指一对以上缆线同时传输时，各线对间串音的和。平衡性是指电缆和连接件的平衡性。平衡性类似于阻抗，它的好坏是衡量电磁兼容性（EMC）的重要参数。一般采用纵向变换

损耗（LCL）和纵向转移损耗（LCTL）两个参数来定义其平衡性。回波损耗（SRL）是衡量链路全程结构是否一致的重要参数。它主要是由链路中阻抗不均匀性引起的，通常发生在接头和插座处。

3．工程经验三　如何确定综合布线工程第三方检测的标准和数量

在施工结束后，乙方一般会进行自检自查，然后甲方会请第三方来进行检测。由于在施工合同中经常出现没有规定测试的模式，乙方、第三方可能会采用不同的模式，检测的结果（比如，合格率）会发生"争议"。第三方一般采用永久链路模式进行验收测试，而乙方则经常性地倾向采用信道验收测试。建议在合同或者附加合同中规定检测标准和模式，以减少争议和提高链路合格率。

抽查数据根据GB/T 50312要求按照15%的比例抽测，不足100条链路的则全部测试，如果合格率低于99%，则整个工程要进行全测。

4．工程经验四　综合布线几种盘线方式的测试对比

在施工过程中，有时会将两端多余的网线盘起来，这样会影响网线的测试项目，有时还能造成测试不能通过的情况，见表12-7。

表12-7　网线不同状态时的测试结果

测试参数	缆线测试状态		
	在缆线正常状态下	从缆线15m处将缆线卷成2圈，直径为1m	从缆线15m处将缆线卷成1圈，直径为1m
长度	50.3m	50.3m	50.3m
传播延迟	252ns	252ns	252ns
延迟偏移	9ns	9ns	9ns
插入损耗	13.5dB/10.5dB	13.6dB/10.4dB	13.5dB/10.5dB
回波损耗	17.6dB/0.6dB	12.2dB/−0.7dB	17.4dB/0.5dB
NEXT	62.6dB/7.0dB	62.5dB/6.9dB	62.5dB/6.9dB
PSNEXT	61.9dB/9.3dB	61.4dB/9.1dB	61.4dB/9.1dB
ACR	60.2dB/8.5dB	59.7dB/8.3dB	59.7dB/8.3dB
PSACR	59.7dB/11.0dB	59.1dB/10.7dB	59.1dB/10.7dB
ELFEXT	50.4dB/15.1dB	53.8dB/15.2dB	53.8dB/15.2dB
PSELFEXT	47.2dB/17.3dB	53.3dB/17.6dB	53.3dB/17.6dB
测试结果	测试通过	测试未通过	测试通过

注：1．网线采用AMP（安普）超5类双绞线。

　　2．测试仪器使用FLUKE 1800AP。

互动练习和习题

请扫描二维码，下载第12章互动练习和习题，并按照教师安排按时完成。

互动练习

习题

第13章
综合布线系统工程概预算 ■■■■■■■■■■■

综合布线系统工程概预算是综合布线设计环节的一部分，它对综合布线项目工程的造价估算、投标估价及后期的工程决算都有很大的影响。

根据工程技术要求及规模容量，按施工设计图统计工程量并乘以相应的定额即可概算或预算出工程的总体造价。统计工程量时，尽量要与概预算定额的分部、分项工程定额子目划分相一致，按标准化要求进行统计，以便采用计算机编制概预算，采用综合布线工程概预算编制计算机管理系统。工程量统计一定要准确可靠，才能保证概预算的准确度。

➤ 知识目标 了解综合布线系统工程概预算知识。

➤ 能力目标 熟悉综合布线系统工程概预算程序、预算设计方式，以及预算定额。

➤ 素质目标 通过2个技能训练项目和2个工程经验，养成廉洁自律、秉公办事习惯。严格遵守国家的法律法规，诚实守信，保守机密。

13.1 综合布线系统工程概预算概述

建设工程的概预算是对工程造价进行控制的主要依据，它包括设计概算和施工图预算。设计概算是设计文件的重要组成部分，应严格按照批准的可行性研究报告和其他有关文件进行编制。施工图预算则是施工图设计文件的重要组成部分，应在批准的初步设计概算范围内进行编制。

综合布线系统的概预算编制办法，原则上参考通信建设工程概算、预算编制办法作为依据，并应根据工程的特点和其他要求，结合工程所在地区，按地区（计委）建委规定的有关工程概算、预算定额和费用定额编制工程概预算。

13.1.1 概算的作用

1）概算是确定和控制固定资产投资、编制和安排投资计划、控制施工图预算的主要依据。

2）概算是签订建设项目总承包合同、实行投资包干以及核定贷款额度的主要依据。

3）概算是考核工程设计技术经济合理性和工程造价的主要依据之一。

4）概算是筹备设备、材料和签订订货合同的主要依据。

5）概算在工程招标承包制中是确定标底的主要依据。

13.1.2 预算的作用

1）预算是考核工程成本、确定工程造价的主要依据。

2）预算是签订工程承、发包合同的依据。

3）预算是工程价款结算的主要依据。

4）预算是考核施工图设计技术经济合理性的主要依据之一。

13.1.3 概算的编制依据

1）批准的可行性研究报告。

2）初步建设或扩大初步设计图、设备材料表和有关技术文件。

3）建筑与建筑群综合布线工程费用有关文件。

4）通信建设工程概算定额及编制说明。

13.1.4 预算的编制依据

1）批准初步设计或扩大初步设计概算及有关文件。

2）施工图、通用图、标准图及说明。

3）《建筑与建筑群综合布线系统预算定额》。

4）通信工程预算定额及编制说明。

5）通信建设工程费用定额及有关文件。

13.1.5 概算文件的内容

1）工程概况、规模及概算总价值。

2）编制依据：设计文件、定额、价格及地方政府有关规定及工业和信息化部规定的费用计算依据。

3）投资分析：主要分析各项投资的比例和费用构成，分析投资情况，说明建设的经济合理性及编制中存在的问题。

4）其他需要说明的问题。

13.1.6 预算文件的内容

1）工程概况，预算总价值。

2）编制依据及对采用的收费标准和计算方法的说明。

3）工程技术经济指标分析。

4）其他需要说明的问题。

13.2 综合布线系统工程的工程量计算原则

1. 工程量计算要求

工程量计算是确定安装工程直接费用的主要内容，是编制单位、单项工程造价的依据。工程量计算是否准确，将直接关系到预算的准确性。运用概预算的编制方法，以设计图为依据，并对设计图的工程量按一定的规范标准进行汇总，就是工程量计算。工程量计算是编制施工图预算的一项复杂而又十分重要的步骤，其具体要求是：

1）工程量的计算应按规则进行，即工程量项目的划分、计量单位的取定、有关系数的调整换算等。工程量是以物理计量单位和自然计算单位所表示的各分项工程的数量。

2）工程量的计算无论是初步设计，还是施工图设计，都要依据设计图计算。

2. 计算工程量应注意的问题

1）熟悉设计图。要及时地计算出工程量，首先要熟悉设计图，看懂有关文字说明，掌握施工现场有关的问题。

2）要正确划分项目和选用计量单位。所划分的项目和项目排列的顺序及选用的计量单位应与定额的规定完全一致。

3）计算中采用的尺寸要符合图中的尺寸要求。

4）工程量应以安装就位的净值为准，用料数量不能作为工程量。

5）对于小型建筑物和构筑物可另行单独规定计算规则或估算工程量和费用。

3．工程量计算的顺序

1）顺时针计算法，即从施工图右上角开始，按顺时针方向逐步计算，一般不采用。

2）横竖计算法或称坐标法，即以图纸的轴线或坐标为工具分别从左到右或从上到下逐步计算。

3）编号计算方法，即按图上注明的编号分类进行计算，然后汇总同类工程量。

13.3　综合布线系统工程概预算的步骤程序

1．概、预算的编制程序

1）收集资料，熟悉设计图。在编制概、预算前，应收集有关资料，如工程概况、材料和设备的价格、所用定额、有关文件等，并熟悉设计图，为准确编制概、预算做好准备。

2）计算工程量。根据设计图计算出全部工程量，并填入相应表格中。

3）套用定额，选用价格。根据汇总的工程量，套用《综合布线工程预算定额》，并分别套用相应的价格。

4）计算各项费用。根据费用定额的有关规定，计算各项费用并填入相应的表格中。

5）复核。认真检查、核对。

6）拟写编制说明。按编制说明内容的要求，拟写编制说明中的有关问题。

7）审核出版，填写封皮，装订成册。

2．引进设备安装工程概、预算编制

1）引进设备安装工程概、预算的编制是指引进设备的费用、安装工程费用及相关的税金和费用的计算。无论从何国引进，除必须编制引进的设备价款外，一律按设备到岸价（CIF）的外币折成人民币价格，再按本办法有关条款进行概、预算的编制。

2）引进设备安装工程应由国内设备单位作为总体设计单位，并编制工程总概、预算。

3）引进设备安装工程概、预算编制的依据为：经国家或有关部门批准的订货合同、细目及价格，国外有关技术经济资料及相关文件，国家及原邮电行业通信工程概、预算编制办法、定额和有关规定。

4）引进设备安装工程概、预算应用两种货币形式表现，外币表现可用美元。

5）引进设备安装工程概、预算除包括本办法和费用定额规定的费用外，还包括关税、增值税、工商统一费、进口调节税、海关监理费、外贸手续费、银行财务费和国家规定应记取的其他费用，其记取标准和办法按国家和相关部门规定办理。

3．概、预算的审批

1）设计概算的审批。设计概算由建设单位主管部门审批，必要时可由委托部门审批；设计概算必须经过批准方可作为控制建设项目投资及编制修正概算的依据。设计概算不得突破批准的可行性研究报告投资额，若突破，则由建设单位报原可行性研究报告批准部门审批。

2）施工图预算的审批。施工图预算应由建设单位审批；施工图预算需要由设计单位修改，由建设单位报主管部门审批。

4. 综合布线系统工程概预算编制软件

综合布线系统工程概预算过去是手工编制，随着计算机的普及和应用，近年来相关技术单位开发出了综合布线系统工程概预算编制软件。综合布线系统工程概预算软件既有Windows单用户版又有网络版，通用于综合布线行业的建设单位、设计单位、施工企业和监理企业进行综合布线系统工程专业的概预算、结算的编制和审核，同时具有审计功能。

13.4 综合布线系统工程的预算设计方式

13.4.1 IT行业的预算设计方式

IT行业的预算设计方式取费的主要内容一般由材料费、施工费、设计费、测试费、税金等组成。表13-1是一种典型的IT行业的综合布线系统工程预算设计。

表13-1 典型的IT行业的综合布线系统工程预算

序号	名称	单价	数量	金额/元
1	信息插座（含模块）	100元/套	130套	13 000
2	5类UTP	1 000元/箱	12箱	12 000
3	线槽	6.8元/m	600m	4 080
4	48口配线架	1 350元/个	2个	2 700
5	配线架管理环	120元/个	2个	240
6	钻机及标签等零星材料			1 500
7	设备总价（不含测试费）			33 520
8	设计费（5%）			1 676
9	测试费 （5%）			1 676
10	督导费（5%）			1 676
11	施工费（15%）			5 028
12	税金（3.41%）			1 140
13	总计			44 716

13.4.2 建筑行业的预算设计方式

建筑行业流行的设计方案取费是按国家的建筑预算定额标准来核算的，一般由下述内容组成：材料费、人工费（直接费小计、其他直接费、临时设施费、现场经费）、直接费、企业管理费、利润税金、工程造价和设计费等。

1. 核算材料费与人工费

由分项布线工程明细项的定额进行累加求得材料费与人工费。

2. 核算其他直接费

① 其他直接费=人工费×费率，如费率取28.9%。

② 临时设施费=（人工费+人工其他直接费）×费率，如费率取14.7%。

③ 现场经费=（人工费+人工其他直接费）×费率，如费率取18.8%。

④ 其他直接费合计=其他直接费+临时设施费+现场经费。

3．核算各项规定取费

① 直接费=材料费+工程费+其他直接费合计。

② 企业管理费=人工费×费率，如费率取103%。

③ 利润=人工费×费率，如费率取46%。

④ 税金=（直接费+企业管理费+利润）×费率，如费率取3.4%。

⑤ 小计=①+②+③+④。

⑥ 建筑行业劳保统筹基金=⑤×费率，如费率取1%。

⑦ 建材发展补充基金=⑤×费率，如费率取2%。

⑧ 工程造价=⑤+⑥+⑦。

⑨ 设计费=工程造价×费率，如费率取10%。

⑩ 合计=⑧+⑨。

13.5 建筑与建筑群综合布线系统工程预算定额参考

13.5.1 综合布线设备安装

1．敷设管路

工作内容：

1）敷设钢管。管材检查、配管、锉管内口、敷管、固定、试通、接地、伸缩及沉降处理、做标记等。

2）敷设硬质PVC穿线管。管材检查、配管、锉管内口、敷管、固定、试通、做标记等。

3）敷设金属软管。管材检查、配管、敷管、连接接头、做标记等。

敷设管路定额见表13-2。

表13-2 敷设管路定额

定额编号		TX8-001	TX8-002	TX8-003	TX8-004	TX8-005
项目		敷设钢管（100m）		敷设硬质PVC穿线管（100m）		敷设金属软管（根）
		ϕ25mm以下	ϕ50mm以下	ϕ25mm以下	ϕ50mm以下	
名称	单位	数量				
人工	技工	工日	2.63	3.95	1.76	2.64	—
	普工	工日	10.52	15.78	7.04	10.56	0.40
主要材料	钢管	m	103.00	103.00	—	—	—
	硬质PVC穿线管	m	—	—	105.00	105.00	—
	金属软管	m	—	—	—	—	*
	配件	套	*	*	*	*	*
机械	交流电焊机（21kV·A以内）	台班	0.60	0.90	—	—	—

注："*"表示是由设计确定其用量，下同。

2．敷设线槽

工作内容：

1）敷设金属线槽。线槽检查、安装线槽及附件、接地、做标记、穿墙处封堵等。

2）敷设塑料线槽。线槽检查、测位、安装线。

敷设线槽定额见表13-3。

表13-3　敷设线槽定额

定额编号		TX8-006	TX8-007	TX8-008	TX8-009	TX8-010
项目		敷设金属线槽			敷设塑料线槽	
		150mm宽以下	300mm宽以下	300mm宽以上	100mm宽以下	100mm宽以上
名称	单位	数量				
人工 技工	工日	5.85	7.61	9.13	3.51	4.21
普工	工日	17.55	22.82	27.38	10.53	12.64
主要材料 金属线槽	m	105.00	105.00	105.00	—	—
塑料线槽	m	—	—	—	105.00	105.00
配件	套	*	*	*	*	*
机械						

3．安装过线（路）盒和信息插座底盒（接线盒）

工作内容：开孔、安装盒体、密封连接处。

安装过线（路）盒和信息插座底盒定额见表13-4。

表13-4　安装过线（路）盒和信息插座底盒定额

定额编号		TX8-011	TX8-012	TX8-013	TX8-014	TX8-015	TX8-016	TX8-017
项目		安装过线（路）盒（半周长）		安装信息插座底盒（接线盒）				
		200mm以下	200mm以上	明装	砖墙内	混凝土墙内	木地板内	防静电钢质地板内
名称	单位	数量						
人工 技工	工日	—	0.90	—	—	—	—	—
普工	工日	0.40	0.40	0.40	0.98	1.37	0.84	1.68
主要材料 过线（路）盒	个	10.00	10.00	—	—	—	—	—
信息插座底盒或接线盒	个	—	—	10.20	10.20	10.20	10.20	10.20
机械								

注：1．安装过线（路）盒，包括在线槽上和管路上两种类型均执行本定额。

　　2．明装信息插座底盒的工作内容中无"开孔"工序。

4．安装桥架

工作内容：固定吊杆或支架、安装桥架、墙上钉固桥架、接地、穿墙处封堵、做标记等。

安装桥架定额见表13-5。

表13-5　安装桥架定额

定额编号			TX8-018	TX8-019	TX8-020	TX8-021	TX8-022	TX8-023
项目			安装吊式桥架		安装支撑式桥架			
			100mm 宽以下	300mm 宽以下	300mm 宽以上	100mm 宽以下	300mm 宽以下	300mm 宽以上
名称		单位	数量					
人工	技工	工日	0.37	0.41	0.45	0.28	0.31	0.34
	普工	工日	3.33	3.66	4.03	2.52	2.77	3.05
主要材料	桥架	m	10.10	10.10	10.10	10.10	10.10	10.10
	配件	套	*	*	*	*	*	*
机械								

定额编号			TX8-024	TX8-025	TX8-026
项目			垂直安装桥架		
			100mm宽以下	300mm宽以下	300mm宽以上
名称		单位	数量		
人工	技工	工日	0.17	0.22	0.29
	普工	工日	1.36	1.77	2.30
主要材料	桥架	m	10.10	10.10	10.10
	立柱	m	—	—	—
	配件	套	*	*	*
机械					

注：1. 安装桥架，包括梯形、托盘式和槽式3种类型均执行本定额。
　　2. 垂直安装密封桥架，按本定额工日乘以1.2系数计取。

5．开槽

工作内容：划线定位、开槽、水泥砂浆抹平等。

开槽定额见表13-6。

表13-6 开槽定额

定额编号		TX8-027	TX8-028
项目		开槽	
		砖槽	混凝土槽
名称	单位	数量	
人工 技工	工日	—	—
人工 普工	工日	0.07	0.28
主要材料 水泥#325	kg	1.00	1.00
主要材料 粗砂	kg	3.00	3.00
机械			

注：本定额是按预埋长度为1m的φ25mm以下的钢管取定的开槽定额工日。

6. 安装机柜、机架、接线箱、抗震底座

工作内容：开箱检查、清洁搬运、安装固定、附件安装、接地等。

安装机柜、机架、接线箱定额见表13-7。

表13-7 安装机柜、机架、接线箱定额

定额编号		TX8-029	TX8-030	TX8-031	TX8-032
项目		安装机柜、机架（架）		安装接线箱（个）	制作安装抗震底座（个）
		落地式	墙挂式		
名称	单位	数量			
人工 技工	工日	2.00	3.00	2.70	1.67
人工 普工	工日	0.67	1.00	0.90	0.83
主要材料 机柜（机架）	个	1.00	1.00	—	—
主要材料 接线箱	个	—	—	1.00	—
主要材料 抗震底座	个	—	—	—	1.00
主要材料 附件	套	*	*	*	*
机械					

13.5.2 布放缆线

1. 布放电缆

1）管、暗槽内穿放电缆。

工作内容：检验、抽测电缆、清理管（暗槽）、制作穿线端头（钩）、穿放引线、穿放电缆、做标记、封堵出口等。穿放电缆定额见表13-8。

215

表13-8　穿放电缆定额

定额编号			TX8-033	TX8-034	TX8-035	TX8-036	TX8-037
项目			穿放4对对绞电缆	穿放大对数电缆			
				非屏蔽50对以下	非屏蔽100对以下	屏蔽50对以下	屏蔽100对以下
名称		单位	数量				
人工	技工	工日	0.85	1.20	1.68	1.32	1.85
	普工	工日	0.85	1.20	1.68	1.32	1.85
主要材料	对绞电缆	m	102.50 103.00	102.50	102.50	103.00	103.00
	镀锌铁线ϕ1.5mm	kg	0.12	0.12	0.12	0.12	0.12
	镀锌铁线ϕ4.0mm	kg	—	1.80	1.80	1.80	1.80
	钢丝ϕ1.5mm	kg	0.25	—	—	—	—
机械							

注：1. 屏蔽电缆包括总屏蔽及总屏蔽加线对屏蔽两种形式，这两种形式的对绞电缆均执行本定额。

2. 以分数形式表示的材料数量，分子为非屏蔽电缆数量，分母为屏蔽电缆数量。

2）桥架、线槽、网络地板内明布电缆。

工作内容：检验、抽测电缆、清理槽道、布放、绑扎电缆、做标记、封堵出口等。

明布电缆定额见表13-9。

表13-9　明布电缆定额

定额编号			TX8-038	TX8-039	TX8-040
项目			明布4对对绞电缆	明布大对数电缆	
				50对以下	100对以下
名称		单位	数量		
人工	技工	工日	0.51	0.96	0.29
	普工	工日	0.51	0.96	2.30
主要材料	4对对绞电缆	m	102.50 103.00	—	10.10
	50对以下对绞电缆	m	—	102.50 103.00	—
	100对以下对绞电缆	m	—	—	102.50 103.00
机械					

注：以分数形式表示的材料数量，分子为非屏蔽电缆数量，分母为屏蔽电缆数量。

2．布线光缆、光缆外护套、光纤束

工作内容：

1）管道、暗槽内穿放光缆。检验、测试光缆、清理管（暗槽）、制作穿线端头（钩）、穿放引线、穿放光缆、出口衬垫、做标记、封堵出口等。

2）桥架、线槽、网络地板内明布光缆。检验、测试光缆、清理槽道、布放、绑扎光

缆、加垫套、做标记、封堵出口等。

3）布放光缆护套。清理槽道、布放、绑扎光缆护套、加垫套、做标记、封堵出口等。

4）气流法布放光纤束：检验、测试光纤、检查护套、气吹布放光纤束、做标记、封堵出口等。

光缆布线定额见表13-10。

表13-10　光缆布线定额

定额编号			TX8-041	TX8-042	TX8-043	TX8-044
项目			管、暗槽内穿放光缆	桥架、线槽、网络地板内明布光缆	布放光缆护套	气流法布放光纤束
名称		单位	数量			
人工	技工	工日	1.36	0.90	0.90	0.89
	普工	工日	1.36	0.90	0.90	0.13
主要材料	光缆	m	102.00	102.00	—	—
	光缆护套	m	—	—	102.00	—
	光纤束	m	—	—	—	102.00
机械	气流敷设机（套）	台班	—	—	—	0.02

13.5.3　缆线终接

1. 缆线终接和终接部件安装

工作内容：

1）卡接对绞电缆。编扎固定对绞缆线、卡线、做屏蔽、核对线序、安装固定接线模块（跳线盘）、做标记等。缆线终接和终接部件安装定额见表13-11。

表13-11　缆线终接和终接部件安装定额

定额编号			TX8-045	TX8-046	TX8-047	TX8-048
项目			卡接4对对绞电缆（配线架侧）（条）		卡接大对数电缆（配线架侧）（100对）	
			非屏蔽	屏蔽	非屏蔽	屏蔽
名称		单位	数　量			
人工	技工	工日	0.06	0.08	1.13	1.50
	普工	工日	—			
主要材料						
机械						

2）安装8位模块式信息插座。固定对绞线、核对线序、卡线、做屏蔽、安装固定面板

及插座、做标记等。信息插座安装定额见表13-12。

表13-12 信息插座安装定额

定额编号		TX8-049	TX8-050	TX8-051	TX8-052	TX8-053	TX8-054
项目		安装8位模块式信息插座				安装光纤信息插座	
		单口		双口		双口	四口
		非屏蔽	屏蔽	非屏蔽	屏蔽		
名称	单位	数量					
人工 技工	工日	0.45	0.55	0.75	0.95	0.30	0.40
普工	工日	0.07	0.07	0.07	0.07	—	—
主要材料 8位模块式信息插座（单口）	个	10.00	10.00	—	—	—	—
8位模块式信息插座（双口）	个	—	—	10.00	10.00	—	—
光纤信息插座（双口）	个	—	—	—	—	10.00	—
光纤信息插座（四口）	个	—	—	—	—	—	10.00
机械							

注：安装双口以上8位模块式信息插座的工日定额在双口的基础上乘以系数1.6。

3）安装光纤信息插座：编扎固定光纤、安装光纤连接器及面板、做标记等。

4）安装光纤连接盘：安装插座及连接盘、做标记等。

5）光纤连接：端面处理、纤芯连接、测试、包封护套、盘绕、固定光纤等。

6）制作光纤连接器：制装接头、磨制、测试等。

光纤连接定额见表13-13。

表13-13 光纤连接定额

定额编号		TX8-055	TX8-056	TX8-057	TX8-058	TX8-059	TX8-060	TX8-061
项目		安装光纤连接盘（块）	光纤连接					
			机械法（芯）		熔接法（芯）		磨制法（端口）	
			单模	多模	单模	多模	单模	多模
名称	单位	数量						
人工 技工	工日	0.65	0.43	0.34	0.50	0.40	0.50	0.45
普工	工日	—	—	—	—	—	—	—
主要材料 光纤连接盘	块	1.00	—	—	—	—	—	—
光纤连接器材	套	—	1.01	1.01	1.01	1.01	—	—
磨制光纤连接器材	套	—	—	—	—	—	1.05	1.05
机械 光纤熔接机	台班	—	—	—	0.03	0.03	—	—

2. 制作跳线

工作内容：量裁缆线、制作跳线连接器、检验测试等。

制作跳线定额见表13-14。

表13-14　制作跳线定额

定额编号		TX8-062	TX8-063	TX8-064
项目		电缆跳线	光纤跳线	
			单模	多模
名称	单位	数量		
人工 技工	工日	0.08	0.95	0.81
人工 普工	工日	—	—	—
主要材料 4对对绞线	m	*	—	—
主要材料 光缆	m	—	*	*
主要材料 跳线连接器	个	2.20	2.20	2.20
机械				

13.5.4　综合布线系统测试

工作内容：测试、记录、编制测试报告等。

综合布线系统测试定额见表13-15。

表13-15　综合布线系统测试定额

定额编号		TX8-065	TX8-066	TX8-067
项目		电缆链路测试	光纤链路测试	
			单光纤	双光纤
名称	单位	数量		
人工 技工	工日	0.10	0.10	0.10
人工 普工	工日	—	—	—
主要材料				
机械				

13.6　综合布线系统工程概预算实训项目

13.6.1　实训项目1　按IT行业的预算方式做工程预算

【实训目的】

1）通过按照IT行业的预算方式做工程预算项目实训，掌握各种项目费用的取费基数标准。

2）熟悉综合布线工程项目中使用的材料种类、规格。

3）掌握IT行业综合布线系统工程项目预算方法。

4）学会工程数据表格的制作方法。

【实训要求】

1）使用Word或Excel完成项目材料的整理。

2）完成本校网络综合布线系统工程预算。

【实训步骤】

1）分析项目使用材料的种类。

2）制作综合布线系统工程预算表。

3）填写综合布线系统工程预算表。

4）工程预算。

【实训报告要求】

1）掌握综合布线系统工程预算表制作方法。

2）基本掌握Word、Excel工作表软件在工程技术中的应用。

3）完成工程预算。

4）总结实训经验和方法。

13.6.2　实训项目2　按建筑行业的预算方式做工程预算

【实训目的】

1）通过按照建筑行业的预算方式做工程预算项目实训，掌握各项目定额标准。

2）熟悉综合布线预算表的编制。

3）掌握建筑行业综合布线系统工程项目预算方法。

【实训要求】

1）使用综合布线工程概预算编制软件。

2）根据对综合布线工程的了解，查找相关的资料和预算定额，完成本校网络综合布线系统工程预算。

【实训步骤】

1）分析项目使用材料的种类。

2）使用软件编制综合布线系统工程预算表。

3）套用综合布线系统工程定额。

4）完成工程预算。

【实训报告要求】

1）掌握综合布线系统工程预算定额的套用。

2）基本掌握综合布线系统工程概预算编制软件的应用。

3）完成工程预算。

4）总结实训经验和方法。

13.7 工程经验

1. 工程经验一 路径的勘察

布线工作开始之前，首先要勘察施工现场，确定布线的路径和走向。避免盲目施工给工程带来浪费和拖延工期。

2. 工程经验二 双绞线的传输距离一直被确定为100m

无论是10Base-T、100Base-TX标准还是1000Base-T标准，都明确表示最远传输距离为100m。在综合布线规范中，也明确要求水平布线不能超过90m，链路总长度不能超过100m。也就是说，100m对于有线以太网而言是一个极限。

<h3 style="text-align:center">互动练习和习题</h3>

请扫描二维码，下载第13章互动练习和习题，并按照教师安排按时完成。

互动练习   习题

第14章

综合布线系统工程招投标 ■■■■■■■■■■■■■

▷ **知识目标** 了解综合布线系统工程招标方式和程序，掌握编制投标文件方法、投标报价内容与要求等知识。

▷ **能力目标** 熟悉综合布线系统工程招标文件和投标文件的编制方法。

▷ **素质目标** 严格遵守职业道德和职业规范，形成遵规守纪的高度自觉，不行贿不受贿。

14.1 综合布线系统工程的招标

14.1.1 工程项目招标的基本概念

1. 什么是综合布线系统工程招标

综合布线系统工程招标通常是指需要投资建设综合布线系统的单位（一般称为招标人），通过招标公告或投标邀请书等形式邀请具备承担招标项目能力的系统集成施工单位（一般称为投标人）投标，最后选择其中对招标人最有利的投标人进行工程总承包的一种经济行为。

2. 招标人

招标人是指提出招标项目、进行招标的法人或者其他组织。

3. 招标代理机构

招标代理机构是指依法设立、从事招标代理业务并提供相关服务的社会中介组织。

招标代理机构应当具备下列条件：

1）有从事招标代理业务的营业场所和相应资金。

2）有能够编制招标文件和组织评标的相应专业力量。

3）有符合《中华人民共和国招标投标法》第三十七条第三款规定条件，可以作为评标委员会成员人选的技术、经济等方面的专家库。

4. 招标文件

招标文件一般由招标人或者招标代理机构根据招标项目的特点和需要进行编制。

招标文件应当包括以下内容。

1）招标项目的技术要求：主要包括综合布线系统的等级、布线产品的档次和配置量等的要求。

2）招标项目的商务要求：主要包括投标人资格审查标准、投标报价要求、评标标准以及拟签订合同的主要条款等。

3）招标项目需要划分标段、确定工期的，招标人应当合理划分标段、确定工期，并在招标文件中载明。

4）招标文件不得要求或者标明特定的生产供应者以及含有倾向或者排斥潜在投标人的其他内容。

5）招标人对已发出的招标文件进行必要的澄清或者修改的，应当在招标文件要求提交投标文件截止时间至少十五日前，以书面形式通知所有招标文件收受人。该澄清或者修改的内容为招标文件的组成部分。

6）招标人应当确定投标人编制投标文件所需要的合理时间，依法必须进行招标的项目，自招标文件开始发出之日起至投标人提交投标文件截止之日止，最短不得少于二十日。

14.1.2　工程项目招标的方式

综合布线系统工程项目招标的方式主要有以下4种：

1．公开招标

公开招标，也称无限竞争性招标，是指招标人或招标代理机构以招标公告的方式邀请不特定的法人或者其他组织投标。

2．竞争性谈判

竞争性谈判，是指招标人或招标代理机构以投标邀请书的方式邀请3家以上特定的法人或者其他组织直接进行合同谈判。一般在用户有紧急需要或者由于技术复杂而不能规定详细规格和具体要求时采用。

3．询价采购

询价采购也称货比三家，是指招标人或招标代理机构以询价通知书的方式邀请3家以上特定的法人或者其他组织进行报价，通过对报价进行比较来确定中标人。询价采购是一种简单快速的采购方式，一般在采购货物的规格、标准统一、货源充足且价格变化幅度小时采用。

4．单一来源采购

单一来源采购，是指招标人或招标代理机构以单一来源采购邀请函的方式邀请生产、销售垄断性产品的法人或其他组织直接进行价格谈判。单一来源采购是一种非竞争性采购，一般适用于独家生产经营、无法形成比较和竞争的产品。

14.1.3　工程项目招标的程序

一个完整的工程项目招标程序一般为：

项目报建→招标申请→市招投标中心送审→编制工程标底和招标文件→发布招标公告或投标邀请书→投标人资格审查→招标会→制作标书→开标→评标→定标→签订合同。

1．发布招标公告或投标邀请书

发布招标公告或投标邀请书时应注意以下两点：

1）招标人或招标代理机构可以根据招标项目本身的要求，在招标公告或者投标邀请书中，要求潜在投标人提供有关资质证明文件和业绩情况，并对潜在投标人进行资格审查。

2）招标人或招标代理机构在招标公告或投标邀请书中，不得以不合理的条件限制或者排斥潜在投标人，不得对潜在投标人实行歧视待遇。

2．开标

开标应当在招标文件预先确定的时间和地点公开进行，由招标人主持，邀请所有投标人参加。开标时，由投标人或者其推选的代表检查投标文件的密封情况，也可以由招标人委托的公证机构检查并公证。经确认无误后，由工作人员当众拆封，宣读投标人名称、投标价格和投标文件的其他主要内容。开标过程应当记录，并存档备查。

3．评标

评标由招标人依法组建的评标委员会在严格保密的情况下进行。评标委员会由招标人的代表和有关技术、经济等方面的专家组成，成员人数为5人以上单数，其中技术、经济等方面的专家不得少于成员总数的2/3。

评标委员会按照招标文件确定的评标标准和方法，对投标文件进行评审和比较。评标委员会完成评标后，向招标人提出书面评标报告，并推荐合格的中标候选人。招标人根据评标委员会提出的书面评标报告和推荐的中标候选人确定中标人。招标人也可以授权评标委员会直接确定中标人。

4．定标

中标人确定后，招标人应当向中标人发出中标通知书，并同时将中标结果通知所有未中标的投标人。中标通知书对招标人和中标人具有法律效力。中标通知书发出后，招标人改变中标结果的或者中标人放弃中标项目的，应当依法承担法律责任。

5．签订合同

招标人和中标人应当自中标通知书发出之日起三十日内，按照招标文件和中标人的投标文件订立书面合同。同时，招标人应当自确定中标人之日起十五日内，向有关行政监督部门提交招标投标情况的书面报告。

中标人应当按照合同约定履行义务，完成中标项目。不得向他人转让中标项目，也不得将中标项目肢解后分别向他人转让。

14.2　综合布线系统工程项目的投标

14.2.1　工程项目投标的基本概念

1．什么是综合布线系统工程投标

综合布线系统工程投标通常是指系统集成施工单位（一般称为投标人）在获得了招标人工程建设项目的招标信息后，通过分析招标文件，迅速而有针对性地编写投标文件，参与竞标的一种经济行为。

2．投标人及其资格

投标人是响应招标、参加投标竞争的法人或者其他组织。

投标人应当具备承担招标项目的能力，并且具备招标文件规定的资格条件，投标人的资质证明文件应当使用原件或投标单位盖章的复印件。一般投标人需要提交的资质证明文件包括：

1）投标人的企业法人营业执照副本。

2）投标人的企业法人组织代码证。

3）投标人的税务登记证明。

4）系统集成资质证书。

5）施工资质证明。

6）ISO 9000系列质量保证体系认证证书。

7）高新技术企业资质证书。

8）金融机构出具的资信证明。

9）产品厂家授权的分销或代理证书。

10）产品鉴定入网证书。

11）投标人认为有必要的其他资质证明文件。

两个以上法人或者其他组织可以组成一个联合体，以一个投标人的身份共同投标。

14.2.2　分析招标文件

招标文件是编制投标文件的主要依据，投标人必须对招标文件进行仔细研究，重点注意以下几个方面：

1）招标技术要求，该部分是投标人核准工程量、制定施工方案、估算工程总造价的重要依据，对其中建筑物设计图、工程量、布线系统等级、布线产品档次等内容必须进行分析，做到心中有数。

2）招标商务要求，主要研究投标人须知、合同条件、开标、评标和定标的原则和方式等内容。

3）通过对招标文件的研究和分析，投标人可以核准项目工程量，并且制定施工方案，完成了投标文件编制的重要工作。

14.2.3　编制投标文件

投标人应当按照招标文件的要求编制投标文件，并对招标文件提出的实质性要求和条件作出响应。

投标文件的编制主要包括以下几个方面：

1）投标文件的组成：施工方案、施工计划、开标一览表、投标分项报价表、资质证明文件、技术规格偏离表、商务条款偏离表、项目负责人与主要技术人员介绍、机械设备配置情况以及投标人认为有必要提供的其他文件。

2）投标文件的格式：投标人应该按照招标文件要求的格式和顺序编制投标文件，并且装订成册。

3）投标文件的数量：投标人应该按照招标文件规定的数量准备投标文件的正本和副本，一般正本一份，其余为副本。在每一份投标文件上注明"正本"或"副本"字样，一旦正本和副本有差异，以正本为准。同时，投标人还应将投标文件密封，并在封口启封处加盖单位公章。

4）投标文件的递交：投标人应当在招标文件要求提交投标文件的截止时间前，将投标文件送达投标地点。招标人收到投标文件后，应当签收保存，不得开启。投标人少于三个的，招标人应当重新招标。

5）投标文件的补充、修改和撤回：投标人在招标文件要求提交投标文件的截止时间前，可以补充、修改或者撤回已提交的投标文件，并书面通知招标人。补充、修改的内容为投标文件的组成部分。

编制投标文件的注意事项：

1）投标文件一般由熟悉综合布线系统工程招投标过程的人员编制。

2）投标文件的内容应该尽量丰富详细，贴近事实。

3）投标文件的编制应当遵循诚实信用的原则，在产品选择、施工方式等方面要做到实事求是。

4）投标文件中要尽可能多地提供投标人的技术实力、工程案例、商业信誉等资质证明文件，以体现整体实力。

5）投标文件中的施工计划应当在保证响应招标文件要求的前提下，尽量降低成本，提高利润。

14.2.4 工程项目投标的报价

1．工程项目投标报价的内容

1）工程项目造价的估算：一般可以根据项目工程完成的信息点数来估算工程的总造价。例如，每个信息点的造价为300元，如果有2 000个信息点，则可估算工程的总造价为60万元。

2）工程项目投标报价的依据：工程项目投标报价应当对项目成本和利润进行分析，并且参照厂家的产品报价及相关行业制定的工程概、预算定额，充分考虑综合布线系统的等级、布线产品的档次和配置量等因素。

3）工程项目投标报价的内容：包括主要设备、工具和材料的价格、项目安装调试费、设计费、培训费等，并且给出优惠价格和工程总价。

2．工程项目投标报价的要求

1）投标人不得相互串通投标报价，不得排挤其他投标人的公平竞争，损害招标人或者其他投标人的合法权益。

2）投标人不得与招标人串通投标，损害国家利益、社会公共利益或者他人的合法权益。不得以向招标人或者评标委员会成员行贿的手段谋取中标。

3）投标人不得以低于成本的报价竞标，也不得以他人名义投标或者以其他方式弄虚作假，骗取中标。

14.3 网络综合布线工程技术实训室项目的招投标

本节结合网络综合布线工程技术实训室项目招投标的特点，重点对网络综合布线工程技术实训室项目招标文件编制和投标文件制作过程中应注意的一些问题和技巧进行简单介绍。

14.3.1 网络综合布线工程技术实训室项目招投标的基本概念

网络综合布线工程技术实训室项目招标是指需要建设网络综合布线工程技术实训室的单位（一般称为招标人），通过招标公告或投标邀请书等形式邀请网络综合布线工程技术实训设备生产厂家或经销商（一般称为投标人）投标，最后选择其中对招标人最有利的投标人达成交易的一种经济行为。网络综合布线工程技术实训室项目招标也可以委托招标代理机构来进行。

网络综合布线工程技术实训室项目的招标人为全国大学、高职和中职院校、职业培训机构等，投标人为全国各网络综合布线工程技术实训设备生产厂家或其授权的经销商。

14.3.2 网络综合布线工程技术实训室项目招标文件的编制

网络综合布线工程技术实训室项目的招标文件由大学、职业院校或职业技能培训机构根据需要进行编制，也可以委托专业的招标代理机构编制。

网络综合布线工程技术实训室要达到建设目的，采购到满足教学和实训要求的设备，就必须在招标技术文件中对所需实训设备的规格、结构、功能等进行详细描述。因此，网络综合布线工程技术实训室项目的招标技术文件一般由实训室的使用单位（网络技术专业教研室或实训中心等）编制。招标商务文件一般由招标执行机构（学院设备科或招标代理机构）根据《中华人民共和国招标投标法》进行编制。

网络综合布线工程技术实训室使用单位在编制招标技术文件对实训设备进行描述时，主要考虑以下因素：

1）实训设备必须能够进行网络综合布线设计和工程技术实训。

2）实训设备必须具有很好的重复实训性，保证多批学生进行多次实训。

3）实训设备要有较长的使用寿命，提高学校资金的利用效率。

4）实训设备必须保证整班学生能够进行分组实训，相同实训项目，实训结果必须相同，并且每组实训难易程度相同。

5）实训设备最好能够进行无尘操作，重点突出工程技术实训。

6）实训设备扩展功能强大，增加器材后，可以扩展其他实训项目。

7）实训设备为模块化设计，可以根据学院教室尺寸进行灵活调整。

如某学校计算机网络专业根据教学和实训需要，在充分考虑各项因素后，编写网络综合布线工程技术实训室项目招标技术要求如下。

1. 网络综合布线器材展示柜4台

（1）设备结构

综合布线实训室产品展示柜（型号KYSYZ—01—12），包括螺钉和连杆结构以及自攻螺钉固定的透明亚克力门、带螺孔的钢板、螺钉、数字播放器、射灯和开关等，其产品结构和技术特征如下。

1）展示柜总高度1 950mm，总宽度1 200mm，上部深度250mm，下部深度350mm，产品展示柜为18mm厚密度板用自攻螺钉连接组成上下组合板式结构。

2）展示柜顶端棚板上安装2个射灯，并将电源线连接到展示柜下部的开关上。

3）产品展示柜上部安装有两块钢板，每块钢板用4个自攻螺钉固定在产品展示柜上，钢板尺寸为高1 200mm，宽600mm，厚1.5mm，每块钢板上设置有多排螺孔，螺孔规格为M6，螺孔间距为100mm，钢板表面喷塑或者烤漆处理，将各种展品用螺钉固定在钢板上，在钢板上粘贴有产品名称背景招贴画。

4）透明亚克力门为有机合成透明材料，数量为2块，高度为1 200mm，宽度为600mm，厚度为3.5mm，透明亚克力门用连杆结构固定，安装时每块亚克力门顶端用2组M8螺钉和螺母固定，下端用2组自攻螺钉固定，中间用4组连杆结构固定。

5）连杆结构由垫圈、螺母、连杆和盖母组成，连杆两端带螺纹，连杆结构安装时，先将连杆的一端拧入钢板的螺孔中，并用另一个螺母固定。另一端先安装1个螺母和垫圈定位再安装亚克力门，然后在亚克力门外面安装1个垫圈和盖母。安装完成后亚克力门美观、稳定和牢固，用户可以根据教学和实训需要，拆卸亚克力门和重新布展。

6）数字播放器嵌入式安装在产品展示柜下部，并能够直接插入U盘或者SD/MS/MIC存储卡，通过手动或者遥控器操作播放语音文件，数字播放器包括音箱、操作面板、红外接收器、遥控器、U盘及插槽、SD卡及插槽、电源线，操作面板上设置有开关键、播放键、暂停键、快进键、快退键等。展示柜出厂时配置有1个U盘，U盘内保存该展示柜的语音解说音频文件。

（2）设备功能

1）铜缆器材展示柜：包括电缆类、模块类、底盒面板类、跳线类、接头类、配线架类、标签类展品共51种。

2）光缆器材展示柜：包括光缆类、光纤跳线类、光纤配线架类、光纤终端盒类、光纤耦合器类、光缆链路+配件类展品共26种。

3）配件展示柜：包括φ20PVC穿线管类、φ40PVC穿线管类、宽20PVC穿线槽类、宽40PVC线槽类展品共26种。

4）工具展示柜：包括网络专用工具类、电工工具类、布线安装专用工具类、通用工具类展品共30种。

2. IT工程技术实训平台

（1）设备型号：KYSYZ—12—1233

（2）设备规格：长7.92m，宽2.64m，高2.6m。

（3）设备结构

1）设备必须为全钢结构。钢板为1.5mm冷轧钢板，设备表面不得有任何凹槽，有利于提高产品使用寿命和后期免维护。

2）实训平台采用高强度方钢支架。实训平台密布各种安装孔，适合安装各种IT类产品，进行工程技术实训，产品综合实训使用寿命超过10万次。

3）实训平台每个模块安装孔对应，能够轻松穿越到对面，进行穿墙布线实训。

4）设备由12模块组成十字型结构布局，性价比最高，能够满足36人同时实训操作。

5）每个角区域安装有楼层模拟板2套，长1.2m，宽0.24m，模拟三层建筑结构。

6）每个角区域配套6U实训专用机柜3个，必须长300mm，宽530mm，高300mm，蓝色喷塑处理，钢板厚度1.5mm，冷轧钢板，坚固耐用，五面16个φ25进出线孔，亚克力安全门，能够进行信息网络布线系统管理间和设备间的设备安装调试等综合实训。

7）同时或者交叉模拟网络综合布线工程的12个工作区子系统、12个设备间子系统、12个垂直子系统、12个水平子系统、12个管理间子系统等实训。

8）模块化设计，能按教室尺寸合理布局，适合任意楼层安装。

（4）设备功能

1）设备必须预设M6高硬度螺孔、φ6.5通孔、φ5×20横向条孔、φ5×20纵向条孔、φ25穿线孔、φ60×150手孔等多种规格的安装孔，除满足综合布线配线子系统机柜、线槽/管、信息插座安装外，还适合安装智能楼宇、智能家居、物联网等各种孔距的终端设备，扩展功能更加强大，能够作为智能楼宇、智能家居、物联网工程技术实训平台，并且能够模拟真实暗埋管布线，暗埋穿线在实训装置内部进行，模拟工程实际，表面平整美观，不得出现各种凹槽。

2）M6高强度螺孔，适合快速安装设备。直接使用M6螺钉固定设备，不需要螺母。

3）ϕ6.5通孔适合安装M4、M5、M6螺钉+螺母，固定各种设备。

4）ϕ5×20纵向条孔和横向条孔，适合在任意位置安装M3、M4、M5螺钉+螺母，固定各种设备。

5）ϕ25穿线孔适合安装dn16、dn25等各种塑料管和波纹管。

6）ϕ60×150手孔适合成人手臂轻松穿过和转动，可以在内部安装螺母，进行线管安装及布线。同时可以仿真穿墙安装50×100mm桥架。

7）实训平台共有多种规格的实训孔166 112个，实训功能丰富。该实训平台多种规格实训孔的具体要求如下：共有7488个M6高硬度螺孔，其中每个1.2m×2.4m实训面有288个M6高硬度螺孔，每个0.24m×2.4m实训面有72个M6高硬度螺孔；共有84 384个ϕ6.5通孔，其中每个1.2m×2.4m实训面有3404个ϕ6.5通孔，每个0.24m×2.4m实训面有336个ϕ6.5通孔；共有25 984个ϕ5×20横向条孔，其中每个1.2m×2.4m实训面有992个ϕ5×20横向条孔，每个0.24m×2.4m实训面有272个ϕ5×20横向条孔；共有42 432个ϕ5×20纵向条孔，其中每个1.2m×2.4m实训面有1744个ϕ5×20纵向条孔，每个0.24m×2.4m实训面有72个ϕ5×20纵向条孔；共有5488个ϕ25穿线孔，其中每个1.2m×2.4m实训面有224个ϕ25穿线孔，每个0.24m×2.4m实训面有14个ϕ25穿线孔；共有336个ϕ60×150手孔，其中每个1.2m×2.4m实训面有12个ϕ60×150手孔，每个0.24m×2.4m实训面有6个ϕ60×150手孔。每个安装孔必须保证实训次数10 000次以上，实训设备十年以上寿命。

8）IT工程技术实训平台外形尺寸必须为长7920mm，宽2640mm，高2600mm，适合教室安装。

9）IT工程技术实训平台为全钢结构，实训过程保证无尘操作，重点突出工程技术实训。

10）保证36名学生同时实训，满足12组学生（每组3人）同时或交叉进行综合布线工程七个子系统实训功能。

11）能够同时开展网络布线12个工作区或12个设备间子系统或12个垂直子系统或12个水平子系统等布线安装与实训。

12）具有网络综合布线设计和工程技术实训平台功能。

13）实训一致性好，相同实训项目，实训结果相同，并且每组实训难易程度相同。

14）具有搭建多种网络永久链路、信道链路平台功能。

15）扩展功能强大，特别适合下列IT工程技术原理展示、设备安装与调试实训、综合技能应用与考核等：

① 信息网络布线系统。

② 计算机网络工程应用系统。

③ 信息安全工程应用系统。

④ 智能建筑工程应用系统。

⑤ 智能家居工程应用系统。

⑥ 物联网工程应用系统。

⑦ 视频监控工程应用系统。

⑧ 智能报警工程应用系统。

⑨ 消防工程应用系统。

⑩ 电气工程安装应用系统等。

3．数实融合综合布线实训装置8台

（1）设备结构

设备必须为19英寸38U开放式机架结构，落地安装，立式操作，长1.4m，宽0.6m，高1.8m；必须安装有带显示系统的综合布线测试装置（≥108个指示灯）1台，综合布线端接训练装置（≥100个指示灯）1台，非屏蔽网络配线架1个，六类屏蔽网络配线架1个，语音配线架1个，110型通信跳线架1个，电源分配单元1个，直通式网络配线架2个，收纳式理线架3个，直通式理线架3个，U形扎线杆1个，L形扎线杆1个，全封闭式毛刷理线架1个，半封闭式毛刷理线架1个，鱼骨理线槽1个，绑线条1个，理线盲板1个，配线架打线工装1个，零件工具盒1个，折叠操作台2个，配套有实训指导视频二维码，4人/台同时实训。设备型号为KYPXZ—01—55。

（2）设备功能

1）设备必须能够进行网络双绞线电缆和大对数电缆配线和端接实训，每台设备每次端接双绞线电缆6根或25对大对数电缆1根的两端，每芯线端接有对应的指示灯直观和持续显示端接电气连接状况和线序，共有100个指示灯分50组，同时显示双绞线电缆6根或者25对大对数电缆1根的全部端接情况，能够直观判断跨接、反接、短路、断路等故障。

2）能够制作和测量屏蔽或非屏蔽网络跳线6根，对应指示灯显示两端RJ-45接头的压接线端接连接状况和线序，每根跳线对应9组18个指示灯直观和持续显示连接状况和线序，共有108个指示灯分为54组，同时显示6根跳线的全部线序情况，其中每根屏蔽跳线对应2个指示灯显示屏蔽层连接状况，能够直观判断电缆的跨接、反接、短路、断路等故障。

3）设备两侧立柱必须预设有ϕ8孔≥47个，适合安装信息插座、安装折叠操作台、管卡安装、立柱安装；ϕ25孔≥6个；ϕ50孔≥3个；150×60手孔≥12个，方便操作。2列标准U设备安装方孔等。顶帽预设ϕ25≥9个，ϕ50孔≥6个。能够模拟暗埋穿线管实训功能。

4）立柱配置有教学实训指导视频二维码≥25个，链接教学实训资源，学生扫码即可观看实训指导视频，加深对操作要点和技能技巧的理解。

5）有5个独立的实训区域，包括5类链路搭建、6类链路搭建、屏蔽链路搭建、语音链路搭建、器材展示区，每个实训均可进行24条链路的搭建，可单人独立完成或合作完成，加深教师与学生对工匠精神的深刻理解。

6）能与超5类非屏蔽网络配线架、6类非屏蔽直通式网络配线架、6类屏蔽网络配线架、110型通信跳线架组合进行多种永久链路的端接实训，仿真配线子系统、垂直子系统的端接和理线技能训练。

7）能够人为模拟配线端接、永久链路常见故障，如跨接、反接、短路、开路等。

8）能够在设备上搭建多种网络永久链路和信道测试链路平台。

9）装置两侧安装有折叠操作台，实训时撑起可放置工具与耗材，节省空间。

网络综合布线系统工程技术实训教程 第5版

4. 全光网配线端接实训装置（第二代）8台

（1）设备结构

光纤配线端接实验仪1台，19英寸8口SC+8口ST组合式光纤配线架2台，19英寸48口SC光纤配线箱（ODF）1台，19英寸理线环2个，光纤信息插座4个，数码播放器1台，PDU电源1个，琴键操作台1个，19英寸开放式机架1套。设备型号为KYPXZ—02—06。

（2）设备功能

1）产品以低成本实现8路多种光纤跳线和链路同时测试功能。

2）产品配置有SC、ST、FC、LC四种光纤适配器，具有10种不同光纤跳线和链路的配线、端接、通断测试等功能。

3）产品配置的指示灯具有持续和间断闪烁两种显示功能，直观测试各种光纤跳线和复杂光纤链路的通断。

4）可以进行SC—SC口光纤链路搭建端接与测试实训。

5）可以进行ST—ST口光纤链路搭建端接与测试实训。

6）可以进行FC—FC口光纤链路搭建端接与测试实训。

7）可以进行LC—LC口光纤链路搭建端接与测试实训。

8）可以进行不同接口复杂光纤链路端接与测试综合实训。

9）可以进行光纤熔接技能的实训操作。

10）可以进行光纤冷接技能的实训操作。

11）可以进行光纤信息插座的安装实训。

12）可以进行光缆布线、开缆、理线、盘纤等工程技能实训。

14.3.3 网络综合布线工程技术实训室项目投标文件的编制

网络综合布线工程技术实训室项目投标文件一般由符合招标文件资格要求，具有供货和安装调试能力并且已购买标书，准备参加投标竞争的各网络综合布线工程技术实训室生产厂家或授权经销商编制。

标书制作是保证竞标成功的重要环节，网络综合布线工程技术实训室项目投标文件除了按照招标文件规定的内容、格式、顺序、数量、时间、地点进行编制和递交外，还应当注意以下几个方面：

1）认真研究招标技术文件，并且制作投标技术方案。投标技术方案对招标技术文件要求的实训室功能、组成、实训项目等实质性内容必须完全响应。

2）投标人为贸易公司时，一般需要提供产品生产厂家的项目授权书原件。

3）投标项目涉及专利产品时，一般需要提供专利权人出具的专利产品使用/销售授权书原件和专利证书的复印件。

4）由于实训设备一般为教学或实训专用产品，为了保证用户正确使用和维护，投标文件中最好能够提供详细的培训计划。

5）对于投标人可以提供的实训教材、光盘、课件、培训等软性资源，都应在投标文件中提及并加以说明。

为了使读者能够详细了解网络综合布线工程技术实训室项目招投标的具体步骤，下一节将以某学校网络综合布线工程技术实训室项目招投标为例来进行说明。

14.4 网络综合布线工程技术实训室项目招投标实例

14.4.1 某学院网络综合布线工程技术实训室采购项目招标文件

1. 招标文件封面（略）

2. 目录

第一部分　投标邀请函

第二部分　投标人须知

第三部分　项目需求及技术要求

第四部分　合同一般条款

第五部分　合同特殊条款

第六部分　开标、评标和定标

第七部分　合同授予

第八部分　附件

3. 第一部分　投标邀请函

××招标有限公司（以下简称招标公司）受××学院的委托，对其网络综合布线工程技术实训室设备采购项目及其相关服务以国内公开招标的方式进行政府采购。欢迎符合条件的合格投标人参加投标。

1）项目编号：略。

2）项目名称：网络综合布线工程技术实训室设备采购。

3）项目内容：数实融合综合布线实训装置8台、IT工程技术实训平台8模块、配套综合布线工具箱8台、配套实训消耗材料1批，本项目作为一个包进行采购。

4）对投标人的要求：

① 具有独立法人资质，注册资金须在100万元以上。

② 具备履行合同所需的财务、技术和生产供货能力。

③ 提供的资格、资质文件和业绩情况均真实有效，具有良好的商业信誉，在以往的商业活动中无违法、违规、违纪、违约行为。

④ 货物制造厂家的投标授权书原件（投标人为贸易公司/代理商时提供）。

⑤ 项目涉及的专利产品，必须提供专利权人的产品销售授权书原件和专利证书复印件。

5）招标文件售价：每套200元人民币，售后不退（如欲邮购另加邮费50元人民币，招标公司对邮寄过程中的遗失或延误不负责任）。

6）招标文件发售时间、地点（以下均为北京时间）：略。

7）踏勘现场安排：本项目定于×年×月×日上午10:00在××学院门口集合统一组织踏勘现场。

8）需对本招标文件提出询问，请于自×年×月×日9:00前与招标公司联系（技术方面的询问请以信函或传真的形式提出）。

9）递交投标文件时间和地点：自×年×月×日下午13:40~14:30在××招标有限公司2楼1号开标室。

10）递交投标文件截止时间和开标时间：×年×月×日下午14:30。逾期收到的投标文件恕不接受。

11）投标和开标地点：××招标有限公司2楼1号开标室。

12）联系方式：（略）。

××招标有限公司

×年×月×日

4．第二部分　投标人须知

（1）定义

1）"用户"系指××学院。

2）"投标人"系指参与投标的独立企业法人。

3）"评标委员会"系指根据《中华人民共和国招标投标法》的规定，由专家和用户组成，确定中标人的临时组织。

4）"中标人"系指由评标委员会综合评审确定的对招标文件做出实质性响应较强，综合竞争实力最优，取得与用户签订合同资格的投标单位。

5）"招标机构"系指××招标有限公司。

（2）招标文件说明

1）适用范围：本招标文件仅适用于本次投标邀请函中所叙述的项目。

2）招标文件的澄清或修改：招标代理机构对招标文件必要的澄清或修改的内容须在提交投标文件的截止时间前，以书面形式通知所有已领取招标文件的投标人。澄清或修改的内容作为招标文件的组成部分。

3）招标文件的澄清：各潜在投标人对招标文件如有疑问，可要求澄清，要求澄清的潜在投标人应在投标截止时间15日前按投标邀请函载明的联系方式以书面形式（包括信函、传真）通知到招标代理机构。招标代理机构将视情况确定采用适当方式予以澄清或以书面形式予以答复，并在其认为必要时，将不标明查询来源的书面答复发给所有购买招标文件的各潜在投标人。

4）所有参加投标报价的投标人递交的投标文件将按有关规定予以存档，无论中标与否，投标人递交的一切投标材料均不予退还。

5）本次招标的所有程序与做法，均适用《政府采购货物和服务招标投标管理办法》。

6）本次招标不接受联合体投标。

（3）投标文件的编写

投标人应按招标文件的要求准备投标文件，并保证所提供的全部资料的真实性、准确性及完整性，以使其投标对招标文件做出实质性响应，否则其资格有可能被评标委员会否决。

1）投标文件的组成。

资格、资质证明文件：

① 投标函（见附件格式）。

② 企业法人营业执照副本复印件（需加盖公司公章）。

③ 投标单位基本情况表（见附件格式）。

④ 法定代表人授权委托书（见附件格式）及全权代表的身份证复印件。

⑤ 产品代理或销售资格证书、产品质量认证证书、技术合格证书、产品检测报告、产品样册等。如国家规定需许可生产经销的，则还应提供许可证。

⑥ 税务登记证、资信证明文件的复印件。

⑦ 本次投标不接受各种形式的联合投标单位。

⑧ 打分表中要求提供的及投标人认为需要提交的其他相关证明文件。

投标报价表：

① 投标报价一览表（见附件格式）。

② 报价货物数量、价格表（见附件格式）。

③ 技术偏离表（见附件格式）。

商务文件：

① 有完成同类项目的经验，提供×年×月×日以后类似项目经营业绩一览表（包括用户名称、金额、联系人、联系电话、合同）。

② 商务情况表（格式附后）。

③ 打分表中要求提供的及投标人认为需加以说明的其他内容。

2）投标文件的密封和标记。

① 投标人应准备7份打印的投标文件，1份正本和6份副本。每份投标文件必须装订成册。在每一份投标文件上注明"正本"或"副本"字样。一旦正本和副本有差异，以正本为准。

② 投标人应将招标文件密封，并在封口启封处加盖单位公章。

③ 为方便唱标，请投标人另外准备一式两份"投标报价一览表"，单独密封在一个信封内与投标文件同时提交。

3）投标文件的递交。

① 递交投标文件的截止时间：按第一部分"招标邀请函"的规定。

② 招标过程中招标文件有实质性变动的，招标机构将书面通知所有的投标人。

③ 本次招标过程中，各投标人只有一次报价的机会，且为含税全包价。

④ 如果报价表大写金额与小写金额不一致，以大写金额为准。单价与总价如有出入，以单价合计为准。

（4）合格的投标人

符合以下条件的投标人即为合格的投标人：

1）在中华人民共和国工商管理部门注册具有企业法人资格，并具备招标文件所要求的资格、资质。

2）提供的资格、资质证明文件真实有效。

3）向××招标有限公司购买了招标文件并登记备案。

4）在以往的招标活动中没有违纪、违规、违约等不良行为。

5）遵守《中华人民共和国招标投标法》《中华人民共和国政府采购法》及其他有关法律法规。

（5）投标文件的有效期

自提交投标文件之日起90日内。

（6）投标费用

各投标人自行承担所有参与招标的有关费用。

（7）保证金

1）投标人在递交投标文件的同时，需提交人民币××元的投标保证金，没有交纳保证金的投标人，投标文件不予接受。

2）保证金以支票、汇票、现金的形式交纳（不接受现金支票、承兑汇票以及银行保函等）。

3）未中标投标人的保证金，在公布中标结果后无息退还。中标者的投标保证金在签订合同且验收合格后一周内无息退还。

4）投标人发生第二部分第8项中所列情况的（第1）、3）项除外），其保证金将被没收。

（8）无效的投标

1）未按本部分《报价文件的编写》的要求（密封、签署、盖章）提供报价文件。

2）提供的有关资格、资质证明文件不真实，提供虚假投标材料的。

3）未向招标机构交纳足额投标保证金的。

4）公开唱标后，投标人撤回投标，退出招标活动的。

5）投标人串通投标的。

6）投标人向招标机构、用户、专家提供不正当利益的。

7）中标人不按规定的要求签订合同。

8）法律、法规规定的其他情况。

投标人有上述行为之一的，招标机构将严格按照《中华人民共和国招标投标法》《中华人民共和国政府采购法》及有关法律、法规、规章的规定行使其权力。给招标机构造成损失的，招标机构有索赔的权利。给用户造成损失的，应予以赔偿。

（9）中标服务费（略）

5．第三部分　项目需求及技术要求

（1）项目概况

网络综合布线工程技术实训室能够满足40～50人同时进行网络配线和端接、网络综合布线7个子系统工程技术实训，从工程应用的角度出发，重点突出综合布线工程技术实训，体现"零"距离就业思想。

（2）功能要求

网络综合布线工程技术实训室必须具备以下功能。

1）网络综合布线工程技术中的配线和端接实训功能。

① 能够进行6根双绞线或1根25对大对数电缆压接两端，每次压接有对应的指示灯显示压接线端接连接状况和线序，能够直观判断铜缆的跨接、反接、短路、断路等故障。

② 能够制作和测量4根网络跳线，对应指示灯显示压接线端接连接状况和线序，能够直观判断铜缆的跨接、反接、短路、断路等故障。

③ 能与网络配线架、通信跳线架组合进行多种压接线和端接实训，仿真工程机柜内配线和端接。

④ 能够搭建多种网络链路和测试链路的平台。

2）网络综合布线7个子系统工程技术操作和实训功能。

① 保证全班学生同时实训，满足8组学生（每组3或4人）同时或者交叉进行综合布线工程7个子系统实训。能够同时开展8个工作区子系统、8个设备间子系统、8个垂直子系统、8个水平子系统等项目的实训。并且每组实训项目的难易程度相同。

② 综合布线实训设备必须为全钢结构，必须预设100mm×100mm或80mm×80mm间距的各种网络设备、插座、线槽、机柜等安装螺孔。实训过程必须保证无尘操作，重点突出工程技术实训。

③ 保证实训次数5 000次以上，实训设备10年以上寿命。

④ 实训一致性好，相同的综合布线实训设计项目，实训结果必须相同。

⑤ 综合布线实训装置扩展功能强大，增加设备后能够扩展为电视监控系统、报警系统、可视门警系统等智能化管理系统实训平台等。

3）综合布线7个子系统工程应用演示功能。

4）综合布线材料现场制作和加工功能。

5）强大的扩展功能。

增加器材后（注：本次招标不需要增加），可以扩展以下实训项目。

① 智能化管理系统工程技术实训平台功能。

② 监控报警和可视门警工程技术实训平台功能。

③ 消防工程技术实训平台功能等。

（3）设备采购清单

货物需求一览见表14-1～表14-3。

表14-1 数实融合综合布线实训装置（8台）

名称	产品规格和描述	数量
数实融合综合布线实训装置	设备结构： 　设备必须为19英寸38U开放式机架结构，落地安装，立式操作，长1.4m，宽0.6m，高1.8m。必须安装有带显示系统的综合布线测试装置（≥108个指示灯）1台，综合布线端接训练装置（≥100个指示灯）1台，非屏蔽网络配线架1个，六类屏蔽网络配线架1个，语音配线架1个，110型通信跳线架1个，电源分配单元1个，直通式网络配线架2个，收纳式理线架3个，直通式理线架3个，U形扎线杆1个，L形扎线杆1个，全封闭式毛刷理线架1个，半封闭式毛刷理线架1个，鱼骨理线槽1个，绑线条1个，理线盲板1个，配线架打线工装1个，零件工具盒1个，折叠操作台2个，配套有实训指导视频二维码，4人/台同时实训。 　设备功能： 　1）设备必须能够进行网络双绞线电缆和大对数电缆配线和端接实训，每台设备每次端接6根双绞线或者1根25对大对数电缆的两端，每芯线端接有对应的指示灯直观和持续显示端接连接状况和线序，共有100个指示灯分为50组，同时显示6根双绞线或者1根25对大对数电缆的全部端接情况，能够直观判断跨接、反接、短路、断路等故障。 　2）能够制作和测量屏蔽或非屏蔽网络跳线6根，对应指示灯显示两端RJ-45接头的压线端端接连接状况和线序，每根跳线对应9组18个指示灯直观和持续显示连接状况和线序，共有108个指示灯分为54组，同时显示6根跳线的全部线序情况，其中每根屏蔽跳线对应2个指示灯显示屏蔽层连接状况，能够直观判断电缆的跨接、反接、短路、断路等故障。 　3）设备两侧立柱必须预设有ϕ8孔≥47个，适合安装信息插座、安装折叠操作台、管卡安装、立柱安装；ϕ25孔≥6个；ϕ50孔≥3个；150×60手孔≥12个，方便操作。2列标准U设备安装方孔等。顶帽预设ϕ25≥9个，ϕ50孔≥6个，能够模拟暗埋穿线管实训功能。 　4）立柱配置有教学实训指导视频二维码≥25个，链接教学实训资源，学生扫码即可观看实训指导视频，加深对操作要点和技能技巧的理解。 　5）有5个独立的实训区域，包括5类链路搭建、6类链路搭建、屏蔽链路搭建、语音链路搭建、器材展示区，每个实训均可进行24条链路的搭建，可单人独立完成或合作完成，加深教师与学生对工匠精神的深刻理解。 　6）能与超5类非屏蔽网络配线架、6类非屏蔽直通式网络配线架、6类屏蔽网络配线架、110型通信跳线架组合进行多种永久链路的端接实训，仿真配线子系统、垂直子系统的端接和理线技能训练。 　7）能够人为模拟配线端接、永久链路常见故障，如：跨接、反接、短路、开路等。 　8）具有搭建多种网络永久链路和信道测试链路平台功能。 　9）装置两侧安装有折叠操作台，实训时撑起可放置工具与耗材，节省空间。	8台

表14-2　IT工程技术实训平台

名称	产品规格和描述	数量
IT工程技术实训平台	设备型号：KYSYZ—12—1233 设备规格：长7.92m，宽2.64m，高2.6m。 设备结构： 1）设备必须为全钢结构。钢板为1.5mm冷轧钢板，设备表面不得有任何凹槽，有利于提高产品使用寿命和后期免维护。 2）实训平台采用高强度方钢支架。实训平台密布各种安装孔，适合安装各种IT类产品，进行工程技术实训，产品综合实训使用寿命超过10万次。 3）实训平台每个模块安装孔对应，能够轻松穿越到对面，进行穿墙布线实训。 4）设备由12模块组成十字形结构布局，性价比最高，能够满足36人同时实训操作。 5）每个角区域安装有楼层模拟板2套，长1.2m，宽0.24m，模拟三层建筑结构。 6）每个角区域配套6U实训专用机柜3个，必须长300mm，宽530mm，高300mm，蓝色喷塑处理，钢板厚度1.5mm，冷轧钢板，坚固耐用，五面16个ϕ25进出线孔，亚克力安全门，能够进行信息网络布线系统管理间和设备间的设备安装调试等综合实训。 7）同时或者交叉模拟网络综合布线工程的12个工作区子系统、12个设备间子系统、12个垂直子系统、12个水平子系统、12个管理间子系统等实训。 8）模块化设计，能按教室尺寸合理布局，适合任意楼层安装。 设备功能： 1）设备必须预设M6高硬度螺孔、ϕ6.5通孔、ϕ5×20横向条孔、ϕ5×20纵向条孔、ϕ25穿线孔、ϕ60×150手孔等多种规格的安装孔，除满足综合布线配线子系统机柜、线槽/管、信息插座安装外，还适合安装智能楼宇、智能家居、物联网等各种孔距的终端设备，扩展功能更加强大，能够作为智能楼宇、智能家居、物联网工程技术实训平台，并且能够模拟真实暗埋管布线，暗埋穿线在实训装置内部进行，模拟工程实际，表面平整美观，不得出现各种凹槽。 2）M6高强度螺孔，适合快速安装设备。直接使用M6螺钉固定设备，不需要螺母。 3）ϕ6.5通孔适合安装M4、M5、M6螺钉+螺母，固定各种设备。 4）ϕ5×20纵向条孔和横向条孔，适合在任意位置安装M3、M4、M5螺钉+螺母，固定各种设备。 5）ϕ25穿线孔适合安装dn16、dn25等各种塑料管和波纹管。 6）ϕ60×150手孔适合成人手臂轻松穿过和转动，可以在内部安装螺母，进行线管安装及布线。同时可以仿真穿墙安装50×100mm桥架。 7）实训平台共有多种规格的实训孔166 112个，实训功能丰富。该实训平台多种规格实训孔的具体要求如下：共有7 488个M6高硬度螺孔，其中每个1.2m×2.4m实训面288个M6高硬度螺孔，每个0.24m×2.4m实训面72个M6高硬度螺孔；共有84 384个ϕ6.5通孔，其中每个1.2m×2.4m实训面3 404个ϕ6.5通孔，每个0.24m×2.4m实训面336个ϕ6.5通孔；共有25 984个ϕ5×20横向条孔，其中每个1.2m×2.4m实训面992个ϕ5×20横向条孔，每个0.24m×2.4m实训面272个ϕ5×20横向条孔；共有42 432个ϕ5×20纵向条孔，其中每个1.2m×2.4m实训面1 744个ϕ5×20纵向条孔，每个0.24m×2.4m实训面72个ϕ5×20纵向条孔；共有5 488个ϕ25穿线孔，其中每个1.2m×2.4m实训面224个ϕ25穿线孔，每个0.24m×2.4m实训面14个ϕ25穿线孔；共有336个ϕ60×150手孔，其中每个1.2m×2.4m实训面12个ϕ60×150手孔，每个0.24m×2.4m实训面6个ϕ60×150手孔。每个安装孔必须保证实训次数10 000次以上，实训设备十年以上寿命。 8）IT工程技术实训平台外形尺寸必须为长7 920mm，宽2 640mm，高2 600mm，适合教室安装。 9）IT工程技术实训平台为全钢结构，实训过程保证无尘操作，重点突出工程技术实训。 10）保证36名学生同时实训，满足12组学生（每组3人）同时或交叉进行综合布线工程七个子系统实训功能。 11）能够同时开展网络布线12个工作区或12个设备间子系统或12个垂直子系统或12个水平子系统等布线安装与实训。 12）具有网络综合布线设计和工程技术实训平台功能。 13）实训一致性好，相同的实训项目，实训结果相同，并且每组实训难易程度相同。 14）具有搭建多种网络永久链路、信道链路平台的功能。 15）扩展功能强大，特别适合下列IT工程技术原理展示、设备安装与调试实训、综合技能应用与考核等： ①信息网络布线系统。 ②计算机网络工程应用系统。 ③信息安全工程应用系统。	12模块

名称	产品规格和描述	数量
IT工程技术实训平台	④智能建筑工程应用系统。 ⑤智能家居工程应用系统。 ⑥物联网工程应用系统。 ⑦视频监控工程应用系统。 ⑧智能报警工程应用系统。 ⑨消防工程应用系统。 ⑩电气工程安装应用系统等。	12模块

表14-3　配套实训工具

序号	名称	产品规格和描述	数量
1	综合布线工具箱	1）弹簧弯管器2个，$\phi16\times435mm$，含2m长度尺，用于弯曲$\phi20$ PVC穿线管。 2）迷你钢锯架1套，总长295mm，锯条长度250mm，含5根钢锯条，主要用于锯断PVC穿线管。 3）多功能角度剪1把，总长220mm，主要用于PVC线槽裁剪任意角度。 4）管子割刀1把，总长195mm，主要用于剪切PVC穿线管。 5）多功能打线刀1把，总长182mm，主要用于语音配线架模块端接打线。 6）110打线刀1把，110型，总长185mm，主要用于网络配线架模块和网络模块端接。 7）五对打线刀1把，总长230mm，主要用于110型通信跳线架配套的5对卡接模块端接。 8）电缆剥皮器1把，总长130mm，主要用于大对数电缆剥皮、剥除外护套。 9）双用网线钳1把，RJ-45+R-J11组合钳。主要用于压接水晶头。 10）十字螺丝刀2把，总长210mm，$\phi6\times100mm$，十字头。用于螺钉安装与拆卸。 11）活动扳手2把，总长150mm，主要用于安装六角头螺钉、螺母等。 12）丝锥扳手1把，总长170mm，与丝锥配合用于对螺孔进行过丝。 13）镊子1把，总长120mm，主要用于夹取较小的物品。 14）计算器1个，主要用于数值计算。 15）钢卷尺1把，2m，主要用于测量长度。 16）钢丝钳1把，总长200mm，主要用于拔插5对卡接模块、剪断钢丝等。 17）尖嘴钳1把，总长170mm，主要用于夹持缆线等器材。 18）水口钳1把，总长150mm，主要用于剪断电缆线端等。 19）多功能剪1把，总长195mm，主要用于剪断双绞线电缆的撕拉线等。 20）电缆剥线器2个，主要用于剥除电缆外皮。 21）钻头盒1个，主要用于存放钻头、丝锥等工具。 22）$\phi6$麻花钻头2个，主要用于开孔、钻孔。 23）$\phi8$麻花钻头2个，主要用于开孔、钻孔。 24）十字批头2个，配合电动螺丝刀用于十字槽螺钉的拆装。 25）M6丝锥2个，主要用于对M6螺孔的过丝。 26）水晶头10个，超5类非屏蔽RJ-45水晶头，用于网络跳线的制作。 27）螺钉10个，M6×12，用于固定实训设备。	16套
2	操作台	高0.75m，宽0.6m，长1.2m	8张
3	登高梯子	登高作业设备	8个
4	器材存放架	高1.8m，宽1.8m，全钢结构，4层棚板，存放线槽和线管	1个
5	电动螺丝刀	600r/min，开孔固定螺钉	8把

（4）相关要求

1）货物制造厂家的投标授权书原件（投标人为贸易公司时提供）。

2）项目涉及的专利产品，必须提供专利权人的产品销售授权书原件和专利证书复印件。

3）生产厂家商标注册证书复印件。

4）产品彩页原件2份。注：投标厂家必须承诺所提供设备必须达到或超出投标设备所对应的产品样册确定的指标。

5）必须提供配套的理论教材和实训指导教材，正式出版，以所投设备为平台编制。

6）必须提供GB 50311《综合布线系统工程设计规范》和GB/T 50312《综合布线系统工程验收规范》两个国家标准以及word电子版。

7）制造厂家必须在该实训室现场免费培训实训指导老师，负责免费颁发《综合布线认证工程师证书》5个，在制造厂家免费培训2名以上校方实训指导老师，并且对学生培训取证提供优惠。

8）该实训室总体要求及布置见附图。

（5）服务相关要求

1）投标要求：本项目为交钥匙工程，所有设施设备、线槽防护等安装相关材料均由中标单位负责提供，所涉及的全部费用包含在投标总报价内。

2）投标人提供的商品的技术规格应该符合标书技术要求。如在《技术规格偏差表》中未明确说明具体偏差，则等同于投标人声明投标设备完全符合标书技术要求。

3）免费送货安装调试，每种类型设备提供2个以上名额的人员培训，确保受训人员能够独立熟练地进行操作、能够独立完成基本的维护保养和维修。

4）供应商应具备完善的售后服务体系，有固定的售后服务机构并有能力及时处理所有可能发生的故障。

6. 第四部分　合同一般条款（略）

7. 第五部分　合同特殊条款（略）

8. 第六部分　开标、评标和定标

（1）公开报价

1）开标时间：按本招标文件第一部分《投标邀请函》规定的时间。

2）开标地点：按本招标文件第一部分《投标邀请函》规定的地点。

3）检查招标文件密封情况：由投标人授权代表检查投标文件的密封情况，也可以由招标人委托的公证机构检查并公证，并请各投标人授权代表签字确认。

4）唱标：密封情况经确认无误后，由招标工作人员对投标人的投标文件当众拆封，并宣读《开标一览表》。

（2）评标委员会

××招标有限公司将根据本项目的特点依法组建评标委员会，其成员由招标人和有关技术、经济等方面的专家组成，成员人数为5人以上（含5人）的单数。其中，技术、经济等方面的专家不得少于成员总数的三分之二。

评标委员会独立履行下列职责：

1）审查投标文件是否符合招标文件要求，并做出评价。

2）要求投标人对投标文件有关事项做出解释或者澄清。

3）推荐中标候选投标人名单，或者受招标人委托按照事先确定的办法直接确定中标人。

4）向招标单位或者有关部门报告非法干预评标工作的行为。

（3）评标原则和评审办法

1）评标原则。

"公开、公平、公正、择优、效益"为本次招标的基本原则，评标委员会按照这一原则的要求，公正、平等地对待各投标人。同时，在评标过程中遵守以下原则：

① 客观性原则：评标委员会将严格按照招标文件要求的内容，对投标人的投标文件进行认真评审。评标委员会对投标文件的评审仅依据投标文件本身，而不依靠投标文件以外的任何因素。以招标文件的要求为基础，对有利于招标人的改进的设计方案，在不提高报价的前提下可以考虑或接受。

② 统一性原则：评标委员会将按照统一的原则和方法，对各投标人的投标文件进行评审。

③ 独立性原则：评审工作在评标委员会内部独立进行，不受外界任何因素的干扰和影响，评标委员会成员对出具的专家意见承担个人责任。

④ 保密性原则：评标委员会成员及有关工作人员将保守投标人的商业秘密。

⑤ 综合性原则：评标委员会将综合分析评审投标人的各项指标，而不以单项指标的优劣评定中标人。

2）评审办法。

本次招标采用综合评分法，评标委员会成员在最大限度地满足招标文件实质性要求前提下，按照招标文件中规定的各项因素进行综合评审后，以评审总得分最高的投标人作为预中标人或中标人。

3）评审程序。

本次公开招标采用综合评分法进行评标。评标严格按照招标文件的要求和条件进行。通过评定积分办法确定中标人或预中标人。相同积分的选择报价低的投标人。积分与报价均相同的情况下，按技术方案的优劣确定中标人或预中标人。不能满足招标文件中对资质、产品配置、技术性能参数要求的，评委不予考虑或根据实际情况酌情扣分。报价超出采购预算的，不列入报价评分范围内且报价得分为0分。

① 初步评审，确定合格的投标人。符合本招标文件投标邀请函及"第二部分第四条"规定的投标人即为初审合格的投标人。

② 投标文件的澄清。对投标文件中含义不明确、同类问题表述不一致或者有明显文字和计算错误的内容，评标委员会可以书面形式要求投标人做出必要的澄清、说明或者纠正。投标人的澄清、说明或者补正应当采用书面形式，由其授权的代表签字，并不得超出投标文件的范围或者改变投标文件的实质性内容。

③ 比较与评价。对投标人进行询标答疑后，评标委员会按照招标文件规定的评分方法和标准，对各合格投标人的投标文件进行商务和技术评估，综合比较与评价。

综合评分法的评分因素、分值（各项因素分值之和为100）。

本次招标采用综合评分法，评标委员会成员在最大限度地满足采购文件实质性要求前提下，按照采购文件中规定的各项因素进行综合评审后，以评审总得分最高的供应商作为成交供应商。

评分标准见表14-4。

表14-4　评分标准

评分项目	价格得分	商务评分	技术评分
权重	30分	25分	45分

具体标准见表14-5。

表14-5　具体标准

评分项目		分数	评分办法
价格部分 30分	投标报价	30分	最终报价等于评标价的为30分，投标报价得分=（评标基准价/投标报价）×30。评标价的计算方法：有效标书的最低报价即为评标价。报价超过预算得0分，为非有效标书，不列入评标价的计算范围
商务部分 25分	企业类似业绩经验	10分	自×年（含×年）以后的合同金额在50万元以上（含50万元）的同类项目销售合同，每项得2分。最高得10分，加满为止。以合同原件为准，同时报价文件中提供复印件，否则该项不得分
	售后服务	15分	在满足标书要求的前提下，免费保修时间每提高一年给予5分加分，最高加15分
技术部分 45分	技术响应程度	30分	技术指标完全满足采购文件的要求，各种技术参数、性能及服务质量最优得28~30分
			技术指标基本满足采购文件要求有细微偏差得24~27分
			技术指标偏离较大的得15~23分
			技术指标主要参数不能满足要求的作无效投标处理
		5分	技术指标优于采购文件的，每项加1分，满分5分
	设备及服务质量	10分	在××省内有常设服务机构，并具备相应的服务能力（提供相关证明材料原件，同时报价文件中提供复印件，否则不得分）得5分
			售后服务承诺优于招标文件规定的，给予0~5分的加分

对所有合格供应商的最终得分进行排序，确定得分最高的供应商为成交供应商。

注1：以上商务评分中的企业业绩材料必须于开标前提交原件，没有提交原件的对应项不得分。所有原件应与报价文件同时递交至开标地点，开标后提交的材料不予接受。供应商须在报价文件中同时附有以上原件的复印件。

注2：当评审委员会成员为5人或5人以上单数时，评审委员会对每个有效投标人的标书进行打分，在汇总计算各投标人技术评分时，将去掉各评委打分的最高分和最低分。

注3：为有助于对招标相应文件的审查、评比，招标人保留派人对投标人包括（但不限于）类似业绩、技术力量、设备、施工管理、在建或已竣工项目质量、企业信誉等内容进行考察的权利，考察时，投标人应予配合、支持，考察费用由招标人承担。如考察情况与投标文件不符，则招标人有权取消中标人的中标资格。

（4）中标通知书

评标结束后，由××招标有限公司向中标人签发《中标通知书》。

9．第七部分　合同授予

（1）签订合同

《中标通知书》发出后7个工作日内，由用户和中标人签订合同。合同签订的内容不能超出招标文件、评标过程中的补充承诺、最终书面投标的实质性内容。

（2）合同格式（附后）

合同一式四份，用户、中标人双方签字盖章后生效。用户执两份，中标人、招标机构各执一份。

（3）履约保证金

具体由用户与中标方在合同中约定。

10．第八部分　附件

（1）投标函格式（略）

（2）投标报价一览表（略）

（3）商务情况表（略）

（4）法人代表授权委托书格式（略）

（5）投标人情况表（略）

（6）报价货物数量、价格表（略）

（7）技术偏离表（略）

（8）合同格式（略）

（9）投标人业绩一览表（略）

（10）政府采购项目验收报告单（略）

（11）实训室布局图

根据教学和实训需要，要求网络综合布线工程技术实训室按照图14-1和图14-2所示的方式布局。

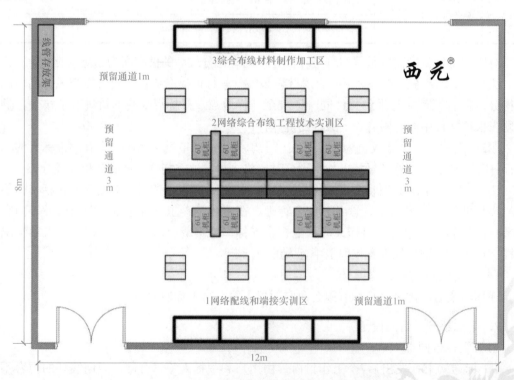

图14-1　平面布局图

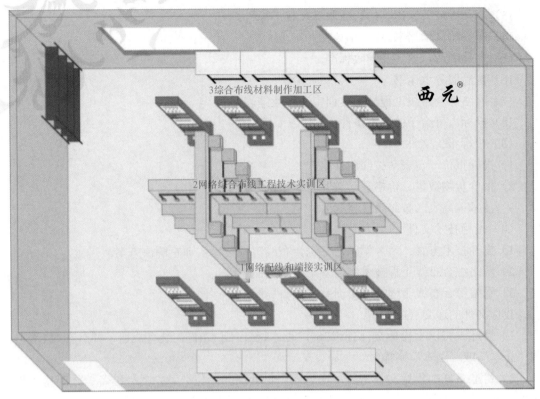

图14-2 立体布局图

14.4.2 某学院网络综合布线工程技术实训室采购项目投标文件

按照招标文件的要求，结合×年×月×日踏勘现场情况，××学院网络综合布线工程技术实训室通用设备采购项目投标文件由下列部分组成：

（1）投标文件目录

（2）资格、资质证明文件

1）投标函：按照招标文件附件格式，由投标人法人代表签字并加盖单位公章。

2）企业法人营业执照副本复印件（加盖单位公章）。

3）投标单位基本情况表：按照招标文件附件格式，加盖单位公章。

4）法定代表人授权委托书原件及投标代表人的身份证复印件。

5）产品生产厂家出具的投标授权书原件。

6）专利权人出具的专利产品使用/销售授权书原件。

7）专利证书复印件4份。

8）生产厂家商标注册证书复印件。

9）产品彩页2份。

10）税务登记证副本复印件（加盖单位公章）。

11）银行出具的资信证明原件。

12）产品生产厂家出具的产品及安装调试服务质量保证函原件。

13）产品生产厂家出具的售后服务授权书原件。

14）产品质量承诺书。

15）产品制造、安装及验收标准。

16）售后服务承诺书。

17）网络综合布线工程技术实训室工程业绩表。

18）投标人可给予的优惠条件。

（3）投标报价文件

1）投标报价一览表（按照附件格式）。

2）报价货物数量、价格表（按照附件格式）。

3）技术偏离表（按照附件格式）。

（4）投标技术文件

1）投标技术方案：××学院网络综合布线工程技术实训室解决方案。

2）网络综合布线工程技术实训室平面布局图。

3）网络综合布线工程技术实训室立体布局图。

投标文件的递交程序如下：

1）投标人将以上投标文件打印7份，正本1份，副本6份，装订成册，并且在每1份上注明"正本"或"副本"字样。

2）将准备好的投标文件密封，在封口启封处加盖单位公章。另外准备一式两份"投标报价一览表"，单独密封在一个信封内，与投标文件同时提交到指定地点。

14.5　编写招投标文件实训

14.5.1　实训项目1　编写招标文件

【典型工作任务】

综合布线系统工程投资建设前都会进行项目招标工作，掌握招标文件编写技巧和方法是非常重要的。

【岗位技能要求】

1）了解综合布线系统工程招标方式和流程。

2）掌握招标文件的内容和编写方法。

【实训任务】

了解本校网络综合布线课程开设需求，对网络综合布线实训室的配置进行分析，编制本校综合布线实训室项目招标文件。

【实训步骤】

1）了解和分析项目需求。

2）根据需求确定招标技术要求、内容和招标方式。

3）编写招标文件。

【实训报告】

通过编制招标文件，写出招标文件中应该包含哪些内容。

14.5.2 实训项目2 编写投标文件

【典型工作任务】

想要成功承接到综合布线系统工程项目，必须按照招标要求进行投标，掌握投标文件编写技巧和注意事项是非常重要的。

【岗位技能要求】

1）掌握分析综合布线系统工程招标文件的方法。

2）掌握编写投标文件的内容和方法。

3）掌握编写投标文件的注意事项。

【实训任务】

根据14.5.1实训项目编写的招标文件进行网络综合布线实训室投标文件的编写。

【实训步骤】

1）研读并分析招标文件。

2）根据招标要求编写招标文件。

【实训报告】

写出招标文件编制主要包括哪些内容和注意事项。

14.6 工程经验

选择性价比高的产品

不要片面追求国外品牌的产品，近几年来国内的一些厂家生产的网络设备在性能上已经达到行业标准，价格上具有较大的优势，所以可以考虑用国内性价比高的产品。

互动练习和习题

请扫描二维码，下载第14章互动练习和习题，并按照教师安排按时完成。

互动练习

习题

第15章
综合布线系统工程管理 ■■■■■■■■■■■■■■

本章分别从现场管理制度与要求、技术管理、施工现场人员管理、材料管理、安全管理、质量控制管理、成本控制管理、施工进度控制等方面介绍综合布线系统工程管理。

➢ **知识目标** 了解综合布线系统工程管理制度与主要内容，包括技术管理、人员管理、材料管理、安全管理、质量管理、成本管理、进度管理等。

➢ **能力目标** 熟悉综合布线系统工程各类报表的作用与填写要求，包括施工进度日志、施工人员签到表、事故报告单、开工报告、施工报停表、工程领料单、设计变更单、会议纪要、验收申请和验收报告等。

➢ **素质目标** 提升全面质量管理能力和时间管理能力。在工程管理中，贯彻党的二十大报告提出的"积极稳妥推进碳达峰碳中和"。

扫描二维码观看《综合布线工程技术工程管理》。

扫码看视频

15.1 现场管理制度与要求

施工现场指施工活动所涉及的施工场地以及项目各部门和施工人员可能涉及的一切活动范围。对于通信工程，点多线长、施工工期较短，施工经常跨地区、跨省市进行，施工过程中需要与沿线政府、企业、居民沟通，办理相应手续、支付相应赔补费用，现场管理的任务十分繁重。现场管理工作应着重考虑对施工现场工作环境、居住环境、自然环境、现场物资以及所有参与项目施工的人员行为进行管理，应按照事前、事中、事后的时间段，按照制定计划、实施计划、过程检查、发现问题后对问题进行分析、制定预防和纠正措施的程序进行现场管理。施工现场管理的基本要求主要包括以下方面：

1）对现场工作环境进行管理，项目经理部应按照施工组织设计的要求管理作业现场工作环境，落实各项工作负责人；在施工过程中，应严格执行检查计划，对于检查中所发现的问题进行分析，制定纠正及预防措施，并予以实施；对工程中的责任事故应按奖惩方案予以奖惩；施工现场的安全和环境保护工作应按照企业的相关保护条例和施工组织设计的相关要求进行；当施工现场发生紧急事件时，应按照企业的事故应急预案进行处理。

2）对现场居住环境的管理，项目经理部应根据施工组织设计的要求，对施工驻地的材料放置和伙房卫生进行重点管理，落实驻点管理负责人和工地伙房管理办法、员工宿舍管理办法、驻点防火防盗措施、驻点环境卫生管理办法，教育员工清楚火灾时的逃生通道，在外进餐时应注意饮食卫生，以保证施工材料和施工人员的安全。

3）对现场周围环境的管理，要求项目经理部实施施工组织设计中的相关计划，在考虑施工现场周围环境的地形特点、施工的季节、现场的交通流量、施工现场附近的居民密度、施工现场的高压线和其他管线情况、与公路及铁路的交越情况、与河流的交越情况等前提下进行施工作业，对重要环境因素应重点对待。项目经理部应对施工过程中相关计划的执行情况进行检查，发现问题应及时分析，制定相应的纠正和预防措施，并予以实施。

4）对于现场物资的管理，由于线路工程点多线长，物资管理人员应按照施工组织设计中的分屯计划组织接收工程物资。对于线路和其他专业的通信工程，物资管理人员还应按照施工组织设计的要求进行进货检验，并填写相应的检验记录。在工地驻点的物资存放方面，施工现场物资管理人员应根据施工工序的前后次序放置施工材料，并进行恰当标识，现场物资应整齐码放，注意防火、防盗、防潮。物资管理人员还应做好现场物资的进货、领用的账目记录，并负责向业主移交剩余物资，办理相应手续。对于上述工作的完成情况，项目经理部应在施工过程中进行检查，发现问题时应按相关要求进行处理。

15.2 技术管理

1. 审核设计图

在工程开工前，使参与施工的工程管理及技术人员充分地了解和掌握设计图的设计意图、工程特点和技术要求；通过审核，发现施工图设计中存在的问题和错误，在施工图设计会审会议上提出，为施工项目实施提供一份准确、齐全的施工图。审查施工图设计的程序通常分为自审、会审两个阶段。

（1）施工图的自审

施工单位收到施工项目的有关技术文件后，应尽快地组织有关工程技术人员对施工图设计进行熟悉，写出自审的记录。自审施工图设计的记录应包括对设计图的疑问和对设计图的有关建议等。

（2）施工图设计会审

一般由业主主持，由设计单位、施工单位和监理单位参加，四方共同进行施工图设计的会审。由设计单位的工程主设计人向与会者说明拟建工程的设计依据、意图和功能要求，并对特殊结构、新材料、新工艺和新技术提出设计要求。施工单位根据自审记录以及对设计意图的了解，提出对施工图设计的疑问和建议；在统一认识的基础上，对所探讨的问题逐一地做好记录，形成"施工图设计会审纪要"，由业主正式行文，作为与设计文件同时使用的技术文件和指导施工的依据，以及业主与施工单位进行工程结算的依据。

审定后的施工图设计与施工图设计会审纪要，都是指导施工的法定性文件；在施工中既要满足规范、规程，又要满足施工图设计和会审纪要的要求。

设计图会审记录是施工文件的组成部分，与施工图具有同等效力，所以设计图会审记录的管理办样和发放范围同于施工图管理、发放，并认真实施。

扫描二维码观看《工程蓝图的折叠方法》。

扫码看视频

2. 技术交底

为确保所承担的工程项目满足合同规定的质量要求，保证项目顺利实施，应使所有参与施工的人员熟悉并了解项目的概况、设计要求、技术要求、工艺要求。技术交底是确保工程项目质量的关键环节，是质量要求、技术标准得以全面认真执行的保证。

技术交底的依据：技术交底应在合同交底的基础上进行，主要依据有施工合同、施工图设计、工程摸底报告、设计会审纪要、施工规范、各项技术指标、管理体系要求、作业指导书、业主或监理工程师的其他书面要求等。

技术交底的内容：工程概况、施工方案、质量策划、安全措施、"三新"技术、关键工序、特殊工序（如果有的话）和质量控制点、施工工艺（遇有特殊工艺要求时要统一标准）、法律、法规、对成品和半成品的保护，制定保护措施、质量通病预防及注意事项。

技术交底的要求：施工前项目负责人对分项、分部负责人进行技术交底，施工中对业主或监理提出的有关施工方案、技术措施及设计变更的要求在执行前进行技术交底，技术交底要做到逐级交底，随接受交底人员岗位的不同其交底的内容也有所不同。

3. 竣工资料与实训项目

综合布线系统工程的竣工资料文档整理和移交是每个工程项目最重要的技术工作之一，竣工资料技术文件要保证质量，做到外观整洁，内容齐全，数据准确。在工程竣工后，施工方应将工程竣工技术资料移交给建设方。具体竣工技术资料内容和要求，以及实训项目等请参考本书配套的《综合布线实训指导书 第3版》，实训单元7 7.3综合布线系统工程竣工资料，以及实训项目23综合布线工程竣工资料实训，该书由王公儒主编，机械工业出版社出版，封面和书号详见本书封底。

15.3　施工现场人员管理

施工现场人员的管理包括：

1）制定施工人员档案。

2）佩戴有效工作证件。

3）所有进入场地的员工均给予一份安全守则。

4）加强离职或被解雇人员的管理。

5）项目经理要制定施工人员分配表。

6）项目经理每天向施工人员发出工作责任表。

7）制定定期会议制度。

8）每天巡查施工场地。

9）按工程进度制定施工人员每天的上班时间。

10）对现场施工人员的行为进行管理，要求项目经理部组织制定施工人员行为规范和奖惩制度，教育员工遵守当地的法律法规、风俗习惯、施工现场的规章制度，保证施工现场的秩序。同时项目经理部应明确由施工现场负责人对此进行检查监督，对于违规者应及时予以处罚。

15.4　材料管理

材料的管理包括：

1）做好材料采购前的基础工作。工程开工前，项目经理、施工员必须反复认真地对工程设计图进行熟悉和分析，根据工程测定材料实际数量，提出材料申请计划，申请计划应做到准确无误。

2）各分项工程都要控制好材料的使用。

3）在材料领取、入库出库、投料、用料、补料、退料和废料回收等环节上尤其引起重视，严格管理。

4）对于材料操作消耗特别大的工序，由项目经理直接负责。具体施工过程中可以按照不同的施工工序，将整个施工过程划分为几个阶段，在工序开始前由施工员分配大型材料使用数量，工序施工过程中如发现材料数量不够，则由施工员报请项目经理领料，并说明材料使用数量不够的原因。每一阶段工程完工后，由施工员清点、汇报材料使用和剩余情况，材料消耗或超耗分析原因并与奖惩挂钩。

5）对部分材料实行包干使用，制定节约有奖、超耗则罚的制度。

6）及时发现和解决材料使用不节约、出入库不计量，生产中超额用料和废品率高等问题。

7）实行特殊材料以旧换新，领取新料由材料使用人或负责人提交领料原因。材料报废须及时提交报废原因。以便有据可循，作为以后奖惩的依据。

15.5 安全管理

15.5.1 安全控制措施

施工阶段安全控制要点主要包括施工现场防火；施工现场用电安全；低温雨季施工防潮；机具仪表的保管、使用；机房内施工时通信设备、网络等电信设施的安全；施工过程中水、电、煤气、通信电（光）缆管线等市政或电信设施的安全；施工过程中文物保护；井下作业时的防毒、防坠落、防原有缆线损坏；公路上作业的安全防护；高处作业时人员和仪表的安全等。各安全控制点的控制措施内容如下：

（1）施工现场防火措施

施工现场实行逐级防火责任制，施工单位应明确一名施工现场负责人为防火负责人，全面负责施工现场的消防安全管理工作，根据工程规模配备消防员和义务消防员。

临时使用的仓库应符合防火要求。在机房施工作业使用电焊、气割、砂轮锯等工具时，必须有专人看管。施工材料的存放，保管应符合防火安全要求。易燃品必须专库储存，尽可能采取随用随进，专人保管、发放、回收。

熟悉施工现场的消防器材，机房施工现场严禁吸烟。电气设备、电动工具不准超负荷运行，线路接头要结实、接牢、防止设备线路过热或打火短路。现场材料堆放不宜过多，垛之间保持一定防火间距。

（2）施工现场安全用电措施

临时用电和带电作业的安全控制措施应在《施工组织设计》中予以明确。

施工人员进入施工现场后，应组织实施安全教育，强调用电安全知识。

施工现场需要临时用电时，操作人员应检查临时供电设施、电动机械与手持电动工具是否完好，是否符合规定要求，安装漏电保护装置，注意防止过压、过流、过载及触电等情况发生；接通电源之前，应设警示标志；临时用电结束后，立即做好恢复工作。

操作人员遇到带电作业时，应做到：临近电力线施工作业时，应视电力线带电；戴安全帽，穿绝缘鞋，戴绝缘手套，与电力线尤其是高压电力线保持安全距离；在交流配电盘

（箱、屏）、列柜及其他带电设备上作业时，操作人员应有保护措施，所用工具应做绝缘处理；严格操作规程，保持集中精力；带电施工过程中设专人看管电源闸箱，保持良好联络，随时做好应急准备。

（3）低温雨季施工控制措施

低温季节施工时，施工人员应尽量避免高空作业，必须进行高空作业时，应穿戴防冻、防滑的保温服装和鞋帽；吊装机具在低温下工作时，应考虑其安全系数；光缆的接续机具和测试仪表工作时应采取保温措施，满足其对温度的要求；车辆应加装防冻液、防滑链，注意防冻、防滑。

雨季施工时，雷雨天气禁止从事高空作业，空旷环境中施工人员避雨时应远离树木，注意防雷。雨天施工时，施工人员应注意道路状况，防止滑倒摔伤。雨天及湿度过高的天气施工时，作业人员在与电力设施接触前，应检查其是否受潮漏电。山区施工时，工地驻点应选择在地质稳定的高处，避免受洪水、塌方、泥石流的侵袭。施工现场的仪表及接续机具在不使用时应及时放到专用箱中保管；在雨天使用时，应采用帐篷、雨具等防雨工具，避免其受潮。下雨前，施工现场的材料应及时遮盖；对于易受潮变质的材料应采取防水、防潮措施单独存置。雨天行车，车辆应减速慢行，注意防滑。暂时不用的电缆应及时缩封端头，需要充气时应及时充气，以防止电缆受潮、进水。

（4）机房内施工的防护措施

机房内施工电源割接时，应注意所使用工具的绝缘防护，检查新装设备，在确保新设备电源系统无短路、接地等故障时，方可进行电源割接工作，以防止发生设备损坏、人员伤亡事故。

在机房内施工需要用电锤、切割机时，应使用防尘罩降低灰尘排放量，对施工现场的新旧设备应采取防尘措施，保持施工现场清洁；禁止动与施工无关的设备，需要用到机房原有设备时，应当征得机房技术负责人的同意，以机房值班人员为主进行工作，保证通信设备网络的安全。需要拔插机盘时，应佩戴防静电手环。

（5）防毒、防坠落、防原有缆线损坏的措施，地下设施的保护，地下作业时的安全措施

施工过程中挖出有害物质时，应及时向有关部门报告。有害物质发生泄露造成施工人员急性中毒受到伤害，现场负责人指挥组织抢救，立即向医院求救，并保护好现场，以利于事故的分析和处理。

在人（手）孔（室外井）内工作时，地面上应设专人看守，井口处白天设置井围、红旗，夜间设红灯。施工人员打开人孔后，首先应进行有害气体测试和通风，下人孔前必须确认人孔内没有有害气体。在人孔内抽水时，抽水机的排气管，不得靠近人孔口，应放在人孔的下风方向。

下人孔时必须使用梯子，不得踩蹬光（电）缆或电缆托板。人孔内工作时，如感觉头晕呼吸困难，必须离开人孔，采取通风措施。点燃的喷灯不准对着光（电）缆和井壁放置。在焊接光（电）缆时，谨防烧坏其他光（电）缆。凿掏人孔壁，石块硬地及水泥地时，必须带护目眼镜。在人孔内不许吸烟。

开挖土石方，要充分了解施工现场的地形、地貌、地下管线、周围建筑物等情况，确定保护地下管线及其他物品的方案。开挖城市路面时，应当符合施工摸底情况，摸清埋于地下

的各类管道和线路，如供水、供电、供气管道和原有的通信线路等。可能对各类管道和线路产生危害的，开挖前，使用仪器探明危险点，开挖中距危险点较近时，禁止用大型机械工具开挖，暴露后要采取必要的保护和加固措施，防止对各类管道和线路造成损害。

施工过程中挖出文物时，由施工单位做好现场保护，并及时向文物管理部门报告，等候处理。

（6）公路上作业的安全防护措施

严格按照批准的施工方案进行施工，服从交警人员的管理和指挥，主动接受询问、交验证件，协助搞好交通安全工作。保护一切公路设施，协调处理好施工与交通安全的关系。

每个施工地点都要设置安全员，负责按公路管理部门的有关规定摆放安全标志，观察过往车辆并监督各项安全措施执行情况，发现问题及时处理。特别是开工前安全标志尚未全部摆放到位和收工撤离收取安全标志时，更要特别注意。在夜间、雾天或其他能见度较差的气候条件下停止施工。所有进入施工地段人员一律穿戴符合规定的安全标志服，施工车辆设有明显标志（红旗等）。

施工车辆按规定路线和地点行驶、停放，只准顺行严禁逆行。施工人员不得以任何方式拦阻车辆。

施工人员在高速公路施工时，穿越公路和上下车应由安检人员统一组织指挥，统一行动。各施工地点的占用场地应符合高速公路管理部门的规定。

每个施工点在当日收工时，必须认真清理施工现场，保证路面及公路其他部位的清洁，不留任何机具、材料、安全标志和一切可能影响车辆通行安全、影响路容路貌的废弃物，保证过往车辆安全。

（7）高空、高处作业时的安全措施

高空、高处作业是一项危险性较大的作业项目，容易造成人员、物体坠落。控制措施内容分别如下：

高空作业人员必须经过专门的安全培训，取得资格证书后方可上岗作业。安全员必须严格按照操作规程进行现场检查。作业人员应接受书面的危险岗位操作规程，并明白违章操作的危害。

作业人员应佩戴安全帽、安全带、穿工作服、工作鞋，并认真检查各种劳动保险用具是否安全可靠。

高空作业应划定安全禁区，安置好警示牌。操作时必须统一指挥、统一工作口令。需要上下塔时，人与人之间应保持一定距离，行进速度宜慢不宜快。高空作业用的各种工、器具要加保险绳、钩、袋，防止失手散落伤人。作业过程中禁止无关人员进入安全禁区。在杆子、铁塔上传递物件严禁抛掷，相互传送物品时要用口令呼应。当地气温高于人体体温、遇有6级以上大风、能见度低时严禁高空作业。

高处作业须确保踩踏物牢靠，作业人员健康状况良好，做好自身安全保护。预防坠物伤害他人。

15.5.2 安全管理原则

1）建立安全生产岗位责任制。

2）质安员须每半月在工地现场举行一次安全会议。

3）进入施工现场必须严格遵守安全生产纪律，严格执行安全生产规程。

4）项目施工方案要分别编制安全技术措施。

5）严格安全用电制度。

6）电动工具必须要有保护装置和良好的接地保护地线。

7）注意安全防火。

8）登高作业时，一定要系好安全带，并有人进行监护。

9）建立安全事故报告制度。

15.6 质量控制管理

质量控制主要表现为施工组织和施工现场的质量控制，控制的内容包括工艺质量控制和产品质量控制。

影响质量控制的因素主要有人、材料、机械、方法和环境五个方面。因此，对这五个方面因素进行严格控制，是保证工程质量的关键。

具体措施如下：

1）现场成立以项目经理为首，由各分组负责人参加的质量管理领导小组。

2）承包方在工程中应投入受过专业训练及经验丰富的人员来施工及督导。

3）施工时应严格按照施工图、操作规程及现阶段规范要求进行施工。

4）认真做好施工记录。

5）加强材料的质量控制，是提高工程质量的重要保证。

6）认真做好技术资料保存和文档整理工作，对于各类设计图资料仔细保存，对各道工序的工作认真做好记录和文字资料，完工后整理出整个系统的文档资料，为今后的应用和维护工作打下良好的基础。

15.7 成本控制管理

15.7.1 成本控制管理内容

1. 施工前计划

1）做好项目成本计划。

2）组织签订合理的工程合同与材料合同。

3）制订合理可行的施工方案。

2. 施工过程中的控制

（1）降低材料成本

1）实行三级收料及限额领料。

2）组织材料合理进出场。

（2）节约现场管理费

3．工程实施完成的总结分析

1）根据项目部制定的考核制度，体现奖优罚劣的原则。

2）竣工验收阶段要着重做好工程的扫尾工作。

15.7.2　工程的成本控制基本原则

1）加强现场管理，合理安排材料进场和堆放，减少二次搬运和损耗。

2）加强对材料的管理工作，做到不错发、领错材料，不丢弃遗失材料，施工班组要合理使用材料，做到材料精用。在敷设缆线时，既要留有适量的余量，还应力求节约，不浪费。

3）材料管理人员要及时组织使用材料的发放，施工现场材料的收集工作。

4）加强技术交流，推广先进的施工方法，积极采用先进科学的施工方案，提高施工技术。

5）积极鼓励员工"合理化建议"活动的开展，提高施工班组人员的技术素质，尽可能地节约材料和人工，降低工程成本。

6）加强质量控制、加强技术指导和管理，做好现场施工工艺的衔接，杜绝返工，做到一次施工，一次验收合格。

7）合理组织工序穿插，缩短工期，减少人工、机械及有关费用的支出。

8）科学合理安排施工程序，搞好劳动力、机具、材料的综合平衡，向管理要效益。平时施工现场由1或2人巡视了解土建进度和现场情况，做到有计划性和预见性，预埋条件具备时，应采取见缝插针、集中人力预埋的办法，节省人力物力。

15.8　施工进度控制

施工进度控制关键就是编制施工进度计划，合理安排好作业前后的工序，综合布线工程具体的作业安排如下：

1）对于与土建工程同时进行的布线工程，首先检查竖井、水平线槽、信息插座底盒是否已安装到位，布线路由是否全线贯通，设备间、配线间是否符合要求。

2）敷设主干布线主要是敷设光缆或大对数电缆。

3）敷设水平布线主要是敷设双绞线电缆。

4）缆线敷设的同时，开始为各设备间设立跳线架，安装跳线面板与光纤盒等。

5）当水平布线工程完成后，开始为各设备间的光纤及UTP/STP安装跳线板，为端口及各设备间的跳线设备做端接。

综合布线系统工程施工组织进度见表15-1。

表15-1　综合布线系统工程施工组织进度

项目	时间														
	××年4月														
	1	3	5	7	9	11	13	15	17	19	21	23	25	27	29	30
一、合同签订	▬														
二、设计图会审		▬													
三、设备订购与检验			▬												
四、主干线槽管架设及光缆敷设				▬▬▬▬▬										
五、水平线槽管架设及缆线敷设				▬▬▬▬▬										
六、信息插座的安装					▬▬▬▬									
七、机柜安装								▬						
八、光缆端接及配线架安装									▬					
九、内部测试及调整										▬▬				
十、组织验收												▬▬		

15.9　工程各类报表作用和报表要求

1．施工进度日志

施工进度日志由现场工程师每日随工程进度填写施工中需要记录的事项，具体表格样式见表15-2。

表15-2　施工进度日志

组别：	人数：	负责人：	日期：	
工程进度计划：				
工程实际进度：				
工程情况记录：				
时间	方位、编号	处理情况	尚待处理情况	备注

2．施工责任人员签到表

每日进场施工的人员必须签到，签到按先后顺序，每人须亲笔签名，签到的目的是明确施工的责任人。签到表由现场项目工程师负责落实，并保留存档。具体表格样式见表15-3。

表15-3　施工责任人签到表

项目名称：		项目工程师：				
日期	姓名1	姓名2	姓名3	姓名4	姓名5	姓名6	姓名7

3．施工事故报告单

施工过程中无论出现何种事故，都应由项目负责人将初步情况填报事故报告。具体格式见表15-4。

表15-4　施工事故报告单

填报单位:	项目工程师:	
工程名称:		设计单位:
地点:		施工单位:
事故发生时间:		报出时间:
事故情况及主要原因:		

4. 工程开工报告

工程开工前，由项目工程师负责填写开工报告，待有关部门正式批准后方可开工，正式开工后该报告由施工管理员负责保存待查。具体报告格式见表15-5。

表15-5　工程开工报告

工程名称		工程地点	
用户单位		施工单位	
计划开工	年　月　日	计划竣工	年　月　日
工程主要内容:			
工程主要情况:			
主抄: 抄送: 报告日期:	施工单位意见: 签名: 日期:	建设单位意见: 签名: 日期:	

5. 施工报停表

在工程实施过程中可能会受到其他施工单位的影响，或者由于用户单位提供的施工场地和条件及其他原因造成施工无法进行。为了明确工期延误的责任，应该及时填写施工报停表，在有关部门批复后将该表存档。具体施工报停表样式见表15-6。

表15-6　施工报停表

工程名称		工程地点	
建设单位		施工单位	
停工日期	年　月　日	计划复工	年　月　日
工程停工主要原因:			
计划采取的措施和建议:			
停工造成的损失和影响:			
主抄: 抄送: 报告日期:	施工单位意见: 签名: 日期:	建设单位意见: 签名: 日期:	

6. 工程领料单

项目工程师根据现场施工进度情况安排材料发放工作，具体的领料情况必须有单据存档。具体格式见表15-7。

表15-7 工程领料单

工程名称			领料单位		
批料人			领料日期	年 月 日	
序号	材料名称	材料编号	单位	数量	备注

7. 工程设计变更单

工程设计经过用户认可后，施工单位无权单方面改变设计。工程施工过程中如确实需要对原设计进行修改，则必须由施工单位和用户主管部门协商解决，对局部改动必须填报"工程设计变更单"，经审批后方可施工。具体格式见表15-8。

表15-8 工程设计变更单

工程名称		原图名称	
设计单位		原图编号	
原设计规定的内容：		变更后的工作内容：	
变更原因说明：		批准单位及文号：	
原工程量		现工程量	
原材料数		现材料数	
补充设计图编号		日 期	年 月 日

8. 工程协调会议纪要

工程协调会议纪要格式见表15-9。

表15-9 工程协调会议纪要

日期：			
工程名称		建设地点	
主持单位		施工单位	
参加协调单位			
工程主要协调内容：			
工程协调会议决定：			
仍需协调的遗留问题：			
参加会议代表签字：			

9．隐蔽工程阶段性合格验收报告

隐蔽工程阶段性合格验收报告格式见表15-10。

表15-10　隐蔽工程阶段性合格验收报告

工程名称		工程地点	
建设单位		施工单位	
计划开工	年　月　日	实际开工	年　月　日
计划竣工	年　月　日	实际竣工	年　月　日
隐蔽工程完成情况：			
提前和推迟竣工的原因：			
工程中出现和遗留的问题：			
主抄： 抄送： 报告日期：	施工单位意见： 签名： 日期：		建设单位意见： 签名： 日期：

10．工程验收申请

施工单位按照施工合同完成了施工任务后，会向用户单位申请工程验收，待用户主管部门答复后组织安排验收。具体申请表格式见表15-11。

表15-11　工程验收申请

工程名称		工程地点	
建设单位		施工单位	
计划开工	年　月　日	实际开工	年　月　日
计划竣工	年　月　日	实际竣工	年　月　日
工程完成主要内容：			
提前和推迟竣工的原因：			
工程中出现和遗留的问题：			
主抄： 抄送： 报告日期：	施工单位意见： 签名： 日期：		建设单位意见： 签名： 日期：

15.10 编写管理制度实训

15.10.1 实训项目1 编写项目安全管理制度

【典型工作任务】

综合布线系统工程实施前，施工单位必须建立健全项目安全管理制度，掌握安全管理制度的内容、要求是非常重要的。

【岗位技能要求】

1）了解综合布线系统工程安装进度和工艺流程。

2）掌握项目安全管理制度的内容和要求。

3）掌握编写项目安全管理制度的方法。

【实训任务】

编制本校学生公寓网络综合布线工程项目安全管理制度。

【实训步骤】

1）了解和分析项目实施进度、工艺流程和设备情况。

2）根据项目施工要求，确定施工安全控制要点。

3）编写项目安全管理制度。

【实训报告】

通过编制项目安全管理制度总结安全控制措施的内容。

15.10.2 实训项目2 编写项目质量管理办法

【典型工作任务】

综合布线系统工程项目质量管理制度的建立，影响着工程实施质量监督标准，决定着项目验收通过率。掌握编制质量管理办法是非常重要的。

【岗位技能要求】

1）了解综合布线系统工程质量控制的内容。

2）掌握项目质量管理办法编制要求。

【实训任务】

编制本校学生公寓网络综合布线工程项目质量管理办法。

【实训步骤】

1）了解项目实施工艺流程。

2）分析项目的人员、材料、机械、施工方法和环境情况。

3）编写项目质量管理办法。

【实训报告】

通过编制项目质量管理办法，总结质量控制的具体实施措施。

15.11　工程经验

1．工程经验一　重视设计阶段

设计阶段非常重要，因此必须提前对综合布线系统进行设计，与土建、消防、空调、照明等安装工程互相配合好，以免产生不必要的施工冲突。

2．工程经验二　重视物理层敷设

在条件允许的情况下，弱电应敷设在弱电井，减少受电磁干扰的机会，楼层配线间和主机房应尽量安排得大一些，以备发展和维修所需。对于网络，物理层的敷设是至关重要的，因为它是基础。

互动练习和习题

请扫描二维码，下载第15章互动练习和习题，并按照教师安排按时完成。

互动练习

习题

参考文献

[1] 王公儒. 综合布线实训指导书[M]. 3版. 北京：机械工业出版社，2024.

[2] 中华人民共和国住房和城乡建设部. 综合布线系统工程设计规范：GB 50311—2016 [S]. 北京：中国计划出版社，2017.

[3] 中华人民共和国住房和城乡建设部. 综合布线系统工程验收规范：GB/T 50312—2016 [S]. 北京：中国计划出版社，2017.

[4] 王公儒. 建设完善的综合布线技术实训室培养技能型专业人才[J]. 智能建筑与城市信息，2009（4）：88-90.

[5] 王公儒，孙社文. 网络综合布线人才需求规格和培养模式[J]. 计算机教育，2009（9）：44-49.